YOUZHI JIATU
GAOXIAO YANGZHI JISHU

优质家兔
高效养殖技术

桑　雷　白莉雅　杨菲菲　◎编著
孙世坤　刘亚娟　徐敏丽

海峡出版发行集团｜福建科学技术出版社

图书在版编目（CIP）数据

优质家兔高效养殖技术 / 桑雷等编著. -- 福州：福建科学技术出版社，2024.12. -- ISBN 978-7-5335-7460-4

Ⅰ.S829.1

中国国家版本馆CIP数据核字第2024AK7546号

出 版 人　郭　武
责任编辑　李景文
编辑助理　黎造宇
装帧设计　佘景雯
责任校对　林峰光

优质家兔高效养殖技术

编　　著	桑　雷　白莉雅　杨菲菲　孙世坤　刘亚娟　徐敏丽
出版发行	福建科学技术出版社
社　　址	福州市东水路76号（邮编350001）
网　　址	www.fjstp.com
经　　销	福建新华发行（集团）有限责任公司
印　　刷	福州万紫千红印刷有限公司
开　　本	700毫米×1000毫米　1/16
印　　张	19
字　　数	306千字
版　　次	2024年12月第1版
印　　次	2024年12月第1次印刷
书　　号	ISBN 978-7-5335-7460-4
定　　价	48.00元

书中如有印装质量问题，可直接向本社调换。

版权所有，翻印必究。

前言 PREFACE

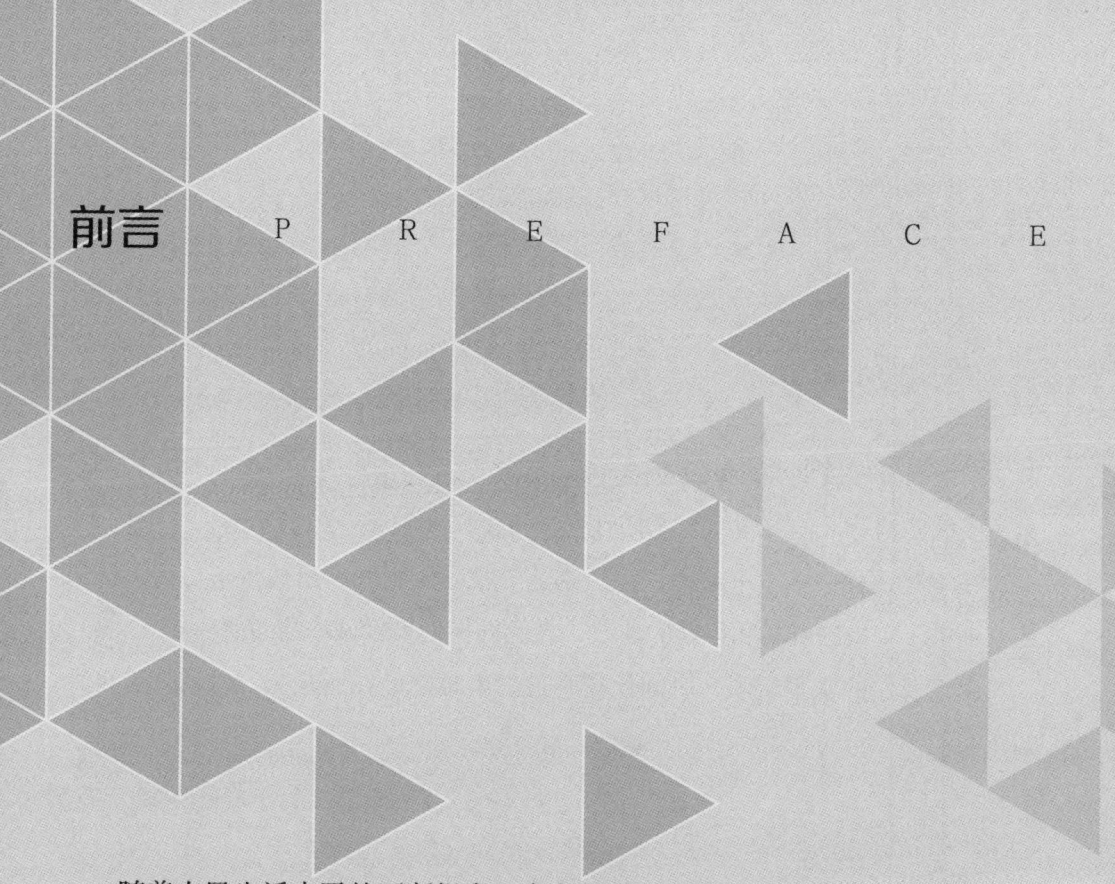

随着人民生活水平的不断提高,家兔的商品价值也不断突显,具有很大的市场开发价值。首先,家兔养殖不仅涉及兔肉、兔毛等产品的生产,还包括兔血清的利用、兔骨的中药价值和兔粪生物有机肥的开发等多个方面,这些产品的市场需求量大,为养殖户提供了稳定的收入来源。其次,家兔养殖可以为农民提供额外的收入来源,尤其是在一些产业结构传统、增收渠道狭窄的地区,家兔养殖具有成本低、周期短、繁殖快、效益高的特点,成为促进农民增收的一项不错的选择。这种养殖方式特别适合老年人等劳动能力弱的家庭,可以作为庭院经济来发展。第三,家兔养殖对推动乡村振兴具有十分重要的意义。以"公司/合作社+养殖户"模式,通过提供种源、引进和推广养殖技术、产品包销等,引导和带动周边农民开展科学和标准化养兔,拓宽群众增收渠道,发展农村经济。

因此,发展养兔生产非常适合我国国情,具有强大的竞争力和战略意义。为了普及科学养兔知识,促进养兔生产快速、健康、持久发展,根据过去的经验教训和当前养兔生产中存在的问题,我们编写了这本《优质家兔高效养殖技术》一书。全书包括家兔的生物学特性、家兔的品种资源、兔舍建筑与环境控制、家兔的繁育技术、家兔的遗传育种、家兔营养与饲料资源、家兔饲养管理、家兔疫病防治等，内容丰富，实用性强，可供广大农民、兔场参考。

在编写过程中，本书参考了大量书籍、技术资料和科研成果等，许多同行专家提供了宝贵的资料和很好的建议，在此向他们表示诚挚的谢意。

由于我们的水平所限，时间比较仓促，不足之处在所难免，敬请读者批评指正。

编者

2024 年 7 月

目录 CONTENTS

第一章　001
概　述

一、发展兔业生产的意义 …………………………………… 002
二、世界养兔概况 ………………………………………… 003
三、中国养兔概况 ………………………………………… 004
四、兔产业链各环节主要技术水平比较 …………………… 005

第二章　009
家兔的生物学特性

一、生活习性 ……………………………………………… 010
二、采食与消化特性 ……………………………………… 013
三、体温调节特性 ………………………………………… 017
四、繁殖特性 ……………………………………………… 017
五、生长发育特性 ………………………………………… 019
六、换毛特性 ……………………………………………… 020

第三章　023
家兔的品种资源

第一节　家兔品种分类 ……………………………………… 024
　　一、按主要产品及经济用途分类 ……………………… 024

二、根据被毛类型分类 ················· 025
　　三、按体重大小分类 ··················· 026
第二节　常见家兔品种 ························ 026
　　一、中国地方兔品种资源 ··············· 026
　　二、国外引进的兔品种（配套系）资源 ····· 035
　　三、中国培育的兔品种（配套系）资源 ····· 050
第三节　家兔的引种 ·························· 058
　　一、各种不同用途的种兔引种要点 ······· 058
　　二、引种注意事项 ····················· 060

第四章　065
兔舍建筑与环境控制

第一节　家兔对环境的基本需求 ················ 066
　　一、家兔对环境温度的要求 ············· 066
　　二、家兔对环境相对湿度的要求 ········· 068
　　三、家兔对空气质量和通风换气的要求 ··· 069
　　四、家兔对光照的要求 ················· 071
　　五、家兔对噪声控制的要求 ············· 072
　　六、家兔对水质的要求 ················· 073
　　七、家兔对空间的需求及动物福利 ······· 073
第二节　场址选择 ···························· 074
　　一、地势 ····························· 074
　　二、土壤环境 ························· 075
　　三、风向 ····························· 075
　　四、水源 ····························· 075
　　五、电力 ····························· 077

六、周围环境 ··· 077
　　七、场地面积 ··· 077
第三节　兔场的场区规划和布局 ······························· 078
　　一、分区 ·· 078
　　二、布局 ·· 079
　　三、兔舍朝向与间距 ··· 079
　　四、道路 ·· 079
第四节　兔舍建筑 ··· 080
　　一、建筑要求 ··· 080
　　二、兔舍常见类型 ·· 081
　　三、兔舍构造 ··· 084
第五节　笼具及附属设施 ·· 085
　　一、兔笼 ·· 085
　　二、饲喂设备 ··· 087
　　三、自动化养殖设施 ··· 091
　　四、兔舍常用设备 ·· 093
第六节　粪污处理 ··· 095
　　一、堆积发酵 ··· 095
　　二、槽式发酵 ··· 096
　　三、沼气池发酵 ·· 097

第五章　099
家兔的繁育技术

第一节　家兔的繁殖特征 ·· 100
　　一、公兔生殖生理 ·· 100
　　二、母兔生殖生理 ·· 102

三、发情 ································· 104
　　四、家兔的繁殖季节 ······················· 106
　　五、家兔的交配行为 ······················· 107
　　六、初配期及利用年限 ····················· 108
第二节　家兔的配种技术 ························110
　　一、配种前的准备工作 ····················· 110
　　二、发情鉴定 ····························· 111
　　三、配种技术 ····························· 112
第三节　家兔的妊娠与分娩 ······················123
　　一、妊娠与妊娠期 ························· 123
　　二、胚胎发育 ····························· 124
　　三、妊娠检查 ····························· 124
　　四、母兔不孕的原因及防制措施 ············· 127
　　五、家兔的分娩与护理 ····················· 128
第四节　提高家兔繁殖率的技术措施 ··············130
　　一、影响家兔繁殖力的因素 ················· 130
　　二、提高家兔繁殖力的措施 ················· 132

第六章　137
家兔的遗传育种

第一节　家兔主要性状的遗传 ····················138
　　一、生长性状 ····························· 138
　　二、屠宰性状 ····························· 139
　　三、肉质性状 ····························· 140
　　四、繁殖性状 ····························· 141
　　五、毛色性状 ····························· 144

六、抗逆性状 …………………………………………………… 148
　第二节　家兔的选种 ……………………………………………… 148
　　一、质量性状选择 ……………………………………………… 149
　　二、数量性状选择 ……………………………………………… 149
　　三、种用价值评定 ……………………………………………… 151
　　四、种兔选择程序 ……………………………………………… 153
　第三节　家兔的选配 ……………………………………………… 155
　　一、表型选配 …………………………………………………… 155
　　二、亲缘选配 …………………………………………………… 156
　第四节　家兔的保种繁育 ………………………………………… 157
　　一、品种资源的保存 …………………………………………… 157
　　二、新品种（系）繁育 ………………………………………… 158
　　三、品系培育 …………………………………………………… 162
　　四、家兔的繁育体系 …………………………………………… 164
　第五节　家兔育种记录 …………………………………………… 165
　　一、编号 ………………………………………………………… 165
　　二、个体标识 …………………………………………………… 166
　　三、育种记录 …………………………………………………… 166

第七章　167
家兔营养与饲料资源

　第一节　家兔的营养需要 ………………………………………… 168
　　一、营养需要 …………………………………………………… 168
　　二、能量需要 …………………………………………………… 168
　　三、蛋白质及氨基酸需要 ……………………………………… 170
　　四、碳水化合物需要 …………………………………………… 171

五、脂肪需要 …………………………………… 173
六、矿物质需要 ………………………………… 174
七、维生素需要 ………………………………… 179
八、水的需要 …………………………………… 183
第二节 饲料资源 185
一、饲料的分类 ………………………………… 185
二、粗饲料 ……………………………………… 185
三、青绿饲料 …………………………………… 189
四、能量饲料 …………………………………… 190
五、蛋白质饲料 ………………………………… 194
六、矿物质饲料 ………………………………… 198
七、饲用添加剂 ………………………………… 199

第八章 203
家兔饲养管理

第一节 家兔饲养管理的一般原则 204
第二节 各类家兔的饲养管理 209
一、种公兔的饲养管理 ………………………… 209
二、种母兔的饲养管理 ………………………… 214
三、仔兔的饲养管理 …………………………… 219
四、幼兔的饲养管理 …………………………… 223
五、育成兔的饲养管理 ………………………… 225
第三节 不同用途家兔的饲养管理 226
一、肉兔的饲养管理 …………………………… 226
二、獭兔的饲养管理 …………………………… 229
三、毛用兔的饲养管理 ………………………… 232

第四节　不同季节的饲养管理 237
　　一、春季种兔春繁期的饲养管理 238
　　二、夏季家兔饲养管理要点 239
　　三、秋季家兔饲养管理要点 239
　　四、冬季家兔饲养管理要点 241

第九章　243
家兔疫病防治

第一节　卫生防疫制度 244
　　一、严格准入制度 244
　　二、定期消杀 244
　　三、严格隔离制度 244
　　四、按计划进行免疫接种 245
　　五、消灭传播媒介 245
　　六、病死兔处理 245
第二节　兔场清洁和消毒 246
　　一、清洁 246
　　二、消毒 246
　　三、消毒方法 247
　　四、常用消毒剂 248
第三节　免疫预防规程 250
　　一、免疫计划 250
　　二、免疫程序 250
　　三、疫苗选择 251
　　四、免疫方法 251
第四节　肉兔场兽药使用规程 251

一、兽药使用原则 …………………………………… 251
　　二、常用药物及停药期 ……………………………… 252
　　三、给药方法 ………………………………………… 253
　　四、球虫病药物预防参考程序 ……………………… 255
　　五、禁用药 …………………………………………… 256
　第五节　家兔常见病的诊断与防治 …………………… 258
　　一、家兔疫病诊断 …………………………………… 258
　　二、基本病理过程和常见症状 ……………………… 266
　　三、家兔主要病毒病 ………………………………… 268
　　四、家兔主要细菌病 ………………………………… 271
　　五、家兔主要寄生虫病 ……………………………… 280
　　六、家兔皮肤真菌病 ………………………………… 282
　　七、家兔普通病 ……………………………………… 283
　　八、家兔常见中毒病 ………………………………… 285

参考文献　287

第一章
概 述

一、发展兔业生产的意义

1. 提供优质蛋白质，改善我国居民的肉食结构

研究表明，兔肉营养丰富，属高蛋白、高磷脂、高赖氨酸、高消化率和低脂肪、低热量、低胆固醇的理想食品，常食兔肉可以预防动脉硬化、高血压及心脏病，所以说兔肉是集"益智、美容、保健"于一体的肉食佳品。目前，在我国肉类结构中，猪肉占主导地位，但猪肉具有高脂肪、高热量、高胆固醇等缺点。随着国民收入、人民生活水平的提高和人们对兔肉营养价值的认识逐渐加深，兔肉将成为继猪肉、鸡肉之后又一个重要的消费热点，对改变中国人不合理的膳食结构及提高人民身体素质发挥重要作用。

2. 提供工业原料，促进经济发展

家兔全身都是宝，可为毛纺、制裘、食品和生物制品等工业提供丰富而宝贵的原料。家兔皮尤其是獭兔皮是制裘工业的优质原料，具有保温性好、质地柔软、用途广泛的特点，可加工生产出多种款式新颖、美观大方、穿着舒适的流行时装。安哥拉兔兔毛为高档毛纺原料，具有蓬松、轻软、保温性好、易着色等优点，可生产各式华贵大方的外衣、披肩和贴身的汗衫、运动衫及保健用品，其经济价值远远高于棉花和羊毛。兔肉是食品加工工业的原料之一，随着人民生活水平的提高，国内兔肉消费市场不断扩大，兔肉加工的种类和品种将有一个较大的发展，需要生产更多的优良肉兔来提供原料。兔血、兔骨、兔脑和心、肝、胃、肾等脏器既可食用，也可用于提取生产一系列的医药生物制剂。另外，家兔的骨（含钙27.4%、磷18.8%）、血（血粉含粗蛋白质83.9%），又是动物饲料的来源之一。

3. 养兔是农民致富的有效途径

养兔与其他养殖业相比，具有投资少、风险小、周转快、效益高、节粮等优点。其饲养规模可大可小，饲养方式多种多样，不仅可以工厂化、集约化、产业化生产，也可以小规模饲养，尤其适合广大农民家庭饲养，无论是利用菜

叶、果皮、田间地头杂草等小规模养兔，还是适度规模种草养兔，均可获得可观的经济效益。

4. 家兔是节粮型家畜，发展家兔生产符合我国国情

近年来，畜牧业已发展成为推动我国农业和农村经济发展，促进农民增收的重要力量。与此同时，畜牧业内部结构性矛盾也日益突出，主要表现为猪、鸡等耗粮型畜禽的比重过大。家兔是草食经济动物，与牛羊一样不与人类争粮。且家兔繁殖快，饲料转化率高，1只母兔繁殖1年可提供它本身重量20倍的兔肉，以较牛、羊更快的速度向人类提供最廉价、报酬最高的动物性食品。目前，我国家兔主要产区四川、山东、河南、江苏、河北、重庆、福建、浙江、山西、内蒙古等的出栏量之和，至今仍占到全国家兔出栏总量的90%以上。在非主产区发展兔业，尤其是西部地区存在巨大的发展空间。

二、世界养兔概况

目前，亚洲是全世界最大的家兔生产市场，欧洲次之。分地区而言，欧洲地区主要的养兔国家为欧洲南部的意大利、西班牙和希腊，欧洲东部的乌克兰、捷克和俄罗斯及欧洲西部的法国；亚洲地区主要的养兔国家为亚洲中部的乌兹别克斯坦、塔吉克斯坦和哈萨克斯坦，以及亚洲东部的中国和朝鲜；美洲养兔的国家主要为美洲南部的阿根廷和秘鲁，以及美洲中部的墨西哥；非洲地区主要的养兔国家为非洲东部的卢旺达、肯尼亚，以及非洲北部的埃及和阿尔及利亚。

2020年四大洲市场上家兔出栏量、存栏量和兔肉产量及各项占比情况，亚洲兔存栏量占世界兔存栏量的比重已经超过了75%，远远高于其他三大洲。欧洲兔存栏量在2020年的占比仅为10.42%，远远低于亚洲，可以大致推断，亚洲兔出栏量和兔肉产量占世界兔出栏量和兔肉产量的比重均有上涨的空间，而欧洲兔出栏量和兔肉产量占世界兔出栏量和兔肉产量的比重将继续下降。

三、中国养兔概况

1. 我国家兔养殖的基本情况

中国兔业在国内畜牧业中所占的比重虽相对较小，但在国际上的地位却举足轻重。我国兔产业快速发展主要始于20世纪90年代，随着家兔养殖产业的不断发展，2010年之后，兔出栏量、兔肉产量及兔肉出口量均占全球的50%左右。受供给侧结构性改革、环境保护政策等影响，我国兔出栏量自2017年开始下降，至2020年，我国兔出栏量占全球的比例也下降至35%左右；我国兔肉产量2017年下滑明显，下滑幅度达25.27%，此后下滑幅度逐步下降，2010~2020年平均降幅达3.48%。即便如此，多年来中国也是重要的兔肉出口国，受国内需求拉动的影响，近年来兔肉出口有所减少，但在全球的兔肉出口市场中依然占据重要地位。

2. 我国家兔养殖的地区分布

中国各地基本均饲养家兔，目前中国兔产业呈现传统主产区地位不断巩固、西北地区不断兴起、江浙和山东等地资本和技术密集型生产加强、内地仍然以相对粗放式发展为主的特点。从地区结构来看，中国养兔主要集中在西南、华东和西北3个大区。其中，西南地区主要分布在四川、重庆，2020年合计出栏量占全国总量的57.63%；华东主要分布在山东和江苏，2020年合计出栏量占全国总量的12.64%；西北主要分布在新疆，2020年出栏量占全国总量的11.80%。分省来看，2020年四川兔出栏16556.3万只，占全国的49.82%，新疆、山东、重庆、河南、江苏、福建兔生产也居全国前列，出栏量分别为3537.8万只、2594.0万只、1892.4万只、1805.5万只、1270.3万只和1125.9万只。从分品种的地区分布来看，肉兔的养殖主要分布在四川、新疆、山东和重庆，其次为福建、江苏、河南等地。獭兔的养殖相对分散一些，主要分布在河南、河北和山东等地，其次为四川、东北和东南地区。毛兔的养殖一直比较集中，主要分布在山东、河南、江苏和安徽，其次为重庆和浙江等。

3. 国内兔产品贸易概况

近年来我国兔肉一直为净出口，主要出口到欧洲和美国。根据联合国粮农组织（FAO）统计，2020年我国共出口兔肉4266吨，比2019年下降12.9%，金额下降15.4%。其中主要出口到比利时、德国、美国，出口量分别占30.3%、28.6%和19.8%。我国出口的兔肉主要来自山东、吉林、山西和河北。

兔毛贸易方面，2020年我国兔毛为净出口，相较于2019年，兔毛出口激增，2020年出口兔毛（已梳兔毛）106.9吨，比2019年上升572.69%。但近年来，由于饲料价格和人工成本等的提高，导致兔的养殖成本居高不下，虽然兔毛收购价格处于高位，但养殖户的利润空间逐渐缩小。

兔皮贸易方面，我国主要进口兔皮，通过国内的鞣制，加工成兔皮产品再出口，因而我国兔皮的出口很少。据海关统计，2020年进口整张皮1.7万吨、7258.3万张，与2019年基本持平，2020年出口未缝制整张皮11.4吨、9.4万张。

4. 科技对兔业的支持作用

随着养兔生产的发展，科技对兔业生产的促进作用越来越明显，通过推广优良品种和配套技术，兔舍设施和管理较好的养殖场（户），一只父母代繁殖母兔年产商品兔由过去的30只左右，提高到40只以上，兔皮质量合格率由60%提高到了80%左右，兔毛产量由1.2千克/只提高到2.0千克/只以上。因此，科技进步不仅大大地提高了养兔生产效率，也增加了养殖户的经济效益。以前，兔业主要作为副业，而现在养兔被很多农户作为自己的主要职业，大量地开始专业化生产，养兔已经成为经济欠发达地区农民致富的重要途径。

四、兔产业链各环节主要技术水平比较

我国兔业在科技创新领域的投入远落后于其他畜禽的投入，许多研究尚处于起步阶段，与国外养兔发达国家相比，存在较大的差距。涉及兔产业链"良种繁育—标准化养殖—疫病防控—产品加工—废弃物循环利用—现代物流"的各环节主要技术，比较如下。

1. 品种培育与繁殖

我国养兔历史悠久，有丰富的家兔品种资源，目前，世界共有家兔品种 60 余个，其中，我国拥有引进品种、地方品种、通过国家和地方审定的品种、配套系共有 45 个，但大部分品种生产性能不及国外品种。国外相继育成伊高乐（Hycole）、伊普吕（Hyplus）、伊拉（Hyla）和齐卡（ZIKA）等著名的肉兔配套系。近年来，山东、四川、重庆先后从法国批量引进伊拉配套系、伊普吕配套系的曾祖代和祖代种兔。

家兔繁殖方面，国外养兔发达国家，如法国、意大利、西班牙等国，普遍采用同期发情、人工授精技术，通过 42 天和 49 天繁殖模式，实现了全进全出工厂化生产养殖模式，每只母兔年提供商品兔 55~65 只；我国人工授精技术在中大型养兔场推广较多，小型养兔场及养殖户主要依靠传统的自然交配方式，每只母兔年提供商品兔 30~35 只。

2. 标准化养殖与环境调控

兔舍与兔笼建设，国外实现了标准化、规范化和自动化，有大量的研究数据作为支撑，比较科学和实用，实现了兔舍内投料、饮水、清粪、温度、湿度、空气质量等智能化调控；而国内养殖场千差万别，建设的依据主要是传统与经验，而目前设施设备较为简陋。近年，越来越多的兔场采用了欧洲养兔生产线。同时，国外养兔非常注重动物福利，有的国家模仿兔的生活习性，设计养兔场地、兔笼和生产规程。

我国兔业的基础研究与应用研究的系统性和深度还相对欠缺，经常需要参考国外兔业研究的相关成果或经验。兔饲料营养供给是标准化养兔关键环节，我国研究几乎还处于能量、蛋白和粗纤维水平，消化生理国内研究几乎处于经验阶段，家兔生产性能比较差，日增重 35 克 / 天，料肉比 3.3 ∶ 1，在部分养殖场甚至严重低于这个指标；而国外已经对淀粉、可溶性纤维素等营养成分做了比较系统的研究，日增重达 45 克 / 天，料肉比为 3 ∶ 1。

3. 家兔保健与疫病防控

国外非常注重家兔保健，对家兔疫病主要采用预防措施，一般不采用治疗方案，对疫病的控制主要通过营养与疾病交叉领域的大量研究，家兔存活率可以达到95%，而国内这方面做的工作较少。大型养殖场与饲料厂普遍通过在饲料中补充添加剂的方法来控制场地疾病，尤其是现在出现的腹胀病（国外称之为家兔流行性肠病）都做了系统研究。而国内仅处于起步阶段，养殖户对于重大疾病与普通病的防控能力较差，国内家兔存活率仅85%~90%，如果出现腹胀病暴发，存活率仅为40%~50%，这极大损伤养殖户的积极性和威胁家兔养殖的健康发展。

4. 产品精深加工与综合利用

我国兔产品加工规模小，且产品单一。20世纪八九十年代以冻兔肉出口欧盟，近年出口量不足5000吨，占兔肉总产量不到1%，85%以上的兔肉主要以鲜销为主，其余的兔肉主要加工成缠丝兔、烟熏兔等传统产品，部分加工成兔肉干等休闲食品，且加工设备简陋。兔毛、兔皮制品的加工设备制造和兔毛产品后整理等高端技术，与发达国家有较大差距。高端兔毛纺织设备和兔皮加工设备落后，完全依赖进口，技术储备少，产品档次低、加工规模小。兔皮产品设计多是参加国外产品展销会后，根据国外产品进行仿制或改良，真正自己原创的设计很少。

兔副产品兔脑、肝、肾、脾、肠、四肢及兔皮边角余料等利用，尚属起步阶段，与国外差距更大。

5. 废弃物处理与资源化利用

随着我国农村劳动力大量向城市转移，养兔投入结构、养殖方式和经营发生了较大变化。企业投入、规模化养殖、产业化，已是必然趋势，如国内有的企业年出栏就达800万只，随之带来的大量粪尿、鞣制废水、染液等对环境压力加大，我国在此方面贮备技术较少，设备简陋，多数经过简单处理，直接利用或排放。国外在此方面大多采用先进设备、先进技术进行粪尿干湿分离、生物发酵、机械加工成优质肥利用，废水、染液更是经过严格工艺处理、达标排放利用。

第二章
家兔的生物学特性

一、生活习性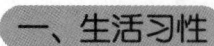

家兔是由野生穴兔驯化而来的,虽经长期的自然选择和人工选择,家兔仍然保持着其祖先的许多习性,了解这些特点,对于更好、更科学地饲养管理家兔有着重要的指导作用。

1. 胆子小,怕惊扰

家兔是抗敌能力很弱的动物,遇外敌时几乎毫无自卫能力,故其警惕性很高。无论是在采食时,还是在休息时,两耳总是竖起,注意四周的动静。一旦发现异常情况(如动物接近、震动、声音、阴影和光亮掠过),便会精神高度紧张,以致在笼中到处奔跑和乱撞,同时往往出现一种声音响亮的跺脚动作。而这种顿足声会使全兔舍或某一部分家兔同样惊慌起来。如果这种应激强度过大,将产生严重后果:妊娠母兔发生流产、早产;分娩母兔停产、难产、死产;哺乳母兔拒绝哺喂仔兔,泌乳量急剧下降,甚至将仔兔咬死、踏死或吃掉;幼兔出现消化不良、腹泻、胀肚,并影响生长发育,也容易诱发其他疾病,故有"一次惊场,三天不长"之说。同时,家兔对于经常发生的应激因素也有一定程度的适应,如颗粒饲料机发出的工作声以及夏天兔舍中安装的电风扇所发出的噪声等,会随着这种刺激次数的增加而逐渐减弱。这表明经过一段时期的适应,家兔对一定程度的噪声也是可以耐受的。

2. 夜行性和嗜眠性

野生兔体格弱小,对天敌的防御能力比较差,长期在特定生态条件下,使兔形成昼伏夜出的习性。家兔至今仍保留其祖先——野生穴兔的这种习性。在养兔场中,家兔白天表现得十分安静,除喂食时间以外,常闭目休息。而在夜间家兔采食频繁,十分活跃。据观察,家兔在自由采食的条件下,夜间采食量占日采食量的70%以上,饮水量占60%左右。另外,家兔在某种条件下很容易进入困倦或睡眠状态,在此期间痛觉减低甚至消失,这种特性称嗜眠性。家兔的嗜眠性与它野生状态的昼伏夜行有关。利用这一特点,可以进行许多小型的手术治疗。

3. 喜干燥，怕潮湿

家兔是厌恶潮湿喜干燥爱清洁的动物，干燥和清洁的环境能保持家兔的健康。注意观察不难发现，家兔休息时总是善于卧在较为干燥和较高的地方。而潮湿不卫生的环境往往成为家兔生病的原因。这是因为潮湿的环境有助于多种病原微生物的滋生繁衍，特别是疥癣病和幼兔的球虫病，高湿度是其发生的必备条件。兔群一旦发生这些疾病，往往造成大批伤亡，损失非常严重。实践证明，清洁干燥的环境条件有利于兔的健康，越是生产性能高的兔种，对环境卫生要求也越高。

4. 喜清洁，怕污浊

观察发现，家兔有"三点定位"的习惯，即采食饮水、排便和休息在三个不同的地方，而且是相对固定的。生产中，为便于操作，饲槽和饮水器一般放在笼具的前面，其位置不由家兔选择。而休息和排便的位置，家兔可以自由选择，它们往往将粪便排在污浊、潮湿和气味不良的地方（多在笼具的后面两个边角），而休息选择干净卫生的地方。除了小兔以外，成年兔一般不会往饲槽里排便。

5. 群居性差，同性好斗

小兔喜欢群居，但随着月龄的增长，群居性越来越差，性成熟后的公兔，在群养条件下经常发生咬斗现象，特别是公兔之间或者在新组织的兔群中，争斗咬伤比较严重。在配种期，只要两只公兔见面，似乎有不共戴天之仇，激烈战斗，咬得遍体鳞伤，直至分出高低。母兔性情虽然较温和，很少发生激烈的咬斗现象，但性成熟后，特别是妊娠后也善于独居。在生产中，由于性成熟前的幼年兔，厮咬和争斗现象较少，3月龄前的幼年兔多采用群养方式，以节省笼舍，提高劳动生产效率。但3月龄以上的公、母兔要及时分笼饲养，一方面防止厮咬争斗，另一方面可防止早配和乱配，更重要的是能够促进幼兔的生长。根据有关对比试验显示，分笼饲养与不分笼饲养的兔，在同等生长时间段内生长速度有十分明显的差异。

6. 穴居性

尽管驯化历史已久，直到现在家兔仍然保留其原始祖先穴兔的打洞穴居的本能。即使多代没有接触地面，没有在洞内生活，但只要把它们放到野外或在地面饲养，家兔打洞的野性立即恢复，以隐藏自身并繁育后代。这一习性对现代化养兔无重要意义，但在建造兔舍和选择不同的饲养方式时，必须考虑家兔；否则，选择建筑材料不合适，或者设计兔场考虑不周到，会导致家兔在兔舍内乱打洞穴，造成无法管理的被动局面。

7. 啮齿性

家兔的门齿为恒齿，具有终身不断生长的特点，据测定，每月可生长0.8~1.5厘米。为保持上下门齿的吻合度，家兔会依靠采食和啃咬硬物不断磨蚀来维持门齿的正常长度。在平时饲养管理中，如果饲料配合不合理，粗纤维含量较低或硬度不足，獭兔就会啃咬笼具，使之受到破坏。所以，兔笼应坚固、耐用，做到少用木料，笼内要平整，尽量不留棱角，使家兔无法啃咬，以延长兔笼的使用年限。为了防止家兔啃咬木制或塑料笼具，可以经常给兔笼内投放一些树枝。最好将粉质混合饲料加工成硬质颗粒饲料，以利家兔门齿的磨蚀，防止家兔啃咬笼具。

8. 耐寒冷，怕炎热

家兔被毛浓密，汗腺退化，较耐寒冷而惧怕炎热。家兔最适宜的环境温度为15~25℃，临界温度为5℃和30℃。也就是说，在15~25℃的环境中，其自身生命活动所产生的热量即可满足维持体温的需要，不需要另外消耗自身营养，此时家兔也感到最为舒服，生产性能最高。在5℃以上和30℃以下的范围内，家兔通过物理或化学的调节可维持体温恒定，但超过这一界限，对于獭兔是有害的。特别是高温的有害性远远超过低温。在高温条件下，家兔的呼吸加快，心跳增速，采食减少，生长缓慢，繁殖率急剧下降，在我国南方一些省市出现"夏季不育"现象。相对高温而言，低温对于家兔的危害要轻得多。一定程度的低温环境下，家兔可以通过增加采食量和动员体内营养的分解来维持生命活动。冬季低温环境造成生长发育缓慢和繁殖率下降，饲料利用率降低。

虽然成年兔惧怕炎热而较耐寒冷，但出生后的小兔惧怕寒冷而需要较高的温度（出生后最适温度是33~35℃），随着日龄的增加，体温调节能力逐渐增强。因此，提高环境温度是提高仔兔成活率的关键。

9. 嗅觉、味觉、听觉灵敏，视觉迟钝

家兔嗅觉灵敏，可通过鼻子分辨不同的气味，辨别异己、性别。例如，母兔在发情时阴道释放出一种特殊气味，可被公兔特异性地接收，刺激公兔产生性欲；当把一只母兔放到公兔笼子内时，公兔并不是通过眼看识别，而是通过鼻子闻出来的。如果一只母兔刚刚从一只公兔笼子取出而马上放到另一只公兔笼子里，这只公兔会因为这只母兔带有另一只公兔的气味，误认为是公兔进入它的"领土"而攻击这只母兔。

母兔识别仔兔也是通过鼻子闻出来的，寄养仔兔时，可利用这一特点，使被寄养仔兔身上带有这只母兔的气味，母兔就误认为这是它的孩子而不虐待被寄养的仔兔。

家兔味觉灵敏，对于饲料味道的辨别力很强。在野生条件下，兔子有根据自身喜好选择饲料的能力。实践证明，兔子爱吃具有甜味和草苦味的植物性饲料，不爱吃带有腥味的动物性饲料和具有不良气味（如发霉变质、酸臭味）的饲料。平时如果添加了它们不喜爱的饲料，有可能导致拒食或扒食现象。

家兔的耳朵对于声音反应灵敏。兔子具有一对长而高举的耳朵，可以向声音发出的方向转动，可以判断声波的强弱、远近。野生条件下穴兔靠着灵敏的耳朵来掌握"敌情"。兔子胆小怕惊是因为耳朵灵敏的缘故。

家兔的眼睛对于光反应较差。虽然家兔的视角很广，可以不转头便可看到两侧和后面的物体，但其对于不同的颜色分辨不清，距离判断不明，而且看不到鼻子下面的物体。母兔分辨仔兔是否为自己的孩子，不是通过眼看而是依赖嗅觉。同样，对于饲槽内饲料好坏的判断不是通过眼睛而是通过鼻子和舌头。

二、采食与消化特性

1. 家兔的食性

家兔属单胃食草性动物，以植物性饲料为主，无论是青草、树叶，还是作物的种子及副产品，它们都爱吃。家兔的草食性决定了家兔是一种天然的节粮型动物，不与人争粮食，不与猪、鸡争饲料。家兔采食比较挑剔，喜食植物性

饲料，不喜动物性饲料，考虑营养需要兼顾适口性，配合饲料中动物性饲料不超过5%；喜吃粒料，不喜食粉料；喜食含有植物油的饲料，国外有些兔场往往在配合料中加2%~5%的玉米油；喜食甜味的饲料。

在兔子的某些生理阶段，添加一些营养价值高的动物性饲料是非常必要的。比如：母兔在哺乳期又怀孕、仔兔补料、种公兔的集中配种期等。欲在饲料中加入一些家兔不爱吃的动物性饲料，可采取由少到多、适应的方法，或采取添加调味剂的方法来解决。

2. 采食行为

如前所述，家兔具有啮齿行为，不采食时经常啃咬饲槽、木头、产箱等硬物。家兔采食前先用鼻子嗅来分辨饲料是否新鲜、有无异味。兔子采食时，灵活的上唇上翘，露出吻合的门齿，非常灵活地摄取饲料，采食一口后，退缩回去仔细咀嚼。家兔采食饲料比较频繁，日采食次数与年龄有关，如6周龄每天采食约40次，每次消耗颗粒饲料大约2克；而15周龄的生长兔，每天仅采食25~30次，每次耗料7~8克。家兔还有用前肢快速扒草或饲槽中饲料的习性，有时甚至将饲槽掀翻，造成浪费。

在自由采食的情况下，家兔采食次数夜间多于白天，即在黄昏以后到黎明以前采食频繁，采食次数占全天采食次数的60%以上，采食量约占全天采食量的70%。当家兔经常采食某种饲料后逐渐形成习惯时，突然改变饲料，家兔或者拒食，或者采食量减少。事实上，在突然改变饲料的情况下，即便兔子采食量不减少，其胃肠的消化也不能适应，很快出现消化不良，粪便变形，甚至出现腹泻或肠炎。

3. 家兔的食粪特性

家兔排出两种粪便，一种是粒状的硬粪，量大，粪干，表面粗糙，依草料种类而呈现深浅不同的褐色；另一种是团状的软粪，多时呈捻珠状，有时达40粒，质地软，表面细腻，有如涂油状，通常呈黑色。即硬粪和软粪。前者多在白天排出，后者仅在夜间产生。但因为软粪直接被兔子吞食，一般是见不到的。软粪中含有较多的优质蛋白质、矿物质和维生素及一些具有生物活性的物质。硬粪所含的营养虽然没有软粪高，但它是经过微生物代谢后的产物，具有一些特殊营养，对于家兔是有益的。通过采食自己的粪便，补充了常规饲料中所缺乏的营养物质，使之得到多次循环，这也是家兔能有效地利用粗饲料的秘诀之所在。

4. 胃肠壁的脆弱性

实践表明，家兔患消化系统疾病较多，而且一旦发生腹泻或肠炎很难救治，死亡率极高。饲料中粗纤维含量不足是造成消化功能失调的主要原因。饲喂低纤维、高能量和高蛋白日粮，会使未完全消化吸收的过量碳水化合物进入盲肠，而造成了一些产气杆菌（如大肠杆菌、魏氏梭菌等）大量繁殖和过度发酵，进而破坏盲肠内正常的微生物区系和盲肠的正常内环境。那些具有致病作用的产气杆菌在发酵碳水化合物的过程中产生大量的毒素，被肠壁吸收，并使肠壁受到破坏，肠黏膜的通透性增高，大量的毒素被吸收进入血液，造成全身性中毒。由于肠道的过度发酵，产生小分子有机酸，使后肠内渗透压增高，大量水分子进入肠道。又由于毒素的刺激，肠壁蠕动加快，造成急性腹泻，继而转化成肠炎。由此可见，粗纤维在维持家兔正常的消化功能方面发挥了其他营养所不可代替的作用。此外，饮食不卫生、饲料突变、腹壁受凉等因素也将引起兔子消化道内环境的改变而发生腹泻和肠炎。

5. 家兔的消化特点

（1）对粗纤维的消化

家兔消化的最大特点在于发达的盲肠及其盲肠内微生物的消化。兔子盲肠有适于微生物活动所需要的环境，给以厌氧为主的微生物提供了优越的活动空间。在兔的消化过程中，粗纤维保持消化物的稠度，有助于形成硬粪。盲肠微生物的巨大贡献是对粗纤维的消化。它们可分泌纤维素酶，将那些很难被利用的粗纤维分解成低分子有机酸（乙酸、丙酸和丁酸），被肠壁吸收。同时，提高了饲草中粗蛋白的利用率。但是，家兔对粗纤维的消化率是很低的，甚至不如猪。家兔对粗纤维消化低的主要原因是兔对粗纤维消化主要在盲肠中进行，饲料通过消化道快（一般家兔在进食后3~5小时开始排泄，而猪为24~28小时，马为2~3天，牛、羊为7~8天）和大量采食饲料。在此期间，家兔借助快速通过的方法很快排泄难以消化的纤维，能有效地消化吸收饲料中非纤维成分。所以，家兔具有很强的利用低质粗饲料方面的能力，具有把低质饲料转化为兔产品的巨大潜力。

（2）对饲草中的蛋白质的消化

研究表明，家兔与其他草食动物相比，能更有效地利用饲草中的蛋白质。以苜蓿干草为例，家兔对其蛋白质的消化率为73.7%，马74%，猪低于50%。这主要是因为家兔有发达的胃和盲肠，进入兔胃内的饲料有充分的时间进行机械和化学作用，进入盲肠的食糜可被微生物充分分解而被利用，一部分转为菌体蛋白，通过软粪方式被家兔采食，软粪中的微生物被家兔利用，蛋白质被再利用。

（3）对淀粉的消化

兔盲肠内纤维素分解酶的活性较低，但淀粉酶的活性较高，因而兔盲肠对日粮中淀粉、糖产生能量的能力较强。如果喂给富含淀粉的日粮，在活性高的淀粉酶作用下，能产生被细菌利用的底物，使细菌繁殖增快并产生毒素，发生腹泻。因此，对日粮中淀粉含量应适当控制。

（4）对粗脂肪的消化

家兔对各种饲料中粗脂肪的消化率比马属动物高得多，而且可利用高脂肪含量（20%）的饲料。但据国外一些研究资料，饲料中脂肪含量在10%以内时，其采食量随脂肪含量的增加而提高；超过10%时，其采食量则随着脂肪含量的增加而下降。这说明兔子不适于饲喂高脂肪含量的饲料。

（5）对钙、磷比例要求

一般畜禽对饲粮中的钙、磷比例要求很严，通常为（1.5~2）∶1。但家兔可以忍受高钙水平，如当饲料中含钙多到4.5%（正常的不到1%），钙、磷比例高达12∶1时，也不降低其生长速度，且骨骼灰分正常。但是，高磷对兔是有害的，可使兔子表现出软骨症和幼兔出现佝偻病。当饲料中磷含量达到1%时，饲料适口性降低，会造成家兔拒食。

三、体温调节特性

家兔是恒温哺乳动物,正常体温为 38.5~39.3℃。为了维持这一恒定温度,主要依靠自身产热、散热和保温等过程的动态平衡来实现。家兔体内组织细胞的活动都会产生热量,其中肌肉、内脏和各种腺体产热量最多,饲料在消化道内的发酵也产生一定热量。家兔的散热途径为体表皮肤的散热、呼出气体的散热、吸入冷空气的散热、饮入冷水散热等。因家兔皮肤缺乏汗腺,且体表有很厚的毛被形成一层热的绝缘层,所以家兔体表的散热能力较差,呼吸散热是其最主要的散热途径。当外界温度升高时,家兔依靠增加呼吸次数和增加呼吸气体、蒸发水分的量来散热,借以维持体温的恒定。但是,家兔依靠增加呼吸次数散热来维护体温恒定的能力是有限的,长时间的高温会使家兔喘息不止、体温升高,进而出现热应激反应,造成生产性能下降。家兔不耐高温,但比较耐冷。最适宜家兔生活和繁殖的温度是 15~25℃。高于或低于这个温度范围都会降低其生产和繁殖性能。仔兔由于缺少被毛,没有保温层,所以耐热不耐冷。而且仔兔的体温调节能力很差,外界环境温度对仔兔的体温影响很大。因此,应根据仔兔的体温调节特点,为仔兔提供较高的环境温度,以保证仔兔的正常发育和成活率。

四、繁殖特性

家兔的繁殖过程与其他家畜基本相似,但也有其独特的方面,不了解这些生殖特点,就不能很好地掌握家兔的繁殖规律。

1. 具有很高的繁殖力

家兔的性成熟早,妊娠期短,世代间隔短,一年四季均可繁殖,窝产仔数多,是其他家畜不能相比的。家兔产仔数多,通常年产 4~5 胎,有的可达 6~7 胎,每窝可成活 5~6 只,多的可达 10 多只,一年内可育成 30~40 只仔兔。

2. 卵子大

家兔的卵子是目前已知哺乳动物中最大的卵子,同时也是发育最快、在卵裂阶段最容易在体外培养的哺乳动物卵子。因此，家兔是很好的实验材料，被广泛用于生物学、遗传学、家畜繁殖学的研究上。

3. 刺激性排卵

家兔属于诱发性或刺激性排卵动物，母兔的卵巢内常有处于不同阶段的卵泡，但不能自发排出，而需要某种条件刺激，如公兔的交配，母兔的相互爬跨或生殖激素刺激等的诱导下，方可将成熟的卵泡排出。一般排卵的时间多在交配后10~12小时，若在发情期内未进行交配，母兔就不排卵，其成熟的卵泡就会老化衰退，被机体吸收。因此，在生产上可根据肉兔的这一生殖特性，结合生产计划，可采用强制交配或者注射生殖激素的方法促使母兔受胎。

4. 子宫特异性

与其他动物不同，家兔属双子宫动物。左、右两个互不相连的子宫的子宫颈共同开口于阴道，两个子宫均可供胚胎生长发育，不会发生单子宫动物授精后的胚胎由一个子宫角向另一个子宫角移动的情况。这使母兔有时会出现双重孕现象，即第一批胎儿产出后，隔数小时甚至几天后又产出第二批胎儿，这是两次受孕，胎儿各在一侧子宫发育的结果。

5. 没有规律性的发情周期

家兔的这一特性与其刺激性排卵的特性有关。没有排卵的诱导性刺激，卵巢内成熟的卵子不能排出，当然也不能形成黄体，所以对新卵泡的发育不会产生抑制作用。因此，家兔不存在有规律性的发情周期。在正常情况下，家兔的卵巢内总是有许多发育程度不同的卵泡，在前一批发育卵泡尚未完全退化时，后一批发育阶段的卵泡又接着发育，而在前后两批卵泡的交替发育中，体内的雌激素水平有高有低，母兔的发情症状就有明显与不明显之分。因此，即使在母兔没有发情症状时，母兔的卵巢内仍有卵泡在发育，如进行强制配种，母兔仍有受孕的可能。这对于现代化畜牧生产来说，具有极其重要的意义。

6. 性活动规律

家兔的性活动表现出一定的规律性，日出前1小时、日落前2小时和日落后1小时性活动最强。因而在生产中清晨、傍晚配种，受胎率最高。有实验表明，气温14~16℃，光照16小时，母兔发情率最高。掌握这一规律，便于合理安排一天配种时间。

7. 假妊娠比例高

母兔经诱导刺激排卵后并没有受精，但同样形成黄体并分泌孕酮，刺激生殖系统的其他部分，使乳腺增活，子宫增大，状似妊娠但没有胎儿，此种现象称为假妊娠。假妊娠母兔在妊娠16天后黄体退化，表现临产行为，衔草、拉毛做巢，甚至乳腺能挤出一点乳汁。假妊娠在某些兔群中的出现率很高，在生产中应注意观察，只要母兔在配种后16~17天出现流产症状，就可判断为假妊娠。假妊娠过后立即进行配种极易受胎。一般不育公兔的性刺激、母兔群养和仔兔断乳晚是引起家兔假妊娠的主要原因。生产中常用复配的方法防止假妊娠。

8. 皮脂腺

家兔有四对与生殖有关的皮脂腺，这些皮脂腺的分泌物都具有特殊的臭味，这些气味与繁殖有着密切的关系。如公兔身上特有的气味，能引诱和促进母兔的发情，并接受交配。

9. 夏季不孕

这主要是针对公兔。在炎热的夏天，持续高温和过长的光照时间，导致公兔食欲减退，性欲降低，睾丸体积缩小，精液品质下降。表现为精液量减少，精子浓度降低，精子活力下降，畸形率增加，从而影响受胎率。一般认为，公兔的光照时间不宜超过12小时，环境温度不宜超出30℃。夏季对母兔的影响要比公兔小得多，母兔主要表现为发情征兆不明显，因食欲降低导致体况差，配种后受胎率低。为提高家兔繁殖力，保证一年四季均可配种，必须人为改造环境，调整日粮结构，减少饲养密度，多喂青绿饲草，增加空气流通等。

五、生长发育特性

1. 胚胎发育后期较快

家兔在胚胎期的生长发育，前期较慢，后期较快。胎儿的体重不受性别的影响，但受胎儿数量和母兔营养水平的影响。

2. 仔兔相对生长比其他家畜迅速

仔兔出生时，全身无毛，不睁眼，耳孔闭塞，不能自由活动。但它们出生后生长发育极为迅速。3~4日龄绒毛长出，10~12日龄睁眼，20日龄左右开始吃料，30日龄被毛形成。一般品种初生体重只有50克左右，1周龄时体重可增长1倍，4周龄时体重相当于初生体重的10倍（约为成年兔的12%），8周龄可达成年体重的40%。

3. 仔兔的生长速度与吮乳量有着直接的关系

一胎多仔时虽然窝重大，但个体体重较小。出生后几周内，仔兔的生长潜力很大，但仔兔的生长潜力的发挥受到养分供给量的制约。仔兔生长速度在很大程度上取决于母兔的泌乳量和同窝仔兔数。

4. 幼兔年龄愈小，相对生长速度和饲料转化率愈高

在正常情况下，幼兔随着周龄和体重的增长，日增重呈上升趋势，如新西兰白兔在8周龄时达到高峰，9周龄以后开始变慢。3周龄时饲料转化率为2∶1，越往后越低，8周龄时3∶1，10周龄时4∶1，12周龄时5∶1以下。在生产中一定要根据家兔早期生长快、饲料转化率高的规律，抓好幼兔的饲养管理，尤其是肉兔生产。

5. 家兔的生长因性别不同而不同

不同性别幼兔的增重速度也有差别。这种差别在8周龄前不明显，在8周龄以后到26周龄，可明显表现出来，在此期间，公兔的生长速度总是落后于母兔。所以，同一品种在正常的饲养管理条件下培育出来的公兔，体重总是比母兔小些。

六、换毛特性

家兔刚出生时全身赤裸，没有被毛生长，第3~4日龄被毛才开始生长，到第30日龄左右开始脱换，以后就进入有规律的年龄性换毛和季节性换毛时期。

1. 年龄性换毛

所谓年龄性换毛，是指幼兔生长到一定时期脱换旧毛，长出新毛的现象。

这种随年龄增长进行的换毛，在兔的一生中共有两次。第一次换毛约在生后30日龄开始到100日龄结束；第二次换毛约在130日龄开始至190日龄结束。年龄性换毛因品种、营养、气温不同而有差异。

2. 季节性换毛

所谓季节性换毛，是指成年家兔在每年春、秋季的两次换毛。春季换毛在3~4月份，此时日照渐长，天气渐暖，家兔便脱去"冬装"换上"夏装"；秋季换毛在8~9月份，此时日照渐短，天气渐凉，家兔便脱去"夏装"换上"冬装"。换毛的早晚和换毛的持续时间受家兔的年龄、性别、健康状况、营养水平及气候的影响。家兔换毛是复杂的新陈代谢过程，在换毛期间，需要供给家兔丰富的营养物质。

3. 不定期换毛

家兔的不定期换毛是不受季节影响，能全年任何时候都出现换毛现象，主要因为家兔的被毛有一定的生长期。不同家兔兔毛生长期是不同的，标准毛家兔的兔毛生长期只有6周，6周后毛纤维就停止生长，并有明显的换毛现象，其中既有年龄性换毛，又有明显的季节性换毛。安哥拉兔的兔毛生长期为一年，所以只有年龄性换毛，没有明显的季节性换毛。皮用兔的兔毛生长期为10~12周，与标准毛兔一样，既有年龄性换毛，又有明显的季节性换毛。老年兔比幼年兔表现较强。

4. 病理换毛

病理换毛是兔子患病或较长时间内营养不足或不全，以致新陈代谢紊乱、皮肤代谢失调时发生全身或局部的脱毛现象。

家兔的换毛是复杂的新陈代谢过程，换毛期间，为保证换毛过程的营养需要，家兔需要更丰富的营养物质，应给予丰富的蛋白质饲料和优质饲草，加强饲养管理，保证换毛的顺利进行。否则，换毛期延长，严重影响繁殖率。

第三章

家兔的品种资源

第一节 家兔品种分类

目前，全世界有60多个家兔品种和200多个家兔品系，法国、德国是饲养家兔品种比较多的国家，有50~60个品种。目前我国所饲养的家兔品种有20多个，其中少数是我国自己培育的，多数属于国外引入的品种。

一、按主要产品及经济用途分类

1. 肉用兔品种

肉用品种体型多为大中型，主要产品是兔肉，其次是皮。其体型和生理特点主要为头轻，体躯宽深，呈圆柱状，背腰平直，臀围大，腿宽而长，被毛长为标准毛（长2~4厘米），生长发育快，有较好的肉用性能，繁殖性能好，饲料报酬高。如新西兰白兔、加利福尼亚兔、齐卡肉兔、塞北兔等。

2. 皮用兔品种

其经济特性是以生产优质兔皮为主，同时也可提供兔肉。其特点是体型多为中小型；被毛浓密、平整，色泽鲜艳；皮板组织致密。毛皮是制作华丽名贵裘衣的原料，在国际市场上深受欢迎，如獭兔（力克斯兔）、哈瓦那兔、亮兔等。

3. 毛用兔品种

又称长毛兔，以生产兔毛为主。安哥拉兔是世界上唯一的毛用兔品种。其特点是体型中等偏小；绒毛密生于体躯及腹下、四肢、头等部位；毛质好，生长快，70天毛长可达5厘米以上，每年可采毛4~5次。

4. 皮肉兼用型兔品种

其经济特性是没有突出的生产方向，介于肉用兔和皮用兔二者之间，兼顾肉与皮生产能力。如青紫蓝兔、日本大耳白兔、德国花巨兔等。

5. 实验用家兔品种

此类是指白色被毛、红眼睛、耳静脉清晰的家兔品种，在试验研究中，以日本大耳白兔用得较多。

6. 观赏用兔品种

此类是指体型外貌奇特，或被毛华丽奇特珍稀，或体格轻微秀丽，专供人们观赏的家兔品种。如公羊兔、花巨兔、袖珍小型兔、荷兰矮兔、波兰兔、喜马拉雅兔等。

二、根据被毛类型分类

根据家兔被毛长短和被毛结构等方面不同的生物学特征可把家兔的所有品种分为标准毛（亦称普通毛）兔品种、长毛兔品种和短毛兔品种3种类型。

1. 标准毛兔品种

标准毛兔品种亦叫普通毛兔品种。该类型家兔的被毛中粗毛（枪毛）长约3.5厘米，绒毛长约2.2厘米，二者的长度相差悬殊。常见的肉兔和皮肉兼用兔品种，绝大多数均属于这一类型。如中国白兔、新西兰白兔、加利福尼亚兔、青紫蓝兔等。

2. 长毛兔品种

长毛类型的家兔品种，其特点是被毛较长，成熟毛均在5厘米以上，最长可达17厘米，粗毛和绒毛均为长毛，且粗毛比例较标准毛类型为少，如安哥拉兔等。

3. 短毛兔品种

短毛类型的家兔品种很少，其特点是毛纤维很短（毛长约1.5厘米），一般为1.3~2.2厘米，不仅粗毛含量少，而且粗毛和绒毛一样长，没有突出于绒毛之上的枪毛。典型的代表是獭兔。

三、按体重大小分类

1. 大型兔

成年体重达 5.0 千克以上，如德国巨型白兔、花巨兔等。

2. 中型兔

成年体重 3.0~4.5 千克，如新西兰白兔、加利福尼亚兔等。

3. 小型兔

成年体重 1.5~2.8 千克，如中国白兔等。

4. 微型兔

成年体重仅 0.7~1.45 千克，如小型荷兰兔等。

第二节 常见家兔品种

一、中国地方兔品种资源

（一）闽西南黑兔

闽西南黑兔原名福建黑兔，俗称黑毛福建兔，属于小型地方肉兔资源，有闽西和闽南两个类群。

1. 品种分布及来源

闽西南黑兔主要分布在福建的西南部地区，如龙岩地区的上杭、武平、长汀和泉州地区的德化和永春等地，这些县境内群山绵延，山多田少，早年交通闭塞，为形成和保存本地黑兔提供了得天独厚的自然地理条件。闽西南黑兔分为闽西和闽南两个类群，类群毛色相同、外貌相近，生产性能有所差异，血统相对独立，来源记载不明确，但都具有地方兔的共同特性，即适应性广、抗病力强、耐粗饲、繁殖性能好、生长速度慢、肉质好、深受消费者喜欢、市场畅销。

2.品种特征和生产性能

(1)品种外貌特征

全身被毛黑色、粗短,紧贴体躯,具有光泽;头部清秀,耳短稍厚并直立向前倾斜,无肉髯,双眼黑色有神,虹膜蓝黑色;头、颈、腰结合良好,四肢有力,全身结构紧凑匀称,野性强,性成熟早,母兔有4~5对乳头,4对居多。少数个体脚底毛灰白色,在鼻端或额部有点状或条状白毛。

(2)生产性能

10月龄成年兔体重:闽西类群公兔2481~2995克,母兔2381~2860克;闽南类群公兔2559~3515克,母兔2364~3410克。在饲喂全价颗粒料条件下,13周龄个体重闽西类群1470~1720克,闽南类群1648~2031克。

10月龄成年兔体长:闽西类群公兔39~44厘米,母兔36~42厘米;闽南类群公兔44~49厘米,母兔43~48厘米。

10月龄成年兔胸围:闽西类群公兔26~30厘米,母兔26~29厘米;闽南类群公兔28~32厘米,母兔27~30厘米。

10月龄成年兔耳长:闽西类群公、母兔均为9~11厘米;闽南类群公、母兔均为12~14厘米。

10月龄成年兔耳宽:闽西类群公、母兔均为5~6厘米;闽南类群公兔7~8厘米,母兔6~8厘米。

(3)屠宰性状

13周龄,闽西类群半净膛屠宰率为48%~53%,闽南类群半净膛屠宰率为46%~51%;闽西类群全净膛屠宰率为42%~50%,闽南类群全净膛屠宰率为44%~48%。

(4)繁殖性状

初配年龄:闽西类群公兔5月龄,母兔4.5月龄;闽南类群公、母兔都是6月龄。

发情期和妊娠期:闽西和闽南类群的发情周期都为12~15天,发情持续期3天,妊娠期29~32天。

初生、21日龄和28日龄窝重:闽西类群初生窝重235~363克,21日龄窝重1478~1865克，28日龄窝重2297~2871克；闽南类群初生窝重328~488克，21日龄窝重2174~2624克，28日龄窝重2851~3485克。

窝产活仔数和断奶成活率：闽西和闽南类群窝产活仔数均为5~8只，闽西和闽南类群断奶成活率均为85%~95%。

年产胎数和年产仔数：传统繁殖模式下（断奶后3~7天配种），闽西类群年产5~6胎，年产仔数30~40只；闽南类群年产5~6胎，年产仔数35~45只。

（二）福建黄兔

福建黄兔俗称闽黄兔，属小型肉用地方兔资源。

1. 品种分布及来源

福建黄兔原产于福州地区，主要分布于福州部分县市和连城县等地，主产区在福州地区，如沿海的连江、福清、长乐、罗源和山区的闽清、闽侯、永泰等地。福建黄兔由福州地区农民长期的自繁自养形成的，是体格适中、耐粗饲、适应性广、繁殖率高、肉质好的优良地方品种。

2. 品种特征和生产性能

（1）品种外貌特征

福建黄兔全身深黄或米黄色粗短毛，紧贴体躯，具有光泽，白色毛从下胸部向腹部呈带状延伸至胯部及尾端下部，眼周及下颌毛色亦呈白色，两耳直立厚短，眼大圆睁有神，虹膜棕褐色，身体结构紧凑粗壮，小巧灵活，胸部宽深，背平直，腰部宽，腹部紧凑，后躯丰满，四肢健壮。福建白兔野性强，性成熟早，母兔有4~5对乳头，4对居多。

（2）生产性能

10月龄成年兔体重：公兔2414~3621克，母兔2327~3490克。在饲喂全价颗粒料条件下，13周龄体重1398~2099克，料肉比为（3.8~4.3）∶1。

10月龄成年兔体长：公兔39~53厘米，母兔39~52厘米。

10月龄成年兔胸围：公兔29~39厘米，母兔29~38厘米。

10月龄成年兔耳长：10~14厘米。

10月龄成年兔耳宽：公兔6~8厘米，母兔5~8厘米。

（3）屠宰性状

13周龄，全净膛屠宰率47%~50%，肌肉蛋白质含量18%~23%。

（4）繁殖性状

初配年龄：公兔为5.5~6月龄，母兔5~5.5月龄。

发情期和妊娠期：发情周期为12~15天，发情持续期3天，妊娠期29~31天。

初生、21日龄和断奶窝重：初生窝重283~356克，21日龄窝重1232~1485克，断奶窝重（30日龄）1935~2012克。

窝产活仔数和断奶成活率：窝产活仔数5~8只，断奶成活率80%~95%。

年产胎数和年产仔数：传统繁殖模式下（断奶后3~7天配种），年产5~6胎，年产仔数30~40只。

（三）福建白兔

福建白兔属小型肉用地方兔资源。

1. 品种分布及来源

福建白兔分布在武平、上杭、长汀、永定、漳平、寿宁等地的一些偏僻山区，是当地农民在自繁自养本地兔过程中，根据当地对活兔毛色的消费习惯，进行了长期选留形成的，具有繁殖性能良好、耐粗饲、抗病力强、肉质好、市场畅销等特点的小型肉用地方兔资源。

2. 品种特征和生产性能

（1）品种外貌特征

福建白兔被毛白色、粗短毛，紧贴体躯，具有光泽，两耳直立厚短，眼大圆睁有神，虹膜红色，身体结构紧凑粗壮，小巧灵活，胸部宽深，背平直，腰部宽，后躯丰满，四肢健壮。福建白兔野性强，性成熟早，母兔有4~5对乳头，4对居多。

（2）生产性能

10月龄成年兔体重：公兔2090~2560克，母兔2060~2330克。在饲喂全价颗粒料条件下，13周龄体重1690~1830克。

10月龄成年兔体长：公兔35~42厘米，母兔34~41厘米。

10月龄成年兔胸围：公兔25~29厘米，母兔24~28厘米。

10月龄成年兔耳长：10~12厘米。

10月龄成年兔耳宽：5~6厘米。

（3）胴体品质

13周龄全净膛屠宰率45%~49%，肌肉蛋白质含量18%~22%。

（4）繁殖性状

初配年龄：福建白兔性成熟早，公、母兔通常3.5~4月龄达到性成熟，适宜初配月龄公兔5~5.5月龄，母兔4.5~5月龄。

发情期和妊娠期：发情周期11~13天，发情持续期为2~3天，妊娠期29~31天。

初生、21日龄和28日龄窝重：初生窝重194~294克，21日龄窝重1056~1362克，28日龄窝重1450~2012克。

窝产活仔数和断奶成活率：窝产活仔数均为5~9只，断奶成活率均为85%~95%。

年产胎数和年产仔数：传统繁殖模式下（断奶后3~7天配种），年产5~6胎，年产仔数30~35只。

（四）四川白兔

四川白兔俗称菜兔，属小型肉用地方兔资源。

1. 品种分布及来源

四川白兔生活在四川盆地农耕发达的成都、德阳、泸州、内江、乐山、自贡、江津（现属重庆）等地的平坝、丘陵区，由于优越自然条件和人为选择，形成了具有性成熟早、血窝配种受孕率高、年产胎次多等遗传特点的地方品种。

2. 品种特征和生产性能

（1）品种外貌特征

四川白兔被毛为标准毛型，纯白色，毛质优良，紧贴体躯，具有自然光泽，头清秀，嘴较尖，无肉髯，两耳直立较短厚，眼红色，体躯小，结构紧凑；腰背平直、较窄，腹部紧凑有弹性，臀部欠丰满，四肢端正，健壮有力，行动敏捷。母兔乳头数为 4~5 对，4 对乳头为主。

(2) 生产性能

10 月龄成年兔体重：公兔 2.1~2.6 千克，母兔 2.4~2.9 千克。

10 月龄成年兔体长：35~38 厘米。

10 月龄成年兔胸围：公兔 25~29 厘米，母兔 26~29 厘米。

10 月龄成年兔耳长：10~11 厘米。

10 月龄成年兔耳宽：4.8~5.4 厘米。

(3) 胴体品质

90 日龄全净膛屠宰率 47%~49%，半净膛屠宰率 49%~53%。

(4) 繁殖性状

初配年龄：四川白兔性成熟早，公兔 5~5.5 月龄，母兔 4.5~5 月龄。

发情期和妊娠期：发情周期 6~9 天，发情持续期为 2~3 天，妊娠期 29~31 天。

初生、21 日龄和断奶窝重：初生窝重 260~320 克，21 日龄窝重 1070~1430 克，断奶窝重 1760~2480 克。

窝产活仔数和断奶成活率：窝产活仔数 6~8 只，断奶成活率 90% 以上。

(五) 九嶷山兔

九嶷山兔原名宁远兔，属小型肉用地方兔资源。

1. 来源及品种分布

宁远县山区农民素有养兔、食用兔肉的习惯。宁远县养兔历史悠久，1569 年明朝隆庆三年修订的《永州府志》记载："零陵、祁阳、东安、道州、宁远、江华皆有兔。"1753 年清朝的《宁远县志》记载："畜牧之属：牛、豕、鸡、鹜、犬、羊、兔"。1942 年的《宁远县志》进一步明确记载："兔有褐、白、黑诸色及黑白相间者。"宁远县地处湖南边远地区，温暖、潮湿的自然生态环境和交通闭塞、经济落后等社会条件，为体型小、生长较慢、对粗放饲养耐受能力强、具有多个毛色类群的九嶷山兔的形成与世代繁衍创造了特定的条件。

2004年九嶷山宁远兔通过省级地方品种审定，确认为湖南省优质地方肉兔品种，将其命名为"九嶷山兔"，在2010年5月通过国家畜禽遗传资源委员会的认定，并于2010年12月，农业部批准对九嶷山兔实施农产品地理标志登记保护。九嶷山兔主要分布于宁远县，其邻县新田、蓝山、江华等地也有少量养殖。

2. 品种特征和生产性能

（1）品种外貌特征

九嶷山兔被毛以纯白、纯灰居多，白兔约占存栏总数的73%，灰（麻）兔占25%左右，还有零星的黑、黄、花兔个体。体躯较小，结构紧凑。头型清秀，呈纺锤形。眼中等大，白兔眼球为红色，灰兔和其他毛色兔的眼球为黑色。两耳直立，厚薄长短适中。背腰平直，肌肉较丰满，腹部紧凑而有弹性。乳头4~5对，以4对居多。臀部较窄，肌肉欠发达。四肢端正，足底毛较丰。

（2）生产性能

10月龄成年兔体重：白色公兔2.1~3.3千克，白色母兔2.2~3.4千克；灰色公兔2.1~3.3千克，灰色母兔2.3~3.4千克。

10月龄成年兔体长：白色公兔42~52厘米，白色母兔43~55厘米；灰色公兔43~53厘米，灰色母兔43~56厘米。

10月龄成年兔胸围：白色公兔25~32厘米，白色母兔23~32厘米；灰色公兔25~33厘米，灰色母兔24~33厘米。

10月龄成年兔耳长：白色公兔9.1~12厘米，白色母兔9.5~12厘米；灰色公兔9.6~12厘米，灰色母兔9.8~12厘米。

（3）产肉性能

断奶至90日龄日增重17~22克，全净膛屠宰率48%~52%。

（4）繁殖性状

初配年龄：九嶷山兔性成熟早。适宜初配月龄，公兔5月龄（体重在2.3千克以上），母兔5月龄（体重在2.2千克以上）。

妊娠期：30天。

初生、21日龄和断奶窝重：初生窝重357~390克，21日龄窝重1825~2248克，断奶窝重2848~3675克。

窝产活仔数和断奶成活率：窝产活仔数均为6~9只，断奶成活率96%以上。

年产胎数：7~7.2胎。

（六）云南花兔

云南花兔属小型肉用地方兔资源。

1. 来源及品种分布

云南花兔是分布在云南各地本地兔的统称，主要包含1980年以前根据产地命名的曲靖兔、姚安兔、思茅兔和祥云兔等。云南花兔的来源及形成历史缺乏文史资料稽考，因为当地人很少视家兔为主要的经济动物，仅将其视作供观赏或一种"风味"肉食的品种。云南本地兔因有多种毛色类群而统称云南花兔。零星分布在丽江、临沧、德宏、大理、玉溪、昆明、曲靖、文山、红河等地。

2. 品种特征和生产性能

（1）品种外貌特征

云南花兔体躯小而紧凑，头较小、呈倒三角形。嘴尖似鼠，无肉髯。两耳直立，转动灵活，耳长和耳宽变化范围大。腰短，臀略下垂、尖削，腹部大小适中，四肢粗短、健壮。云南花兔多为白色，其次是黑色，还有黑白花、黑白混杂，仅鼻端、额部、爪有白毛的黑兔。云南花兔被毛外观全为粗毛，光亮顺滑，在腹股沟、前臂部内侧可直接观察到绒毛。云南花兔白毛兔的眼为红色，其他毛色兔的眼为黑色或蓝色，明亮有神。

（2）生产性能

12月龄成年兔体重：公兔1.6~2.1千克，母兔1.8~2.3千克。

12月龄成年兔体长：公兔35~39厘米，母兔31~42厘米。

12月龄成年兔胸围：公兔24~28厘米，母兔25~27厘米。

（3）产肉性能

半净膛屠宰率57%。

（4）繁殖性状

性成熟期：母兔3~4周龄，公兔4~5月龄。

初配年龄：母兔5~6月龄（体重在1.3~1.4千克以上），公兔6~7月龄（体重在1.4~1.5千克以上）。

妊娠期：28~32天。

初生、21日龄和断奶窝重：初生窝重394克，21日龄窝重2681克，断奶窝重（第4胎，妊娠32天）3680克。

窝产活仔数和断奶成活率：窝产活仔均数为5只，断奶成活率90%以上。

年产胎数：7~8胎。

（七）万载兔

万载兔属小型肉用地方兔资源。

1. 来源及品种分布

万载县种植业发达，青饲料和牧草资源丰富。当地老百姓有养兔习惯，特别是丘陵、低山地区的农村，几乎家家户户养兔，为万载兔品种的形成创造了良好的社会条件和自然条件。万载兔的饲养历史悠久，清代同治十年（1871）《万载县志》已有记载。1957年国家有关部门曾将万载县定点为医学实验兔生产基地，进一步推动了万载兔的群选群育和群体的发展。

2. 品种特征和生产性能

（1）品种外貌特征

万载兔被毛粗而短，着生紧密，以麻、黑两种颜色为主，少数为灰色或白色。因此，万载兔在当地分为两种，一类称为火兔，又称月月兔，体型偏小，被毛以黑色为主；另一类称为木兔，又名四季兔，体型较大，以麻色为主。万载兔头大小适中，清秀，嘴尖。耳小而竖立，有耳毛。眼小，眼球蓝色（白毛兔为红色）。背腰平直，肌肉丰满，腹部紧凑而富有弹性。母兔乳头一般为4对，少数5对。四肢发育良好。

（2）生产性能

成年兔体重：公兔1.7~2.3千克，母兔2~2.5千克。

成年兔体长：38~45厘米。

成年兔胸围：25~30厘米。

（3）产肉性能

胴体重：公兔全净膛重829~1077克，母兔全净膛重743~1025克。

屠宰率：公、母兔全净膛率41%~46%。

（4）繁殖性状

性成熟期：3.5~4月龄，母兔早于公兔。

初配年龄：适宜初配月龄，4.5~5.5月龄。

发情期：母兔发情持续期3天。

妊娠期：30~31天。

哺乳期：哺乳期30~35天，断乳后10~15天再次配种。

窝产活仔数和断奶成活率：窝产活仔均数为7~8只，断奶成活率90%。

年产胎数：5~6胎。

二、国外引进的兔品种（配套系）资源

（一）日本大耳兔

日本大耳兔属皮肉兼用兔，以两耳特别长大、用作实验兔较多而闻名。

1. 品种来源及分布

日本大耳兔原产地日本。据日本学者考证可能是中国白兔和日本本地兔杂交选育而成。在亚、美、欧均有分布。

2. 引入情况

日本大耳兔引入中国的时间早于新西兰白兔和加利福尼亚兔等资源。随着我国医用实验兔的需求量不断扩大和实验兔生产逐步走向专业化，全国各地多批次从日本引进日本大耳兔用于医学研究。20世纪60~70年代，除了在医药卫生单位中纯繁日本大耳兔外，外贸出口基地也大量养殖日本大耳兔、青紫蓝兔和本地白兔的杂种兔生产兔肉。

3. 品种特征和生产性能

（1）品种外貌特征

日本大耳兔体型有大、中、小三个类型，成年体重大型兔为5~6千克，中型兔3~4千克，小型兔2~2.5千克。引入我国的大多数为中型兔，少数为大型兔。日本大耳兔头大小适中，额宽，面凸；两耳直立，大而宽，根部细，耳端尖，厚度薄，形同柳叶并向后竖立，血管明显，适于注射和采血，是理想的实验用兔。日本大耳兔眼为粉红色，颈较粗，母兔颌下有肉髯，胸部深宽，背腰宽厚，腹部宽大紧致，臀部宽圆，结构匀称，躯体较长，肌肉不够发达，被毛纯白，紧密而柔软，皮张面积大，质地良好。

（2）生产性能

成年兔体重：4~5千克。

成年兔体长：49~54厘米。

成年兔胸围：28~35厘米。

（3）产肉性能

3月龄屠宰率一般为50%~52%，胴体净肉率77%~80%，肉骨比3.4~4.4:1。

（4）繁殖性状

性成熟期：5~6月龄。

适配年龄：公兔5.5~6.5月龄，母兔5~6月龄。

发情期：8~15天，发情持续期3~5天。

妊娠期：29~31天。

窝产活仔数和断奶成活率：窝产活仔均数为7~8只，断奶成活率90%以上。

21日龄断奶窝重：1700~2200克。

年产胎数：4~7胎。

（二）新西兰兔

新西兰兔属于中型肉用型兔。

1. 品种来源及分布

新西兰兔原产于美国，由弗朗德兔、美国白兔和安哥拉兔等杂交选育而成，有白色、红色和黑色3个变种，生产性能以白色最高，广泛分布于世界各地。

2. 引入情况

1950年前已有少量新西兰白兔引入我国。1980年前后由农业部、外贸部先后从美国批量引进新西兰白兔，主要分布在安徽及北京、江苏、江西、四川、浙江、黑龙江等地的农业科研院所或种兔场，用于开展纯种扩繁、引种观察和杂交组合试验。其后，不少省份的农业部门、外贸公司通过商业途径或国际合作项目，多批次从美国和欧洲、大洋洲等地引进新西兰白兔。迄今，新西兰白兔已成为我国生产商品肉兔和实验用兔的重要品种资源。

3. 品种特征和生产性能

（1）品种外貌特征

新西兰兔被毛全白，毛稍长，手感柔软，回弹性差，眼球粉红色，头粗重，嘴钝圆，额宽，两耳中等长，宽厚，略向前倾或直立，耳毛较丰厚，血管不清晰，颈短，颈肩结合良好。公兔颌下无肉髯，母兔有较小的肉髯。新西兰兔体躯圆筒形，胸部宽深，背部宽平，腰肋部肌肉丰满，后躯发达，臀部宽圆，四肢强健而稍短。公兔睾丸发育良好，母兔有效乳头4~5对。

（2）生产性能

成年兔体重：母兔4.5~5.5千克，公兔4~4.5千克。

成年兔体长：母兔44~48厘米，公兔45~47厘米。

成年兔胸围：母兔36~38厘米，公兔37~39厘米。

（3）产肉性能

28日龄至70日龄日增重及料重比：32~37克，料重比（3.08~3.18）：1。

70日龄屠宰性状：宰前活重1928~2172克，全净膛重1051~1189克，全净膛屠宰率53%~56%。

（4）繁殖性状

性成熟期：4~5月龄。

适配年龄：5.5~6.5 月龄，公兔适配年龄较大。

妊娠期：29~32 天。

窝产活仔数：6~8 只。

初生窝重、21 日龄窝重、30 日龄断奶个体重：初生窝重 420~460 克、21 日龄窝重 1800~2300 克、断奶个体重 500~730 克。

断奶成活率：90% 以上。

年产胎数：年产 5~7 胎。

（三）加利福尼亚兔

加利福尼亚兔又称加州兔，俗称八点黑，属于中型肉用兔，是世界著名肉用兔品种之一。

1. 品种来源及分布

加利福尼亚兔原产于美国加利福尼亚州，是由喜马拉雅兔（又称俄罗斯兔）、青紫蓝兔及新西兰白兔杂交选育而成。由于加利福尼亚兔产肉性能好、适应性强，在美国的饲养量仅次于新西兰白兔，在世界大多数国家有分布，主要用于商品肉兔生产和新品种、配套系培育。

2. 引入情况

加利福尼亚兔最早于 1975 年引入我国，1980 年前后由农业部、外贸部先后从美国批量引进，主要分布在北京、江苏、山东、黑龙江、浙江等地的种兔场或农业科研院所，用于纯种扩繁、引种观察和开展杂交组合试验。其后，不少省份的农业部门、外贸部门或兔肉出口加工企业，通过商业途径或国际合作项目，多批次从美国、德国、澳大利亚等国家引进加利福尼亚兔。

3. 品种特征和生产性能

（1）品种外貌特征

加利福尼亚兔体型中等，颈粗短，耳小而直立，眼睛红色；胸部、肩部和后躯发育良好，肌肉丰满，具有肉用型品种体型特征。加利福尼亚兔绒毛浓密，秀丽美观，被毛整体为白色，两耳、鼻端、四肢下部及尾部为黑褐色，具有与喜马拉雅兔相似的"八点黑"特征，其毛色深浅变化亦相似。公兔睾丸发育良好，母兔有效乳头 4~5 对。

（2）生产性能

成年兔体重：母兔 3.9~4.8 千克，公兔 3.6~4.5 千克。

成年兔体长：44~46 厘米。

成年兔胸围：34~36 厘米。

（3）产肉性能

28 日龄至 84 日龄日增重及料重比：32 克以上，料重比 3∶1。

84 日龄屠宰性状：宰前活重 2~2.5 千克，全净膛屠宰率 52%~54%。

（4）繁殖性状

性成熟期：4~5 月龄。

适配年龄：5.5~6.5 月龄，公兔适配年龄较大。

妊娠期：29~32 天。

窝产活仔数：6~8 只。

初生窝重、35 日龄断奶窝重：初生窝重 374~496 克、断奶窝重 4929~5439 克。

泌乳量：30 天泌乳量为 4823~4991 克，日泌乳量 137~191 克。

断奶成活率：90% 以上。

（四）青紫蓝兔

青紫蓝兔又名琴其拉兔、山羊青兔和青林子兔，属皮肉兼用型兔。

1. 品种来源及分布

青紫蓝兔由法国育种家戴葆斯基在 20 世纪初用噶伦兔与喜马拉雅兔、蓝色贝伟伦兔杂交培育而成。后来为改进毛色和提高体重，在欧美部分国家又曾导入弗朗德巨兔等其他兔种血缘，最终形成青紫蓝兔的标准型（小型）、美国型（中型）、巨型三个类型。

2. 引入情况

青紫蓝兔最早在 20 世纪 60~70 年代引入我国成为改良本地兔的主要品种，我国引入最多的是标准型和美国型青紫蓝兔。

3.品种特征和生产性能

（1）品种外貌特征

青紫蓝兔外貌的标志性遗传特征，主要反映在被毛纤维的色型特点上，被毛总体为灰蓝色，夹有全黑和全白的粗毛，单根毛纤维由基部向毛尖依次为深灰色、乳白色、珠灰色、雪白色、黑色五种颜色，耳尖和耳背面为黑色，眼圈、尾底和腹下为灰白色，头大小适中，颜面较长，嘴钝圆，眼圆大，呈茶褐或蓝色，四肢较为粗壮。

（2）生产性能（我国部分兔场数据）

成年兔体重：母兔4.0~4.3千克，公兔4.0~4.4千克。

成年兔体长：41~43厘米。

成年兔胸围：母兔37~41厘米，公兔39~42厘米。

（3）产肉性能

84日龄胴体重：半净膛重1.1~1.3千克，全净膛重1~1.1千克。

84日龄屠宰率：49%~51%。

（4）繁殖性状

性成熟期：4月龄左右。

适配年龄：5.5月龄。

妊娠期：一般30天。

窝产活仔数：窝产活仔均数为6~10只。

初生重、断奶重：初生重45~60克、断奶重721~803克。

断奶成活率：82%。

（五）比利时兔

比利时兔，又名弗朗德巨兔，属大型肉用兔品种资源。

1.品种来源及分布

比利时兔是欧洲比较古老而著名的肉用兔品种，原产于比利时弗朗德地区一带，其培育历史不详。

2.引入情况

比利时兔是在20世纪70年代中后期与新西兰白兔、加利福尼亚兔、丹麦白兔、法国公羊兔等良种兔同期由农业部、外贸部从德国引进。引进的种兔主要分养在吉林、黑龙江、河北、江苏等省的农业科研院校，进行纯繁，做引种观测、杂交试验和纯种推广。引入的比利时兔经纯繁扩群和推广，在20世纪80年代迅速扩散到全国肉兔生产区，尤其在华北、华中地区分布较多。

3. 品种特征和生产性能

（1）品种外貌特征

比利时兔被毛丰厚、有光泽，多为褐麻色，部分呈胡麻色（钢灰色），耳郭边缘呈黑色，眼周、颌下、胸腹部、尾外侧及趾部的毛色淡化、发白。体躯长大，骨骼略显粗重。头大小适中、稍显宽厚，颈肩结合良好，肉髯不发达。眼大，明亮，呈棕黑色。两耳直立、宽大，耳郭略朝向两侧。体躯宽深，前后匀称，肌肉发育良好，腹部微垂，四肢强健。

（2）生产性能

成年兔体重：4.5~6千克，最高可达9千克。

成年兔体长：47~52厘米。

成年兔胸围：32~38厘米。

（3）产肉性能

3~4月龄屠宰，全净膛率51%~54%，净肉率80%左右。

（4）繁殖性状

窝产仔数：5~11只。

初生个体重、断奶重：初生个体重52~64克、断奶重594~652克。

断奶成活率：91%。

年产胎数：4~5胎。

（六）德国花巨兔

德国花巨兔又名巨型花斑兔，属皮用、肉用、观赏于一体大型兼用兔品种资源。

1. 品种来源及分布

德国花巨兔是由比利时兔和不知名的白兔、花兔杂交育成，育成的时间不明。1910年输入美国后，又培育出黑色和纯白两个品系。当前在欧洲、美洲和亚洲都有零星分布。

2. 引入情况

德国花巨兔是在20世纪70年代中后期与比利时兔等良种兔同期由农业部、外贸部从德国引进。引进的种兔主要分养在吉林、黑龙江、河北、江苏等省的农业科研院校，进行纯繁，做引种观测、杂交试验和纯种推广，其后逐渐分散到全国养兔大省，但是种兔一般较小。

3. 品种特征和生产性能

（1）品种外貌特征

德国花巨兔毛色特点全身被毛为白底黑斑（少数为黄斑），嘴环、眼圈、耳郭、尾部被毛呈黑色，背部从颈部至尾根有一条不规则的黑斑"线"，两侧镶嵌着多个形状不一的黑色花斑。花巨兔体躯大而窄长，比一般大型兔种多一对肋骨。骨架较大但体躯欠丰满，背腰微呈弓形，腹部较紧凑。双耳直立，眼球呈黑色。

（2）生产性能

成年兔体重：5~6千克。

成年兔体长：45~58厘米。

成年兔胸围：33~37厘米。

（3）产肉性能

断奶至70日龄，平均日增重38克，料肉比3.2∶1，平均胴体重1.3千克，平均屠宰率52%。

（4）繁殖性状

性成熟期：4~4.5月龄。

适配年龄：6~6.5月龄。

妊娠期：29~31天。

窝产仔数及活仔数：窝产仔数9~12只，活仔数7~10只。

初生窝重、21日龄窝重、断奶窝重：初生窝重460~506克，21日龄窝重1353~2266克，断奶窝重2898~3566克。

泌乳量：30日龄泌乳量4262克，日平均泌乳量142克。

断奶成活率：83%~84%。

（七）德系安哥拉兔

德系安哥拉兔又名西德长毛兔，属中型毛用兔品种资源。因全身被毛密度大、毛丛结构及毛纤维的波浪形弯曲明显、不易缠结、粗毛含量低而闻名于世，是世界公认的产毛量最高、绒毛品质最好的长毛兔品种。

1. 品种来源及分布

德系安哥拉兔是联邦德国（西德）利用英国和法国安哥拉兔杂交培育成的高产绒毛型长毛兔。因其产毛量高、毛品质好、适宜精纺而闻名于世。20世纪70年代主要分布于德国、瑞士等欧洲国家，自1978年引入我国后，中国成为德系安哥拉兔推广、应用最多的国家，此外在南美也有少量分布。

2. 引入情况

1978~1988年，江苏、山东、浙江、上海和四川等地通过外贸部和农业部先后从德国分多批次引种数千只德系安哥拉兔种兔。

3. 品种特征和生产性能

（1）品种外貌特征

德系安哥拉兔体型较大，肩宽，胸部宽深，背线平直，后躯丰满，结构匀称，全身被毛白色，眼睛红色，头较方圆或尖削略呈长方形，耳较大，直立，呈V形，绝大部分耳端有一撮长绒毛，耳背无长毛，有些是"全耳毛"，有些是"半耳毛"，面部绒毛不一致，有的无长毛，有的有少量额颊毛，有的额颊毛丰富。

（2）生产性能

成年兔体重：3.5~4.5千克。

成年兔体长：43~45厘米。

成年兔胸围：33~37厘米。

（3）产毛性能

德系安哥拉兔属细毛型长毛兔，被毛浓密，有毛丛结构，不易缠结。产毛量高达0.9~1.2千克，最高可达1.6~2千克，毛质好，细毛量高95%左右，粗毛长度7~11厘米，细毛长度5~6厘米，粗毛细度41~43微米，细毛细度13~14

微米，被毛密度 12000~15000 根/厘米^2，细毛强度 2.48 克，细毛伸度 40%。

（4）繁殖性状

适配年龄：5~6 月龄。

窝产仔数：6~8 只。

窝重：平均初生窝重 420 克、平均 21 日龄窝重 2100 克，平均断奶窝重 4900 克。

断奶成活率：80% 以上。

年产胎数：3~4 胎。

（八）法系安哥拉兔

法系安哥拉兔又名法国粗毛型长毛兔，属中型毛用兔品种资源。因被毛中粗毛含量明显高于德系安哥拉兔且品质优良、产毛量高而闻名于世。

1. 品种来源及分布

法系安哥拉兔原产于法国，原始种群来自 1708 年在英国首次发现的白色长毛兔突变种安哥拉兔。该品种主要分布在拥有一定规模的长毛兔粗毛产品专业销售市场及其加工产业的部分欧洲国家和中国、印度等国的部分地区。

2. 引入情况

2007 年经农业部等相关部门核准，浙江省新昌县万盛源兔业有限公司种兔场批量引进法系安哥拉兔 210 只，其中公兔 51 只、母兔 159 只。

3. 品种特征和生产性能

（1）品种外貌特征

法系安哥拉兔与德系安哥拉兔的主要区别是毛质较粗，毛纤维波浪弯曲不明显，粗毛（枪毛）含量明显高于德系安哥拉兔，体型较大，骨骼较粗重，全身被毛白色，头稍尖削，耳大而薄，耳尖、耳背无长毛，俗称"光板"。额毛、颊毛、脚毛也较短。

（2）生产性能

成年兔体重：母兔 4.9 千克，公兔 4.3 千克。

成年兔体长：55 厘米。

成年兔胸围：34.6 厘米。

(3) 产毛性能

法系安哥拉兔是世界上著名的粗毛型长毛兔，一次剪毛 140~190 克，年产毛量 600~800 克，粗毛含量 15% 以上，适用于粗纺、制作外套时装。

(4) 繁殖性状

性成熟期：5 月龄。

适配年龄：5.5~6 月龄。

受胎率：60%。

妊娠期：31 天。

窝产仔数：6~8 只。

窝重：平均初生窝重 402 克、平均 21 日龄窝重 1790 克，平均断奶窝重 5685 克。

断奶成活率：平均 94%。

年产胎数：2~3 胎。

（九）力克斯兔

力克斯兔是世界名贵的裘皮用兔种，属于中型兔。在国内因其被毛形状与毛皮动物水獭相似而称为獭兔或天鹅绒兔。

1. 品种来源及分布

力克斯兔原产于法国。1919 年法国人卡隆在两窝普通家兔产的仔兔中，首次发现被毛呈粟棕色短绒毛、平整光滑的突变兔。后来法国科伦地方牧师吉利把突变兔全部买下进行繁育，并将这种兔命名为卡司托·力克斯。目前，力克斯兔主要分布在中国、法国、美国、德国、西班牙、俄罗斯等国家，中国商品兔生产数量最大，美国、法国和德国种兔生产领先。

2. 引入情况

1980 年前后，农业部首次从美国批量引进了以白色、海狸色、青紫蓝色等品系为主的力克斯兔良种，分散到北京、上海、江苏、浙江、四川等地饲养，为我国獭兔生产遗留下部分种源，但仍未形成商品生产。随着国内兔裘皮加工业及其产品出口市场的兴起和专业技术、营销队伍的逐步形成，自 1997 年开始到 2007 年，山东、北京、山西、四川、浙江先后从法国、美国和德国引进法系、美系和德系力克斯兔良种数千只，大多以白色兔为主，加速了我国獭兔产业的快速发展。

3.品种特征和生产性能

（1）品种外貌特征

獭兔体型匀称而清秀，腹部紧凑，后躯丰满；头小而尖；眼大，不同的品系眼睛色泽不同，有粉红色、棕色、深褐色等；耳长中等，竖立呈"V"形；有些成年兔有肉髯；四肢强健。獭兔全身被毛呈现不同的颜色，共有二十多种，被毛短而平齐、竖立、柔软而浓密，具有绢丝光泽，见日光不褪色，保暖性强。枪毛少且不露于毛被之上，被毛标准长度1.3~2.2厘米，理想长度为1.6厘米。我国獭兔现有14种标准色型，见表3-1。

表3-1 常见獭兔标准色型

毛色类型	色型特征	缺陷
海狸色獭兔	被毛呈红棕色或黑栗色，毛纤维基部为瓦蓝色，毛干呈深橙或黑褐色，毛尖略带黑色	被毛呈灰色、毛尖过黑或带白色、胡椒色、前肢有杂色斑纹等均为不合格毛色
白色獭兔	全身被毛为纯白色	毛被发黄或间有杂色毛为不合格
黑色獭兔	全身被毛乌黑发亮，毛基部色较浅，毛尖部色较深	被毛退化为灰褐色或铁锈色则为缺陷毛色；夹有白斑或异色毛为不合格
青紫蓝獭兔	全身被毛基部为瓦蓝色，中段为珍珠灰色，毛尖部为黑色。背部毛色较深，颈部毛色略浅于体侧部，腹部毛色呈浅蓝或白色	毛色中出现锈色、黄色、白色或四肢带斑纹均为缺陷，呈泥土色为不合格
加利福尼亚獭兔	除鼻端、两耳、四肢及尾部为黑色或灰褐色以外，其余部位均为白色	8个端点出现其他颜色或底毛杂有异色毛为不合格
红色獭兔	全身被毛为深红色，无污点，一般背部颜色略深于体侧部，腹部毛色较浅，最为理想的被毛颜色为暗红色，眼睛呈暗褐色或棕色	腹部毛色过强、变白、出现斑块或其他变色均为不合格毛色
蓝色獭兔	全身被毛为纯蓝色，从毛尖到毛基部色泽纯一，眼睛为蓝色或瓦灰色	被毛带霜色和杂毛为不合格
巧克力色（哈瓦那色）獭兔	全身被毛呈棕褐色，毛纤维基部多为珍珠灰色，毛尖部呈深褐色，眼睛为棕褐色或肝脏色	被毛带锈色、白色或白斑为不合格

续表

毛色类型	色型特征	缺陷
银灰色獭兔	全身被毛为烟灰色（蓝至深蓝色），绒毛呈灰蓝色	毛尖变黑或白为不合格
紫貂色獭兔	全身被毛为黑褐色，腹部、四肢呈栗褐色，颈、耳等部位呈深褐色或黑褐色，胸部与体侧毛色相似，多呈紫褐色	被毛出现其他颜色为不合格
海豹色獭兔	全身被毛呈深褐色、乌贼色，颜色介于黑色獭兔和紫貂色獭兔之间，腹部毛色较浅，略呈灰白色	被毛呈锈色或带杂色为不合格
猞猁色獭兔	全身被毛色泽与山猫颜色相似，毛基部为白色，中段为金黄色，毛尖部略带淡紫色，毛绒柔软带有银灰色光泽，腹部毛色较浅或略呈白色	毛尖或底毛发蓝，毛尖紫色太深遮盖了金黄色为不合格
紫丁香色獭兔	被毛呈粉红色或灰鸽色（淡紫色），眼睛红宝石色	毛色带蓝或褐色为缺陷，带白斑为不合格
花色獭兔	被毛颜色可分为两类：一类全身被毛以白色为主，杂有一种其他不同颜色的斑点；另一类是全身被毛以白色为主，同时杂有两种其他不同颜色的斑点，颜色有深黑色和淡黄色、紫蓝色和淡金黄色、巧克力色和橘黄色、浅灰色和淡黄色4种。花斑表现有一定的规律，越对称越好。花斑面积一般占全身的10%~50%。花斑的要求：两耳毛色相同，鼻部有花斑，背部、体侧、臀部均带有花斑	花斑面积低于全身面积的10%或高于50%，两耳为白色或鼻端缺少花斑，或有色部位出现其他杂色斑点为缺陷

（2）生产性能

成年兔体重：3~4.5千克。

成年兔体长：38~51厘米。

成年兔胸围：30~40厘米。

（3）产皮性能

5~6月龄时，板皮面积可达900~1500厘米^2，厚度2.2~3.6毫米。被毛齐平，粗毛不外露，富有光泽，手感丰厚、柔顺、富有弹性。被毛长度1.3~2.2厘米，被毛密度13000~30000根/厘米^2，绒毛平均细度14~18微米，粗毛率3%~7%。

（4）产肉性能

断奶至 90 日龄日增重为 18~26 克，料重比（3.2~4.5）：1。5~6 月龄，宰前活重 2.5~3 千克，屠宰率为 51%~53%。

（5）繁殖性状

性成熟期：4~5 月龄。

适配年龄：5.5~7 月龄。

妊娠期：28~32 天。

窝产仔数：6~10 只。

窝重：初生窝重 320~450 克、21 日龄窝重 1400~1800 克，30 日龄断奶窝重 3000~3700 克。

断奶成活率：85% 左右。

年产胎数：5~7 胎。

（十）伊拉配套系

伊拉配套系属于肉用型配套系。

1. 品种来源

伊拉配套系肉兔是法国欧洲兔业公司在 20 世纪 70 年代末培育成的杂交配套系肉兔，它由 9 个原始品种经不同杂交组合和选育筛选出的 A、B、C、D 四个系组成，各系独具特点。

2. 引进情况及分布

山东绿洲兔业公司和青岛康大欧洲兔业育种有限公司分别于 2000 年和 2009 年从法国引进。自引入国内以来，现已遍布全国。

3. 品种特征和生产性能

（1）祖代专门化品系外貌特征与生产性能

祖代 A 系公兔（GPA）：除耳、鼻、肢端和尾是黑色外，全身白色，成年体重公兔 5 千克，母兔 4.7 千克。

祖代 B 系母兔（GPB）：除耳、鼻、肢端和尾是黑色外，全身白色，成年体重公兔 4.9 千克，母兔 4.3 千克。

祖代 C 系公兔（GPC）：全身白色，成年体重公兔 4.5 千克，母兔 4.3 千克。

祖代 D 系母兔（GPD）：全身白色，成年体重公兔 4.6 千克，母兔 4.5 千克。

（2）配套模式与商品代生产性能

配套模式：四系杂交配套系。

父母代兔：父母代公兔（PAB）成年体重 5.4 千克，父母代母兔（PCD）成年体重 4 千克，胎平均产仔数 8.9 只，年产仔 60 只。

商品兔（ABCD）30 日龄断奶重 800 克，70 日龄体重 2.5 千克，日增重 44 克，饲料转化率（2.7~2.9）：1，半净膛屠宰率 58%~59%。

（十一）伊普吕配套系

伊普吕配套系属于肉用型配套系。

1. 品种来源

由法国克里默兄弟育种公司培育的。该配套系是多品系配套模式，共有 8 个专门化品系。

2. 引进情况及分布

2005 年山东伟诺集团有限公司由法国引进 5 个系（3 个父系 GGP59、GGP79、GGP119，2 个母系 GGP22、GGP77）的曾祖代约 1000 只。目前主要分布在山东德州和青岛地区。

3. 品种特征和生产性能

（1）祖代专门化品系外貌特征与生产性能

GGP59：伊普吕父系，被毛白色，眼睛红色，耳朵大且厚，体长，臀部宽厚，大型兔，具有理想的生长速度和体重，22 周龄性成熟，成年兔体重 7~8 千克。77 日龄体重 3~3.1 千克，屠宰率为 59%~60%。窝产活仔数 8~8.2 只，35 日龄断奶个体均重 1.2 千克。

GGP119：伊普吕父系，被毛灰褐色，褐色眼睛，臀部宽厚，大型兔，具有理想的生长速度和体重，22 周性成熟，成年兔体重 8 千克以上。77 日龄体重 2.9~3 千克，屠宰率为 59%~60%。窝产仔 8~8.2 只，35 日龄断奶个体均重 1.1 千克。

GGP22：伊普吕母系，体躯被毛白色，耳、鼻端、四肢及尾部为黑褐色，随年龄、季节及营养水平变化有时可为黑灰色，俗称"八点黑"，21 周性成熟，成年兔体重 5.5 千克。70 日龄体重 2.2~2.4 千克。窝产仔数 10~10.5 只。

GGP77：伊普吕母系，白色皮毛，眼睛红色，中型兔，17 周性成熟，成年兔体重 4~5 千克。70 日龄体重 2.45 千克，窝产仔 11~12 只。

（2）配套模式

经过多年适应性选育和配合力测定，目前形成两种三系伊普吕配套模式。

三、中国培育的兔品种（配套系）资源

（一）塞北兔

塞北兔属于产肉为主的大型皮肉兼用型兔。

1. 品种来源及分布

塞北兔是原河北省张家口农业高等专科学校（现河北北方学院动物科技学院）以黄褐色法系公羊兔和黄褐色比利时兔作为亲本杂交培育而成。目前塞北兔主要分布在河北、河南、山西、海南、陕西、广西、新疆、内蒙古等。

2. 品种特征和生产性能

（1）品种外貌特征

塞北兔呈长方形，被毛以黄褐色为主，亦间有纯白色和干草黄色或橘黄色三种，头大小适中，呈方形，眼眶突出，眼大而微向内陷，下颌宽大，嘴方正，鼻梁有一黑线，耳宽大，一耳直立，一耳下垂，故称为斜耳兔，这是该品种的重要特征。塞北兔颈部粗短，颈下有肉髯；肩宽广，胸宽深，背腰平直，后躯宽而肌肉丰满，四肢短而粗壮。

（2）生产性能

成年兔体重：4.6 千克。

成年兔体长：48 厘米。

成年兔胸围：37 厘米。

（3）产肉性能

7~13 周龄日增重 24~30 克，饲料转化率为 3.3∶1，半净膛屠宰率 57% 左右，全净膛屠宰率 53% 左右。

（4）繁殖性状

窝产仔数：7~8只。

初生窝重、21日龄窝重：初生窝重454克，21日龄窝重1828克。

断奶成活率：96%。

年产胎数：6胎。

（二）豫丰黄兔

豫丰黄兔属于中型肉用兔。

1. 品种来源及分布

豫丰黄兔是由河南省清丰县科学技术委员会、河南省农业科学院畜牧兽医研究所、清丰县畜牧开发总公司等单位选用比利时兔和太行山兔杂交培育而成。豫丰黄兔主要分布在河南、云南、贵州、新疆、宁夏、浙江、山东、河北等。

2. 品种特征和生产性能

（1）品种外貌特征

豫丰黄兔腹部被毛呈白色，腹股沟有黄毛斑块，其余部分毛呈棕黄色，针毛尖有黑色、微黄色、红色的不同个体。塞北兔被毛平整、光亮、绒毛茂密。头适中，呈椭圆形，成年兔颈下有明显的肉髯，耳大、直立，耳壳薄，耳端钝，眼圈白色，眼球黑色，背腰平直且长，臀部丰满，腹部较宽平。四肢强健有力，前肢趾部有2~3道虎纹。

（2）生产性能

成年兔体重：4.1~5.5千克。

成年兔体长：53~60厘米。

成年兔胸围：35~41厘米。

（3）产肉性能

3月龄宰前活重平均2.7千克，日增重34克，饲料转化率为3.3∶1，半净膛屠宰率55%左右，全净膛屠宰率51%左右。

（4）繁殖性状

适配年龄：6月龄。

妊娠期：31天。

窝产仔数：7~12只。

初生窝重、21日龄窝重：初生窝重440~586克，21日龄窝重2500~3500克，断奶窝重4800~6800克。

断奶成活率：97%。

年产胎数：5~6胎。

（三）康大配套系

康大肉兔配套系，学名分别为康大1号肉兔配套系、康大2号肉兔配套系、康大3号肉兔配套系，属于肉用型配套系。

1. 品种来源及分布

康大配套系是近年来由青岛康大集团与山东农业大学联合培育的具有我国自主知识产权的肉兔配套系，包括2个三系配套系（康大1号肉兔配套系和康大2号肉兔配套系）和1个四系配套系（康大3号肉兔配套系），共5个专门化品系。

2. 祖代专门化品系特征与生产性能

（1）康大肉兔Ⅰ系

以法国伊普吕肉兔GD14和PS19作为主要育种材料，经杂交选育出来。康大肉兔Ⅰ系被毛纯白色，眼球粉红色，耳中等大，直立，头型清秀，体质结实，结构匀称。四肢健壮，背腰长，中后躯发育良好。康大肉兔Ⅰ系有效乳头4~5对，母性好，性情温顺，平均胎产活仔数9~10只，28日龄平均断奶个体重650克以上或35日龄平均断奶个体重900克以上。成年兔体长40~44厘米，胸围34~38厘米，公兔的成年体重4.3~4.8千克，母兔成年体重4.4~4.9千克。全净膛屠宰率为48%~50%。

（2）康大肉兔Ⅱ系

以法国伊普吕肉兔GD24和PS19作为主要育种材料，经杂交选育出来。康大肉兔Ⅱ系被毛末端为黑毛色，两耳、鼻黑色或灰色，尾端和四肢末端浅灰色，其余部位纯白色，眼球粉红色，耳中等大，直立，头型清秀，体质结实，四肢健壮，脚毛丰厚，体躯结构匀称，前中后躯发育良好，有效乳头4~5对。

康大肉兔Ⅱ系性情温顺，母性好，泌乳力强，平均胎产活仔数9~10只，28日龄平均断奶个体重650克以上或35日龄平均断奶个体重900克以上。成年兔体长40~44厘米，胸围34~38厘米，公兔的成年体重4.2~4.7千克，母兔成年体重4.3~4.8千克。全净膛屠宰率为50%~52%。

（3）康大肉兔Ⅴ系

以法国伊普吕肉兔GD54、GD64和PS59作为主要育种材料，经杂交选育出来。康大肉兔Ⅴ系为纯白色，眼球粉红色，耳大宽厚直立，耳长12.8~13.5厘米，平均耳宽7.2~8.4厘米，头大额宽，四肢粗壮，脚毛丰厚，体质结实，胸宽深，背腰平直，腿臀肌肉发达，体型呈典型的肉用体型，有效乳头4对。康大肉兔Ⅴ系平均胎产活仔数8.5~9只，28日龄平均断奶个体重700克以上或35日龄平均断奶个体重950克以上。成年兔体长42~46厘米，胸围36~40厘米，公兔的成年体重5~5.6千克，母兔成年体重5.2~5.8千克。全净膛屠宰率为53%~55%。

（4）康大肉兔Ⅵ系

以泰山肉兔为主要育种材料，连续多世代定向选育出来。康大肉兔Ⅵ系被毛为纯白色，眼球粉红色，耳宽大，直立或略微前倾，头大额宽，四肢粗壮，脚毛丰厚，体质结实，胸宽深，背腰平直，腿臀肌肉发达，体型呈典型的肉用体型，有效乳头4对。康大肉兔Ⅵ系平均胎产活仔数8~8.6只，28日龄平均断奶个体重700克以上或35日龄平均断奶个体重950克以上。成年兔体长42~46厘米，胸围35~39厘米，公兔的成年体重4.8~5.4千克，母兔成年体重5~5.6千克。全净膛屠宰率为53%~55%。

（5）康大肉兔Ⅶ系

以香槟兔为主要育种材料，经过多代选育出来。康大肉兔Ⅶ系被毛黑色，部分深灰色或棕色，被毛较短，平均2~2.7厘米，眼球黑色，耳中等大，直立，头型圆大，四肢粗壮，体质结实，胸宽深，背腰平直，腿臀肌肉发达，体型呈典型的肉用体型，有效乳头4对。康大肉兔Ⅶ系平均胎产活仔数8.5~9只，28日龄平均断奶个体重700克以上或35日龄平均断奶个体重950克以上。成年兔体长41~46厘米，胸围38~42厘米，公兔体重5~5.5千克，母兔成年体重

5.1~5.6千克。全净膛屠宰率为53%~55%。

3.配套模式与商品代生产性能

（1）康大1号肉兔配套系杂交生产模式及生产性能

由Ⅵ系纯繁生产父母代公兔（Ⅵ系），Ⅰ系祖代公兔与Ⅱ系祖代母兔杂交生产父母代母兔（Ⅰ-Ⅱ），父母代公兔（Ⅵ系）与父母代母兔（Ⅰ-Ⅱ）杂交生产商品代肉兔（Ⅵ-Ⅰ-Ⅱ）。商品代体躯被毛白色或末端灰色，体质结实，四肢健壮，结构匀称，全身肌肉丰满，中后躯发育良好。10周龄出栏体重2.4千克，料重比低于3.0∶1，12周龄出栏体重2.9千克，料重比（3.2~3.4）∶1，屠宰率53%~55%。

（2）康大2号肉兔配套系杂交生产模式及生产性能

由Ⅶ系纯繁生产父母代公兔（Ⅶ系），Ⅰ系祖代公兔与Ⅱ系祖代母兔杂交生产父母代母兔（Ⅰ-Ⅱ），父母代公兔（Ⅶ系）与父母代母兔（Ⅰ-Ⅱ）杂交生产商品代肉兔（Ⅶ-Ⅰ-Ⅱ）。商品代毛色为黑色，部分深灰色或棕色，被毛较短，眼球黑色，耳中等大，直立，头型圆大，四肢粗壮，体质结实，胸宽深，背腰平直，腿臀肌肉发达，体型呈典型的肉用体型，10周龄出栏体重2.3~2.5千克，料重比（2.8~3.1）∶1，12周龄出栏体重2.8~3千克，料重比（3.2~3.4）∶1，屠宰率53%~55%。

（3）康大3号肉兔配套系杂交生产模式及生产性能

由Ⅵ系祖代公兔与Ⅴ系祖代母兔杂交生产父母代公兔（Ⅵ-Ⅴ系），Ⅰ系祖代公兔与Ⅱ系祖代母兔杂交生产父母代母兔（Ⅰ-Ⅱ），父母代公兔（Ⅵ-Ⅴ系）与父母代母兔（Ⅰ-Ⅱ）杂交生产商品代肉兔（Ⅵ-Ⅴ-Ⅰ-Ⅱ）。商品代被毛白色或末端黑毛色，体质结实，四肢健壮，结构匀称，全身肌肉丰满，中后躯发育良好，10周龄出栏体重2.4~2.6千克，料重比低于3∶1，12周龄出栏体重2.9~3.1千克，料重比（3.2~3.4）∶1，屠宰率53%~55%。

（四）苏系长毛兔

苏系长毛兔又名苏Ⅰ系粗毛型长毛兔，属于毛用型兔。

1.品种来源及分布

苏系长毛兔由江苏省农业科学院畜牧兽医研究所与江苏省畜牧兽医总站选

择德系安哥拉兔、法系安哥拉兔、新西兰白兔和德国大白兔杂交培育而成。至2008年底，苏系长毛兔主要分布在江苏、山东、河南等7个省份的73个县市。

2. 品种特征和生产性能

（1）品种外貌特征

苏系长毛兔体躯中等偏大、头圆、稍长。两耳直立、中等大，耳尖多有一撮毛，眼睛红色，面部被毛较短，额毛、颊毛量少，背腰宽厚，腹部紧凑、有弹性，臀部宽圆，四肢强健。全身被毛较密，毛色洁白。

（2）生产性能

成年兔体重：4.5~5.1千克。

成年兔体长：43~50厘米。

成年兔胸围：34~40厘米。

（3）产毛性能

苏系长毛年平均产毛量850~870克，产毛率25%，粗毛率15%~18%，被毛粗毛长度8.25厘米，绒毛5.16厘米，被毛粗毛细度41.16微米，绒毛细度14.2微米，绒毛单纤维强度2.8克，伸度50.4%。

（4）繁殖性状

性成熟期：5~6月龄。

适配年龄：5~6.5月龄。

发情期：发情期8~15天，发情持续期3~5天。

妊娠期：29~32天。

窝产仔数：平均7.1只。

初生窝重、21日龄窝重：初生平均窝重350克，21日龄平均窝重2075克，42日龄断奶窝重6134克。

年产胎数：4~5胎。

（五）皖系长毛兔

皖系长毛兔属于中型粗毛型长毛兔品种。

1. 品种来源及分布

皖系长毛兔由安徽省农业科学院畜牧兽医研究所与固镇县种兔场、安徽颍上县庆宝良种场选择德系安哥拉和新西兰白兔为亲本,经历20余年共同培育而成。在全国10多个省份都有分布。

2. 品种特征和生产性能

(1) 品种外貌特征

皖系长毛兔体型中等,体躯匀称、结构紧凑,全身被毛洁白,浓密而不缠结,柔软,富有弹性和光泽,毛长7~12厘米,粗毛密布且突出于毛被,头圆、中等大,两耳直立,耳尖少毛或为一撮毛,眼睛红色,大而光亮,胸宽深,背腰宽而平直,臀部钝圆,富有弹性,四肢强健,脚底毛丰厚。

(2) 生产性能

成年兔体重:4.1~4.4千克。

成年兔体长:48~56厘米。

成年兔胸围:30~37厘米。

(3) 产毛性能

皖系长毛年平均产毛量1050~1300克,产毛率28%~32%,粗毛率15%~20%,成年兔91日剪毛量290~350克,料毛比38∶1,松毛率94%~98%。

(4) 繁殖性状

性成熟期:5~7月龄。

适配年龄:6~8月龄。

妊娠期:28~31天。

窝产仔数:5~9只。

初生窝重、21日龄窝重:初生窝重340~380克,21日龄窝重2100~2400克,42日龄断奶窝重4800~5100克。

年产胎数:4~7胎。

断奶成活率:88%~92%。

(六)浙系长毛兔

浙系长毛兔是我国育成的第一个长毛兔品种,属于大型长毛兔品种。

1. 品种来源及分布

浙系长毛兔由浙江省嵊州市畜产品有限公司、宁波市巨高兔业发展有限公司、平阳县全盛兔业有限公司选择本地长毛兔与德系安哥拉兔杂交培育而成。至2008年底，浙系长毛兔主要分布于四川、山东、河南、重庆、天津等20多个省份，累计推广种兔约300万只。

2. 品种特征和生产性能

（1）品种外貌特征

浙系长毛兔体躯长大，肩宽、背长、胸深、臀部圆大，四肢强健，颈部肉髯明显，头大小适中、呈鼠头或狮子头形，眼红色，耳型有半耳毛、全耳毛和一撮毛三个类型，全身被毛洁白、有光泽，绒毛厚而密，有明显的毛丛结构，颈后、腹部及脚毛浓密。

（2）生产性能

成年兔体重：公兔平均5.3千克，母兔平均5.5千克。

成年兔体长：公兔平均54厘米，母兔平均56厘米。

成年兔胸围：平均37厘米。

（3）产毛性能

年产毛量：1.8千克以上。

产毛率：37%以上。

粗毛率：嵊州系公兔5%以下，母兔7%以下；镇海系公、母兔7%~10%；平阳系公兔21%以上，母兔23%以上。

松毛率：95%以上。

（4）繁殖性状

窝产仔数：平均6.5只。

21日龄窝重和42日龄断奶个体重：21日龄窝重1950克以上，42日龄断奶个体重900克以上。

第三节 家兔的引种

一、各种不同用途的种兔引种要点

（一）肉兔

1. 体重要求

生长速度主要看70日龄的平均体重，一般体重应达到2~2.5千克。

2. 饲料转化率高

肉兔的饲料转化率是衡量肉兔的一个重要指标。饲料转化率越高的品种越好。优良的肉兔品种饲料转化率一般在（2.8~3.2）：1。

3. 其他性能

受胎率：好种兔受胎率应在85%以上。

产仔数：指母兔的平均窝产仔数。好的种兔窝产仔数应平均在6~8只。

成活率：指断奶兔成活率。好的种兔断奶成活率应高达80%以上。另外肉兔还要看屠宰率、出肉率等各项性能指标。

（二）毛兔

1. 产毛性能

产毛量：以5月龄的毛兔73天养毛期，剪毛量乘以5，或91天养毛期，剪毛量乘以4，作为年产毛量。良种毛兔产毛量应不低于1千克。

被毛密度：以手抓、口吹法检查，高产毛兔被毛浓厚均匀，口吹不见皮肤。

被毛长度：毛兔的毛1天生长1毫米左右，如养毛兔30天，应为3厘米左右。

被毛均匀度：良种兔各部位被毛密度应均匀一致，如腹毛稀疏不能视为良种兔。

2. 毛型

长毛兔全身洁白、松软、浓密。优良毛兔品种粗毛含量 15%~20% 最为适宜。

3. 体型

优良的长毛兔，外观体型十分重要。体型大，头部清秀，胸部宽而深，背腰平直，臀部丰满，前后躯结实紧凑，外观雄壮，一般都为良种兔。

4. 适应性能好

长毛兔引种，所引的品质要求育成时间较长，分布区域广，适应性能好。属试验阶段的品种最好不引。

（三）獭兔

1. 毛色

獭兔的毛色必须符合品种特征，毛色必须纯正，杂色兔不能作种用。

2. 毛质

短：獭兔的被毛，最理想的长度为 1.6~1.8 厘米，如超过 2.2 厘米，即为超长，不能作为良种。

平：獭兔的被毛应长短一致，整齐均匀一致，表面十分平整。如果戗毛含量过多，而且突出绒面，则应视为退化品种。

细：指毛纤维横断面直径小，戗毛含量少，为 4%~7%；绒毛含量多，占 93%~96%，绒毛平均细度为 16~19 微米，如超过此值，应视为退化品种。

密：优良品种的獭兔纤维密度为每平方厘米含毛量 1.6 万 ~3.8 万根。獭兔皮的皮毛密度可用"吹"的方法进行判断。用嘴吹使兔毛呈旋涡状，如露出针尖大小皮肤为特密，一般在 3 万根以上。

牢：是指毛纤维与皮板的附着度良好，绒毛不易脱落，板质坚韧。

3. 体重

体重关系到獭兔皮的面积。一般来说，优种獭兔成年体重应在 3.5 千克以上。

二、引种注意事项

目前我国一些地区存在着倒种和炒种严重、选择不当、引种盲目、良种劣养、片面追求窝数等现象，严重影响了我国兔业的健康发展。

（一）品种的选择

首先要进行养兔业的市场调查，了解皮兔、肉兔及毛兔各类产品的市场行情，并向畜牧部门了解不同品种家兔的特征特性以及当地有哪些好兔场，向有关兔场了解兔场经营情况，以此决定自己应选购哪个品种的家兔。所选品种一定要是生产性能高、适应性强、遗传性能稳定且市场竞争力强的优良种兔。

（二）引种前的准备工作

引种前，一方面要准备好养兔用的设备。建好兔舍、兔笼，备好食盆、水盆、产仔箱等有关用具，进兔前一周要对兔场进行全面清理和消毒，以便为兔提供一个健康、舒适的生活环境。另一方面要确保有良好的、稳定的饲料来源。根据原产地兔场情况拟定饲料配方，配好饲料，备足饲料，使引进的兔不至于因饲料的变化而造成不良反应。

（三）确定引种的数量

一是兔群总数。家兔养殖少了效益低，多了风险会随之增大。因此，引种数量应当由饲养者的技术水平来确定，初养者宜少不宜多。一般农村养殖户以2~10组（10~30只）为宜，最多不超过50只；大型兔场以50~100组（200~400只）为宜。待积累了一定经验后再逐步扩群发展。二是引种时公、母兔的比例要合理。目前市场销售的种兔公母比例多以1∶2或1∶3为一组，最多的是1∶4，而实际需要以1∶5最为适宜。若群体规模超过100只并进行人工辅助交配的，还可再适度降低公母比例至1∶8，以减少浪费。三是如果大量引种时，应采取多点少引的原则。一次引种超过200只时，最好在2~3个兔场引种，这样一可确保质量，二可丰富血缘，避免近交。

（四）引种的时间

以春、秋季引种为宜，冬、夏季不宜。因家兔是一种耐寒不耐热的动物，炎热或寒冷的刺激,易导致家兔患病,甚至死亡,尤其夏季易引起大批应激死亡。另外要注意,由寒冷地区引种到温热地区时,春、秋季均可,而由温热地区引种到寒冷地区时,以秋季最为适宜。

(五) 慎选引种单位

先了解兔场情况,考察兔场种兔的品种纯度、来源、生产性能、疫情及价格等情况,多考察几个供种单位,然后选择管理科学、养兔技术好、有一定规模(至少存栏600只以上)、信誉高、售后服务好,且有县级以上人民政府畜牧行政主管部门批准的种畜生产经营许可证的专业种兔场引种。切不可到自由市场去随意购买所谓的种兔。

(六) 入场购种兔时应注意的问题

1. 种兔的年龄

以3~4月龄的青年兔为宜。目前市场所售种兔,多数是公、母兔年龄相仿。从家兔的选配效果看,购种时最好是让公兔比母兔大2~3个月,母兔以青年兔为好,公兔以壮年兔为好。

2. 种兔要品种纯正、健康

首先要向场家索要出售种兔的系谱资料,详查系谱,从优秀祖先的后代中挑选有明显本品种特征的个体,种公兔要来自不同的血统。其次,向场家了解所购种兔的防疫注射情况,以便引回后合理做好防疫工作。注意在注射疫苗后1周之内不能启运,以免应激反应,影响兔的健康。三是要细查其健康状况,重点如下:

①前查七窍,后看两孔:口、鼻、眼、耳及肛门外阴部干净无污物为好,若有污秽不洁物黏附,多为不健康的征兆。

②近看腹下,远看举动:查看腹部,母兔乳头数应在8个以上,低于8个不宜作种用。公兔睾丸要匀称、富有弹性,单睾或隐睾者不宜作种用。阴部要干净、红润,无水肿、溃疡。离兔2~3米远查看兔的运动状态是否正常,再抱起兔离地30厘米高处放下,看其着地时是否稳健。如查出有"O"形腿、"八字"形腿、腰折及后肢瘫的不能引。

③上摸一条线，下查四肢点：用手触摸背脊部，若触之如算盘珠样，有挡手的感觉，为营养不良过瘦的表现，如摸到"双脊"即两条肉线，为过肥的表现，过瘦过肥均不宜作种用。触摸时应能感觉到一条脊线，却又不挡手为宜，要求脊背平直、无凸出或凹陷，肌肉丰满、后观背部呈弧形，后躯丰满发达。四脚毛应浓密，无癣及脓肿，幼兔爪短而直，并隐于脚毛中。

毛兔、皮兔还要侧重查皮肤和被毛，种用兔应皮肤结实致密、有弹性，被毛浓密、有光泽，并符合本品种特征。检查毛密度方法是，在兔的背部或某一侧部，逆毛方向吹开一个毛旋，观察中心部露出皮肤面积的大小，以看到的皮肤面积不超过 4 毫米^2（大头针针头大小）为最好；不超过 8 毫米^2（火柴头大小）为良好；不超过 12 毫米^2（3 个大头针针头大小）为基本合格；如超过 12 毫米^2 则不宜作种用。

3. 与场家签定责任明确的合同书

为保护自己的利益不受损害，引种者应与种兔出售商签定责任明确的合同书，以便日后因种兔质量出问题时，可以得到应有的补偿。

4. 向出售种兔的场家索要一定量的原饲料

引种后要向场家索要够所引种兔吃 10~20 天的饲料，以备运输途中和运回场后饲料转换时过渡期用。

（七）搞好种兔的运输工作

公母兔分开运，运输笼以铁笼为好，笼高以互相不能爬跨为度，笼内应留有 1/4 的活动余地，必须结实，通风良好。笼底要设置防震的垫物，上、下层之间最好用防透水物隔开，以免粪便污染。运输时间以 24 小时内运到为宜，装运前喂饱、吃好、饮足水，中途可不喂。长时间运输，中途可喂点胡萝卜、熟窝窝头、干草等，切忌喂得过饱，途中休息时，要检查兔群，发现异常及时处理。注意装笼前一定要全面进行健康检查和检疫，确认无病时，向当地兽医部门领取检疫、运输证明方可起运。

（八）种兔引进之初的饲养

家兔运回后，新养兔户可直接将其安置到准备好的兔笼中。若原来有兔，运回后一定要先隔离饲养 0.5~1 个月，确认健康无病，方可混群。

1. 先饮水后开食

种兔运到,要及时分散,单笼管理,休息 1 小时后,再饮淡盐水或 0.01% 的高锰酸钾水。为尽快恢复体力,可于水中加些葡萄糖。饮水 1 小时后即可开食,为防暴饮暴食造成消化不良,先喂正常喂量 1/2 的饲料,3 天后逐渐增至正常喂量,同时料中要加少量的干酵母、磺胺二甲嘧啶、氯苯胍等药物。

2. 逐渐更换饲料

为降低应激反应,引种后的 1 周内应喂原兔场饲料或按原兔场配方配料,1 周后逐渐改换成本场饲料。

第四章
兔舍建筑与环境控制

第一节
家兔对环境的基本需求

一、家兔对环境温度的要求

家兔的平均体温为38.5~39.0℃，在不同的环境温度下，家兔通过一系列生理活动进行体热的调节，保持体温的相对恒定。家兔在新陈代谢的生命活动和生产过程中伴随物质和能量的转化，随时在产热，而体内产生的这些热量又通过辐射、对流、传导和蒸发等方式散失到环境中。在低温条件下，家兔通过提高代谢水平来增加自身产热和减少热量的散失来保持体温恒定；在高温环境下，则控制自身产热量减少和增加散热量来维持体温恒定。

蒸发散热是指家畜的皮肤和呼吸道表面水分从液态转化为气态而带走的汽化热。家兔是恒温动物，全身被毛，汗腺很不发达，仅在唇边有少量汗腺，因此，家兔体表的蒸发散热量较少，主要依赖上呼吸道的蒸发散热。家兔通过呼吸频率和咽喉煽动的调节，来增加或减少通气量和水分蒸发量，达到调节散热的目的。尤其在高温条件下，体表与环境之间的温差变小，体表非蒸发散热减少，更多依靠呼吸道的蒸发散热。

传导散热是兔体将热量传递给与它相接触的物体的过程。传递热量的多少取决于兔体与接触物体间的温度差、接触面积及所接触物体的导热性能等。由于现代家兔养殖多采用笼养，不接触地面，直接接触兔笼底网及侧网片，所以这种方式对家兔散热影响较小。

对流散热是畜体在与空气接触时，由于空气的流动而引起畜体与空气之间的传热，不仅发生于动物的体表，也可发生于动物呼吸道表面。外界空气温度和气流会对家兔的对流散热有较大的影响。气温越低，越有利于增加对流散热，当气温接近家兔体温时，会严重影响对流散热；较大的风速可以促进对流散热，气温越低，风速的作用越显著。

辐射散热是兔体表以辐射电磁波的形式散热的方式，散热量跟环境温度相关，环境温度越低，散热量越大。

在低温环境家兔主要通过辐射、对流、传导等非蒸发散热方式散热，家兔通过改变耳部温度、躯体姿势、被毛形态等来调节对流和辐射散热量。当温度较低时（低于10℃），家兔蜷缩身体，耳朵贴于背部上，以缩小身体散热面积；同时，被毛竖立，增加被毛内空气缓冲层的厚度，从而减少辐射和对流散热量。当环境温度较高时（25~30℃），家兔舒展身体，耳朵竖立，被毛伸展，增大皮肤与空气的接触面，促进对流和辐射散热。此外，由于家兔耳朵面积大，通过调节耳部温度，改变耳朵表面与环境之间的温差，可以减少或增加热量的散失。例如冬季气温低时，耳部毛细血管收缩，血流减缓，耳部温度下降，耳部散热量减少；在夏季气温高时，耳部毛细血管扩张，血流加速，耳部温度升高，增加耳部热量的散失。

当环境温度高于家兔体表温度时，辐射、对流、传导等非蒸发散热方式失效，家兔只能通过蒸发散热（主要通过呼吸道蒸发）来维持体温恒定。家兔散热的特点使其能够适应寒冷的环境，但对炎热环境的耐受力较差。对于成年家兔，适宜的环境温度为13~20℃，临界温度（等热区）为5~30℃，超出这个范围就会引起家兔的热应激或者冷应激。高温条件下家兔会出现不同程度的热应激反应，表现为采食量下降，饲料转化率降低，繁殖性能下降，生长增重减缓，体质下降，抗病能力减弱，发病率和死亡率升高。当环境温度超过24℃时，家兔的流涎和流涕的发生率增加；当环境温度超过27℃，而且相对湿度较高时，家兔容易因为散热困难出现中暑；环境温度35℃以上时，家兔无法有效调节自身的散热，体内积热，体温开始升高，表现为食欲减退、发育缓慢、繁殖性能下降、开始出现中暑死亡的现象；气温达到40℃时，会出现严重的喘气和流涎；致死温度为42.8℃。

育肥兔所需的适宜温度为10~20℃。高温会使育肥兔采食量下降，饲料利用率降低，直接影响育肥兔的增重。育肥兔的增重在夏季高温条件下是最低的。高温环境下，家兔为了增加散热，会调节自身被毛的生长状况，被毛的生长和毛囊的发育变缓。表现为被毛稀疏，生长缓慢，绒毛数量减少，密度降低，所以冬季皮毛质量好于夏季。长毛兔在 12~25℃环境下，产毛状况最佳，超过 28℃会显著影响产毛。

对于仔兔，由于体表的被毛少，自身的保温能力差，体温调节能力不健全，所以需要较高的环境温度，初生仔兔的适宜环境温度为 30~32℃，低于 28℃就会显著影响仔兔的存活，一般要求舍内温度 20℃以上。幼兔在温度为 18~21℃的条件下生长最快。在冬季，保温对于提高仔兔成活率非常重要，要求产仔箱有良好的保温效果，可以使用稻草、刨花等作为垫料，有利于保温和保持产仔箱干燥。

家兔虽然耐寒，但持续的低温环境会对其生产造成影响。当温度降到临界温度以下时，家兔主要依靠增加体内营养物质的氧化产热，饲料转化率降低，维持需要明显增加；家兔会蜷缩在一起，呼吸变缓，以此减少热量的损失。幼兔表现为生长缓慢，发病率高；育肥兔表现为日增重下降，饲料转化率降低；种兔表现为性欲低下，受胎率降低。

二、家兔对环境相对湿度的要求

家兔适宜的环境相对湿度为 60%~75%。空气湿度影响家兔的体热调节，也是诱发一些疾病的主要因素。

（一）高湿度对家兔体热调节和健康的影响

通常在适宜的温度条件下，高湿度（>80%）不会直接对家兔造成危害，但是在高温条件下高湿度阻碍家兔的散热。在高温条件下，家兔的体温与周围空气温度差减小，对流和辐射散热大幅度降低，更多地需要通过呼吸道蒸发散热来弥补体表散热量的减少，但是高湿度会抑制呼吸道水分蒸发，导致散热困难，体内积聚热量，体温升高，到一定程度就会出现中暑虚脱，所以控制环境湿度在合理的范围内有助于缓解家兔的热应激。

冬季低温高湿环境会使家兔的体感温度降低，潮湿空气的导热性高，吸热能力远高于干燥空气，因此，潮湿环境中家兔的辐射和对流散热增加，热损耗增加，会使家兔感觉更冷。低温高湿度环境易引起感冒和各类呼吸道疾病，而且低温高湿环境有利于病原菌和寄生虫的滋生，容易引起家兔的癣、疥等皮肤病高发，以及球虫病的流行。

（二）低湿度对家兔体热调节和健康的影响

当周围空气湿度过低时（<40%），空气过于干燥，易使家兔皮肤干裂、黏膜干燥引起皮肤病、呼吸道疾病。此时若环境温度很高，不仅会引起呼吸道黏液的分泌紊乱，且会因为呼吸道过度蒸发使含有病原微生物的液滴浓缩，促使它们更容易穿过呼吸系统引发呼吸道疾病。

三、家兔对空气质量和通风换气的要求

（一）家兔对空气质量的要求

家兔呼吸和粪尿的分解会改变舍内的空气组成，不仅仅是氮气、氧气和二氧化碳比例的变化，粪尿分解还会产生氨气、硫化氢等恶臭气体，加上兔舍外围护结构的隔离作用，若舍内与舍外的空气流通不足，这些气体就会在室内积累，直接危害舍内人畜的健康。兔舍中常见有害气体有氨气、硫化氢和二氧化碳，其中以氨气的危害最大。

1.氨气

氨气无色，有刺激性气味，极易溶于水，水溶液呈弱碱性。氨气比空气轻，所以舍内氨气的浓度呈现上层浓度高、下层浓度低的分布，但在兔舍潮湿的地面（粪尿）附近氨气浓度也较高。

兔舍中氨气主要来自微生物对尿液的分解，其含量主要受养殖密度、通风排水状况、清粪工艺的影响。养殖密度大、通风排水不良、粪尿清理不及时都会造成舍内氨气浓度过高。舍内空气湿度高时，潮湿的地面和墙壁易吸附氨气，通风时不易排出。所以保持舍内干燥，及时排出尿液对减少氨气的产生非常重要。

氨气是兔舍中对家兔健康危害最大的有害气体。家兔对氨气很敏感，要求舍内氨气浓度低于15.2毫克/米^3。当舍内氨气浓度达到15.2~22.8毫克/米^3

时，会使家兔的免疫力显著下降，损伤家兔的上呼吸道，容易造成细菌如巴氏杆菌、布鲁菌的感染，使呼吸道疾病的发病率升高；当氨气浓度大于22.8毫克/米^{3}时，可直接引起呼吸道的碱灼伤，引起支气管炎、肺炎，甚至因呼吸中枢麻痹而死亡。家兔长期处于低浓度的氨气环境中，其健康也会受到影响，抵抗力和免疫力低下，易感染各种疾病。在我国北方地区，尤其东北地区的兔舍，冬季由于保温需要，多数兔舍氨气超标，家兔呼吸道疾病频发，严重威胁家兔安全生产。

2. 二氧化碳

二氧化碳为无色、无臭、略带有酸味的气体，比空气重。二氧化碳本身无毒性，但长期处于高浓度二氧化碳环境下，家兔会出现慢性缺氧，造成生产力下降、体质衰弱、免疫力低下等。兔舍中的二氧化碳一般不会达到造成危害的程度，其浓度的主要意义是作为指示舍内空气污浊程度和通风换气状况的指标，当二氧化碳的浓度升高时，表明其他有害气体的浓度也相应处于较高水平，空气污浊，需要加强通风换气。一般情况下，建议兔舍中二氧化碳浓度不高于0.15%。

3. 硫化氢

硫化氢是一种无色、臭鸡蛋气味的刺激性气体，易溶于水，可感受的阈浓度为0.92毫克/米^3。兔舍内的硫化氢由粪便中含硫有机物经微生物分解产生。硫化氢易被呼吸道黏膜吸收，对黏膜产生强烈刺激，引起呼吸道和眼部炎症。经肺泡进入血液的硫化氢部分被氧化成无毒的硫酸盐排出体外，而游离于血液中未被氧化的硫化氢可以与氧化性细胞色素酶结合，使酶失去活性，影响细胞的氧化过程，表现为全身中毒。高浓度的硫化氢能使呼吸道中枢麻痹，造成动物窒息死亡。在低浓度下，长期处于其中，动物也会出现植物性神经功能紊乱，造成体质下降、体重减轻、免疫力下降、生产力下降等。要求兔舍空气中的硫化氢浓度低于10毫克/米^3。据笔者在生产中的实际测定，一般情况下兔舍硫化氢含量不会超标。

4. 尘埃

尘埃对家兔的健康和毛皮的品质都有影响，落在家兔体表，与皮脂分泌物、兔毛、皮屑等混合附着在皮肤上,影响皮肤的正常代谢,降低兔毛的品质;尘埃又是微生物的繁殖和传播媒介,病原微生物可以附着在尘埃上传播,引起疾病的流行。

(二)家兔对通风换气的要求

家兔养殖越来越多地用到有窗密闭式或无窗密闭式兔舍,通风换气对于这类兔舍尤为重要,一方面关系到舍内的空气质量,可控制有害气体浓度在允许范围内;另一方面通风影响舍内的温度和家兔的体热调节,对家兔的健康非常重要。通风产生的气流能够促进家兔的散热,有利于夏季减缓家兔热应激;在冬季,低温气流会加剧机体失热,使家兔感受更冷,引起生产力下降和发病率升高。所以夏季需要适当增加通风量,产生较快的气流;冬季在满足通风需要的同时,需尽量减少舍内气流速度。

四、家兔对光照的要求

可见光由视网膜经神经传导至大脑皮层的视觉中枢,然后由大脑皮层将兴奋传至下丘脑,使下丘脑分泌一系列内分泌激素释放因子,这些激素释放因子经下丘脑—垂体门脉循环达到垂体前叶,促使垂体前叶分泌生长激素、促甲状腺激素、促卵泡素、促黄体素、促乳素等,进而影响家兔的生长、发育和繁殖功能。

适当的光照强度和光照时间(可见光),可以增强机体的代谢和氧化过程,加速蛋白质和矿物沉积,促进生长发育,并可提高抗病力。紫外线可使皮肤内的7-脱氢胆固醇转化为维生素 D_3,可以促进肠道对钙、磷的吸收,参与钙和磷的代谢,促进骨骼和牙齿发育,并且能够提高机体的抗病力。仔兔若长期缺乏光照会引发钙、磷沉积障碍,表现食欲不振、生长缓慢、四肢无力等症状。但较强或者长时间的光照会增加甲状腺激素的分泌,引起动物精神兴奋、代谢率提高、增重和饲料转化率下降。

可见光对动物繁殖功能有很大的影响,光照的季节性变化引起动物生殖活动的周期性变化。短光照尤其是持续黑暗会抑制生殖系统发育,导致性成熟延迟；延长光照会促进生殖器官发育，导致性成熟提早。光照的这种影响通过松果腺起作用，光线通过视网膜刺激神经系统，抑制了颈上神经节、交感神经节后纤维释放去甲肾上腺素（去甲肾上腺素能提高合成褪黑激素过程中关键酶的活性），并进一步抑制松果腺分泌的褪黑激素合成。褪黑激素主要是在黑暗下合成，它通过下丘脑，进而作用于垂体，可抑制垂体合成和释放促性腺激素；延长光照可减少褪黑激素的产生，减少其对促性腺激素分泌的抑制作用，从而促进繁殖功能。

光照可刺激皮肤的新陈代谢，有助于被毛的生长，毛兔每日适宜光照时间控制在 15 小时，光照强度控制在 60 勒克斯（采用日光灯 4 瓦/米^2，白炽灯 12~20 瓦/米^2）。光照调节家兔的季节性换毛，当春季到来，光照延长，便进行春季换毛，其特点是被毛生长较快，换毛期较短，粗毛多、绒毛少，被毛疏松，便于散热。秋季光照渐短，便开始秋季换毛，其特点是被毛生长较慢，换毛时间拖长，被毛浓密，绒毛多、粗毛少，有利于保温御寒。

太阳光对兔舍环境还具有消毒杀菌和保持兔舍干燥的作用，为家兔提供了舒适的环境。一些寄生虫病（如疥癣病、球虫病）和真菌病（如皮肤霉菌病，尤其是小孢子真菌皮肤病），与兔舍内的采光、湿度和温度有直接关系，充足的采光有助于减少这些疾病的发生和传染。

五、家兔对噪声控制的要求

随着畜牧业机械化自动化程度的提高，以及畜牧场规模的日益扩大，噪声对畜禽的影响越来越显著，成为影响到畜禽健康的重要因素。兔舍内的噪声主要来源于舍外传入的噪声或舍内家兔活动产生的声音、舍内饲养操作或设备运行产生的噪声。由于家兔生性胆小，怕惊扰，特别容易受到噪声的影响。噪声会使家兔处于紧张状态，尤其是妊娠期和哺乳期的母兔，容易被噪声惊扰，突然的噪声可造成妊娠母兔流产，分娩母兔难产，哺乳母兔泌乳量减少或拒绝哺乳，甚至引起食仔等严重后果。对于育肥兔，噪声会导致其采食量减少，消化功能下降，生长迟缓。建议兔舍的噪声强度小于 70 分贝。

防止噪声首先要注意选址，兔舍的选址要远离主要道路、工矿企业、大型工厂等噪声区；其次在舍内设备选型时注意其噪声指标，安装时做好防震、隔音和消音措施。兔舍四周的绿化也可以起到一定的减小噪声的作用。

家兔具夜行性和嗜眠性，胆小，怕惊扰。除了兔场合理选址和控制场区内噪声的产生外，还需要注意饲养人员的操作，应该选择每日早间和晚上进行喂料、清粪等操作，在白天尽量避免在舍内的活动，以免影响家兔的休息，或使其受到惊吓造成应激。

六、家兔对水质的要求

兔场的需水量很大，主要包括兔场生活用水、家兔饮水、舍内清洗消毒用水。要保证兔场水源充足，水质良好，没有污染源，取用方便，便于防护。井水或自来水最好，这种水源受污染的机会较少。地面水易受污染，一般不建议使用。死水中含有较多的致病性微生物和寄生虫，不能作为兔场的水源。

兔场的水源水质应该符合畜禽饮用水的标准。水质不合格的，需进行消毒处理。兔场除了需要有优质清洁的水源外，还要注意水源不被兔场的粪污污染。兔场自身产生的粪尿必须有合理的收集处理系统，否则容易渗透至地下水，污染兔场的水源，引起疾病的高发。

兔场除了需要有优质清洁的水源外，还要注意水源不被兔场的粪污污染。兔场自身产生的粪尿必须有合理的收集处理系统，否则容易渗透至地下水，污染兔场的水源，引起疾病的高发。

七、家兔对空间的需求及动物福利

家兔的养殖普遍采用笼养的方式，养殖密度通常比较大，控制合理的养殖密度，能够将空间的利用效率最大化，与此同时，又能避免因养殖密度过大造成兔舍内空气环境污浊，从而诱发疾病和死亡，以及个体之间的争斗造成体表的损伤。过高的养殖密度也不符合动物福利的要求。

动物福利制度已在世界范围内迅速发展起来，作为一种动物保护理念已经被普遍接受并有着相应的法律体系。欧洲兔业生产已从单纯的提高生产效率转为满足家兔福利的要求，其家兔生产需满足两类人群对兔产品的需求：一类是关注动物福利的高消费群体，他们愿意高价购买养殖福利条件好的兔场提供的产品；另一类是中低收入人群，他们愿意购买价格便宜的集约化养殖的兔场提供的产品。欧洲兔业发达国家家兔养殖中兔舍环境条件较好，环境调控技术相对完善，目前主要侧重通过养殖工艺的改善满足家兔的康乐权。有些国家（如德国、荷兰等）已通过福利立法来约束家兔生产，要求满足家兔福利条件：如采用富集笼（有露台、磨牙物等），兔笼有较大的可用空间（包括笼底板面积、露台面积、产箱），以及舒适的兔舍小环境（采食饮水条件、光照、有害气体最高限量等）。

我国兔业目前整体水平低，存在的主要问题仍是家兔成活率低、发病率高等问题。因此，改善兔舍环境条件，满足家兔的生存权、健康权，是我国兔业目前需解决的关键问题。

第二节 场址选择

兔场是养殖家兔的场所，对于家兔的生产来说，场址的选择是非常重要的。为了有效地组织兔场的生产，需要根据农、林、牧全面发展、相互结合、节约耕地、有利于家兔健康和提高生产力的原则，进行综合规划，正确地选定场地，并按照最佳的生产联系和卫生要求等配置有关建筑物。在选址时，既要考虑地势、土质、风向、水源、电力等自然因素，又要注意交通、居民区、工厂、加工场等社会因素。

一、地势

兔场应建在地势高燥、背风向阳、稍有缓坡的地方。地势高燥可以避免雨季洪水的威胁，减少因土壤毛细管水上升而造成的地面潮湿。地势稍有缓坡可以帮助排水，避免水积聚，坡度以 3%~10% 为宜。地下水位较低也是一个重要的考虑因素，一般要求地下水位在 1.5 米以下。地形要开阔、平整和紧凑，不要过于狭长和边角太多，以便缩短道路和管线长度，节约投资和便于管理。特别是要避开西北方向的山口和长形谷地。

不宜在排水不良、地势低洼的地带建场。这样的场地，不利于家兔的体热调节和健康，而有利于病原微生物和寄生虫的生存，并严重影响建筑物的使用寿命。

二、土壤环境

兔场场址要求土质良好，透水、透气性强，不能被有机物或有毒物质污染。最好的土质是沙质壤土。不宜在含有机质多的土壤上建兔舍，更不能在黄土、黏土上建兔舍。因为有机质不断分解产生有害气体，如氨气等，会污染空气、水源及土壤，对兔健康不利；黏土透水性差，遇雨泥泞，冬季水分冻结，土壤体积膨胀，影响建筑物的寿命。

三、风向

兔场应位于居民区及办公生活区的下风向，距离居民区要保持 200 米以上。这样既有利于卫生防疫，又可防止兔场有害气体和污水对居民区的侵害。应当注意当地的主导风向，可根据当地的气象资料和风向来考虑，也要注意由于当地环境引起局部空气温差而造成的影响。不可把兔场建在山坳处及易形成涡流的地方，因为这些地区空气难以流动，空气污浊，疫病容易流行。

四、水源

兔场必须要有充足的水源，水质良好，以保证全场生活和生产用。有条件最好选用自来水，其次是江、河水。水源水质应良好、清洁，不被细菌、寄生虫和有毒物质污染，符合饮用水标准。一般来说，兔场的供水量以兔群存栏数计，每只存栏兔每日供水量不低于 1 升为宜。兔场水质直接关系到家兔和人员的健康，饲养场所在地区水源要充足，水质条件良好，以保证全场生产、生活用水之需。

兔场区域直径 10 千米范围内不低于 GB 3838—2002《地表水环境质量标准》规定的 V 类水质要求的地表水。一般可选用城市自来水或打井取水，场内自行打井要注意离开生产废弃物堆放地 100 米以上，打井深度不低于 50 米，以降低由于粪尿、污水下渗对井水污染的风险。生产和生活用水应清洁无异味，不含过多的杂质、细菌和寄生虫，不含腐败有毒物质，矿物质含量不应过多或不足，应符合农业部 NY 5027—2008《无公害食品 畜禽饮用水水质》的要求，详见表 4-1。

表 4-1 畜禽饮用水水质安全指标

项目		标准值
感官性状及一般化学指标	色	≤ 30°
	浑浊度	≤ 20°
	臭和味	不得有异臭、异味
	总硬度（以 $CaCO_3$ 计），毫克/升	≤ 1500
	pH	5.5~9.0
	溶解性总固体，毫克/升	≤ 4000
	硫酸盐（以 SO_4^{2-} 计），毫克/升	≤ 500
细菌学指标	总大肠菌群，MPN/100 毫升	成年 100，幼畜禽 10
毒理学指标	氟化物（以 F^- 计），毫克/升	≤ 2.0
	氰化物，毫克/升	≤ 0.20
	砷，毫克/升	≤ 0.20
	汞，毫克/升	≤ 0.01
	铅，毫克/升	≤ 0.10

续表

项目		标准值
毒理学指标	铬（六价），毫克/升	≤ 0.10
	镉，毫克/升	≤ 0.05
	硝酸盐（以 N 计），毫克/升	≤ 10.0

五、电力

兔场要设在供电方便的地方，以经济合理地解决全场的照明和生产、生活用电。规模兔场用电设备较多，对电力条件依赖性强，兔场所在地应保证充足的电力供应，有条件的应设自备电源，保证场内供电的稳定性和可靠性。电力安装容量以兔群存栏数计，每只存栏兔不低于 3 瓦，若是自行加工颗粒饲料，应充分考虑粉碎机、颗粒机的用电功率，额外增容。

六、周围环境

家兔饲养场所在地区应是无疫区。兔场场址要尽量选在交通相对方便而又较为僻静的地方，远离（至少 20 千米）矿山、化工、煤电、造纸等污染严重的企业，5 千米范围内无垃圾填埋场、垃圾处理场、屠宰场、畜产品交易市场等设施；距离主要交通干线和人员来往密集场所 300 米以上。

七、场地面积

要根据场地面积确定适宜的养殖规模，规模养殖场建筑设施应明确分为管理区、生产区和隔离区三个，各区之间界限明显，联系方便。管理区位于上风和地势较高的地段，依次为生产区，隔离区建在下风和地势较低处，各个功能区之间的间距大于 50 米，并用防疫隔离带或墙隔开。一只基础母兔及其仔兔按 1.5~2.0 米^2 建筑面积计算，一只基础母兔规划占地 8~10 米^2。

第三节
兔场的场区规划和布局

兔场总体布置与其他畜牧场总体布置一样，都有分区、布局、朝向、间距、道路、流线等问题（见图4-1）。

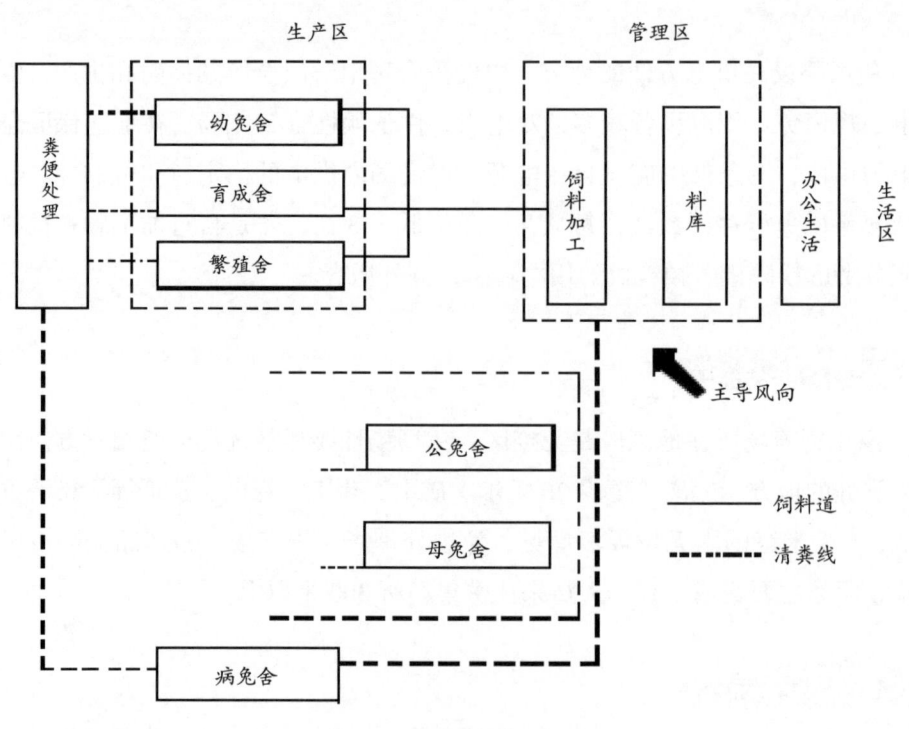

图 4-1　兔场总体布置图

一、分区

整个兔场大致可分为生产区、管理区、生活区三大部分。

二、布局

兔场场址选定后,特别是集约化兔场应根据兔群的组成、饲养工艺要求、喂料、清粪等生产流程,结合当地的地形、自然环境和交通运输条件等进行兔场总体布置。兔场建筑布局的原则要求是:①办公生活区应和养兔生产区分开,尽量避免闲杂人员进入生产区,防止带入病源,确保兔群安全;②车库和饲料加工等机械设备要远离兔舍,以防噪声影响兔群休息;③病兔隔离舍应远离健康兔舍,并位于下风向。

三、兔舍朝向与间距

兔舍布置一般采取南北向,若夏季为南风,从单栋兔舍来看,南北向兔舍自然通风与采光条件较好,兔舍长轴与风向垂直。多排兔舍平行排列时,如果兔舍长轴与主导风向垂直,后排兔舍受到前排兔舍的阻挡,通风效果不好。要达到理想的通风效果,可加大兔舍的间距,一般间距为舍高的4~5倍,但这样要占用较多的土地,经济上不合算,生产中也难以做到。如果从夏季的主导风向和兔舍的关系考虑,使兔舍长轴与夏季的主导风向成30°左右的夹角,可大大缩短舍间距,并可使每排兔舍获得最佳的通风效果。

四、道路

兔场有饲料、清粪、人、兔几条流线,在总体布置中应将道路以最短路线合理安排,以利防疫,方便生产。场内道路还要分为清洁道和污染道,两道不能交叉和通用。饲料通道为清洁通道,清粪通道为污染通道。一般场内设单车道,宽3~3.5米,坡度不大于10%。道路与道路相交,一般应为正交,若斜交时两路间夹角不能小于45°。兔场道路出入口设消毒池,便于进出场内的车辆消毒。各兔舍门前也要设置消毒池,而且生产区入口处设置紫外线消毒室或喷雾消毒室。为了改善小气候、净化空气,还可在兔场周围和场区道路旁植树,既绿化环境,又可以防疫、防暑。

第四节 兔舍建筑

进行标准化肉兔生产，必须配备合理的兔舍建筑和适用的配套设施。

一、建筑要求

根据各地气候条件的差异，饲养目的的不同，应建造不同的兔舍。

（一）符合家兔的生物学特性

家兔有啮齿行为，喜干燥，怕热耐寒，所建兔舍要有防暑、防寒、防雨、防潮、防污染及防鼠害"六防"设施。兔舍方向应朝南或东南，室内光线不要太强。兔舍屋顶必须隔热性能良好。笼门的边框、笼底及产仔箱的边缘等凡是能被家兔啃到的地方，都必须采取必要的加固措施，选用合适的耐啃咬材料。窗户要尽量宽大，便于通风采光，同时要有纱窗等设施，防止野兽及猫、狗等的入侵。地面应坚实平整、防潮保温，地基要高出舍外地面20厘米以上，防止雨水倒流。

（二）满足生产流程需要

家兔的生产流程因生产类型、饲养目的的不同而异。兔舍设计应满足相应的生产流程需要，避免生产流程中各环节在设计上的脱节。各种类型兔舍、兔笼的结构、数量要配套合理，1个种兔笼位需配备4个商品兔笼位。兔笼一般设置1~3层，避免高度过高而影响饲养人员的操作。

（三）考虑投入产出比

设计兔舍时，要综合考虑饲养规模、饲养目的、饲养品种、投资规模等因素，因地制宜、因陋就简，不要盲目追求兔舍的现代化，注重整体的合理适用。应结合生产经营的发展规划进行设计，为今后发展留有余地。

二、兔舍常见类型

可根据不同的气候特点及投资条件采用全封闭式、室内开放式、半敞开式和室外简易兔舍。

（一）全封闭式兔舍

全封闭式兔舍是一种现代化、工厂化商品肉兔生产用舍，世界上少数养兔业发达国家有所应用。目前，应用全封闭式兔舍的多为国内一些教学、科研单位及清洁级和无特定病原（SPF）实验兔生产单位，一般规模较小，部分生产企业已开始建设并采用此类兔舍。这类兔舍门窗密闭，舍内通风、光照、温湿度等全部自动或人工控制，杜绝了病原菌的传播，可保证全年均衡生产。全封闭式兔舍投资较大，相关配套设施设备运行成本相对较高，在目前我国国情和家兔生产特点下，不宜盲目推广。

图 4-2 全封闭兔舍

（二）室内开放式兔舍

室内开放式兔舍是目前我国进行肉兔标准化生产的主流兔舍。其四周有墙，设有便于通风采光的宽大窗户，室内跨度一般不要超过8米，可根据跨度排列 1~4 列笼位。此类兔舍饲养管理较为方便，劳动效率高，且便于自动饮水、同期发情、人工授精等先进技术的应用。同时由于兔舍南北有窗，并可设置地窗和天窗，便于调节室内外温差和通风换气，能有效防止风雨袭击和兽害，提高仔、幼兔成活率。如果设计不合理，如高度过低（低于2.5米），跨度过大（超过10米），或窗户面积过小，缺乏良好的通风换气设施，当饲养密度过大、管理不善时，室内有害气体浓度较高，湿度较大，呼吸道疾病和真菌病发病率较高，特别是秋末到早春季节尤为突出。需要安装纵向通风设施，每天定时通风换气。室内开放式兔舍尤其适于我国北方地区使用，在寒冷的冬季有利于供暖保温，母兔可以正常繁殖。

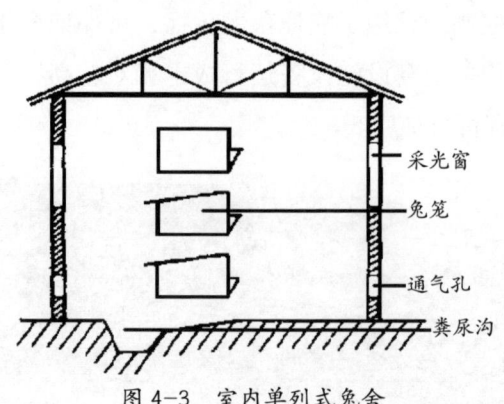

图 4-3 室内单列式兔舍

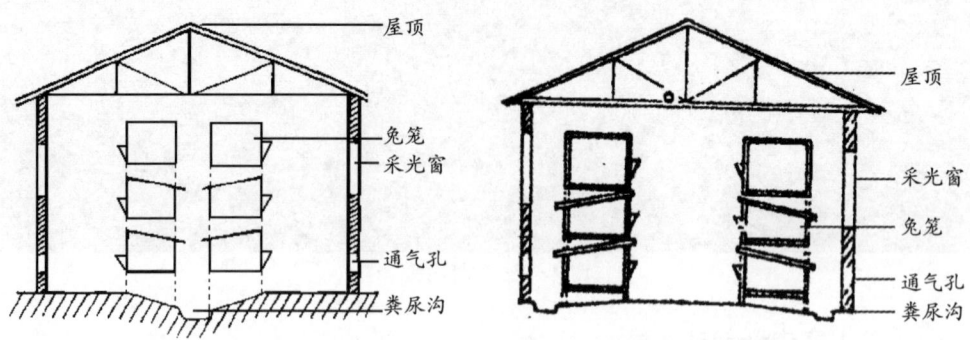

图 4-4 室内双列式兔舍

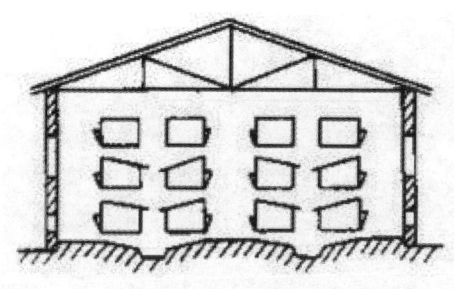 

图 4-5 室内四列式兔舍

（三）半敞开式兔舍

半敞开式兔舍一般是一面无墙或两面无墙，采用水泥预制或砖混结构的兔笼，若两面无墙，则兔笼的后壁就相当于兔舍的墙壁。此类兔舍有单列式与双列式两种，兔舍跨度小，单位兔舍面积放置的笼位数量多，结构简单而造价低廉，具有通风良好、管理方便等优点，因舍内无粪沟而臭味较少，适于我国大部分地区使用。但冬季不易保温且兽害严重。可以采用北面垒墙、南面建1米高的半截墙，每隔2米在墙与屋顶间加一立柱，夏季在柱子之间安装纱窗防蚊蝇进入，冬季钉厚塑料布以保温。

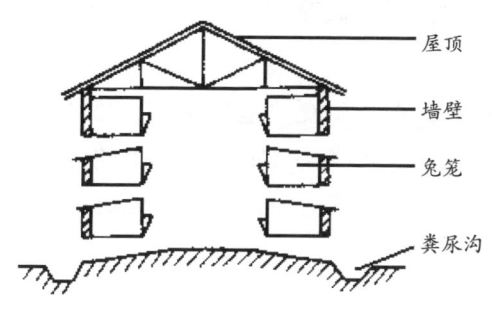 

图 4-6 半开放式兔舍

（四）室外简易兔舍

在室外空地用水泥预制三层兔笼，采用单列式或双列式建造形式。单列式兔笼正面朝南，兔笼后壁作为北墙，单坡式屋顶，前高后低。双列式兔笼中间为工作通道，通道两侧为相向的两列兔笼，兔笼的后壁作为兔舍的南北墙。室外兔舍地基要高，顶部可用盖瓦或水泥板等，笼顶前檐必须伸出50厘米，后檐必须伸出20厘米，以防风雨侵袭。为了防暑，兔舍顶部要升高10厘米左右，以便通风，最好前后有树木遮阴或搭设凉棚，冬季可悬挂草帘保温。这类兔舍结构简单，造价低廉，通风良好，管理方便。

图4-7 全开放式兔舍

在我国大部分地区均有使用，北方地区冬季繁殖比较困难，一般可配备专门的仔兔保育舍解决这一问题。

三、兔舍构造

（一）墙体

墙体是兔舍结构的主要部分，它既保证舍内必要的温度、湿度，又通过窗户等保证合适的通风和光照。根据各地的气候条件和兔舍的环境要求，可采用不同厚度的墙体。建筑材料可用砖、石、保温彩钢板等。

（二）屋顶

屋顶不仅用来遮挡雨、雪和太阳辐射，在冬冷夏热地区更应考虑隔热问题，可在屋顶设置通风间层，或选用保温材料，以利防暑降温。寒冷积雪和多雨地区，要注意加大屋顶坡度，高跨比H/L应为1/2~1/5（H为屋顶高度，L为兔舍跨度），以防积雪压垮屋顶。

（三）门窗

兔舍的门既要便于人员行走和运输车通行，又要保温、牢固能防兽害。门的宽度一般为1.2~1.4米，高度不低于2米。窗户要尽量宽大，便于采光、通风。

（四）地面

兔舍地面要求平整无缝，能抗消毒剂的腐蚀。如果设有粪沟，应做好水泥固化，以防渗、防漏、防溢流，坡度以1%~1.5%为宜。

第五节 笼具及附属设施

一、兔笼

兔笼是现代养兔的必备工具，是家兔生活的重要条件，设计及建造的好坏对于养好家兔有重大影响。

（一）兔笼的基本要求

第一，兔笼应适应家兔的生物学特性，耐啃咬、耐腐蚀、坚固耐用、易清理、易消毒、易维修、易拆卸、防逃逸、防兽害等。第二，结构简单合理，大小适中，可满足家兔对面积和空间的基本要求。第三，便于操作，各种笼具（如饲槽、饮水器、草架、产箱和记录牌等）应便于在笼内安置，便于取用。第四，选材尽量经济，造价低廉。第五，兔笼规格，兔笼大小应按家兔的品系类型和性别、年龄等的不同而定。大小应以保证长毛兔能在笼内自由活动，便于操作管理为原则。

（二）兔笼的基本结构

一个完整的兔笼应由笼体及附属设备组成。笼体由笼门、笼底板、笼壁及承粪板等组成。

1. 笼门

应安装于笼前，要求启闭方便，能防兽害、防啃咬。可用竹片、打眼铁皮、镀锌冷拔钢丝等制成。如用铁丝网，网眼直径1~1.5厘米，如用木条嵌装铁丝，每2根间隔2厘米。笼门高度与笼高齐平，宽度一般为30~40厘米。一般以右侧安装转轴，向右侧开门为宜。为提高工效，草架、饲槽、饮水器等均可挂在笼门上，以增加笼内实用面积，减少开门次数。

2. 笼壁

要求笼壁保持平滑，坚固防啃，以免损伤兔体和钩脱兔毛。活动笼可用木架钉竹条或安装铁丝网，固定笼可用砖泥结构。如用砖砌或水泥预制件，需预留承粪板和笼底板的隔间（3~5厘米）；如用竹木栅条或金属网条，则以条宽1.5~3.0厘米、间距1.5~2.0厘米为宜。

生产中发现，相邻的笼子间家兔有互相吃毛现象。因此，侧网间隙不可太大。

3. 笼底板

笼底板的质地、网孔大小、平整度等对兔的健康及笼的清洁卫生有直接影响，要求平而不滑，坚而有一定弹性，易清理消毒，耐腐蚀，不吸水，能及时排出粪尿。笼底板一般用竹片或镀锌冷拔钢丝制成，宜设计成活动式，以利清洗、消毒或维修。如用竹片钉成，要求条宽2.5~3.0厘米，厚0.8~1.0厘米，间距1~1.2厘米。活动笼也可用金属网制成，网眼宽1~1.5厘米。竹片定制笼底板时，钉制方向应与笼门垂直，以防打滑兔脚形成向两侧的划水姿势。

4. 承粪板

安放在笼底板的下面，承接兔的粪尿，在多层兔笼中又兼作下层笼顶。要求承粪板平整光滑，不积粪尿，不透水。宜用水泥预制件，厚度为2~2.5厘米。为避免上层兔笼的粪尿、冲刷污水溅污下层兔笼内，承粪板应向笼体前伸3~5厘米，后延5~10厘米。为便于打扫粪尿和通风透光，笼底板与承粪板之间留14~18厘米的距离，前后倾斜角度为10%~15%以便粪尿经板面自动落入粪沟。

5. 支撑架

支撑架是兔笼组装时支撑和连接的骨架，多为金属材料（如角铁、槽冷板）。要求坚固，弹性小，不变形，重量较轻，耐腐蚀。目前国内常用的多层兔笼，一般由3层组装排列而成。为便于操作管理和维修，兔笼以3层为宜，总高度应控制在2米以下。最底层兔笼的离地高度应在25厘米以上，以利通风、防潮，使底层兔亦有较好的生活环境。

（三）兔笼规格

兔笼大小要根据家兔的品种、体型、大小不同而定。在设计兔笼时可以根据家兔体长来估算，笼长为体长的 1.5~2.0 倍，笼宽为体长的 1.3~1.5 倍，笼高为体长的 0.8~1.2 倍。从家兔种类上考虑，大型兔略大些，中小型兔略小些；种兔笼略大些，育肥兔略小些；毛兔笼略大些，皮用兔和肉用兔略小些；炎热地区略大些，寒冷地区略小些。从饲养方式上考虑：室内饲养笼比室外笼略小一些，排列层数多或兔笼较高时，深度略浅些。

表 4-2 不同类型家兔笼单笼尺寸（单位：厘米）

饲养方式	种兔类型	笼宽	笼深	笼高
室内笼养	大型	80~90	55~60	40
	中型	70~80	50~55	35~40
	小型	60~70	50	30~35
室外笼养	大型	90~100	55~60	45~50
	中型	80~90	50~55	40~45
	小型	70~80	50	35~40

二、饲喂设备

（一）饲槽

饲槽，又称料槽或食槽。饲槽有竹、木、陶土和金属等制成多种类型（见图 4-8），要求方便家兔采食，不易翻，又便于清洁和消毒。配置何种饲槽，主要根据兔笼形式而定。

1. 陶土圆形饲槽

陶土圆形饲槽使用较普遍，可以向陶瓷厂定做，其口径为 15 厘米，高 5~8 厘米，底部厚重，既翻不倒，又便于清洗。

2. 竹制简易饲槽

用粗竹筒劈成两半，除去节，两端分别钉在两块梯形木块上，使之不易翻倒；梯形木块上端宽 10 厘米左右，底边宽 16 厘米左右，高 6 厘米左右，饲槽的长度可任意确定。

3. 水泥饲槽

形状可以是圆盆状，也可是长方形，制作简便，成本较低，但是表面粗糙，不便清洗，又较笨重。

4. 翻转式饲槽

翻转式饲槽用镀锌铁皮制成，形状有多种。翻转式饲槽外口的宽度大于笼门的饲槽口，防止饲槽全部翻转到兔笼里边，其底部焊接一根钢丝，伸出两端各2厘米左右（用作转轴），卡在笼门饲槽口的两侧卡口内，用于翻转饲槽。喂料时，将安装在饲槽口上方的活动卡子卡住饲槽即可。这样的饲槽拆卸比较方便，喂料无需打开笼门。

5. 抽屉式料槽

用镀锌铁皮制作，形状如半个圆盆，圆形面朝里、平面向外安装在笼门的饲槽口内。在饲槽一侧外缘焊接一根钢丝（与饲槽垂直），上下两端各伸出1.5厘米左右（用作转轴），卡在笼门饲槽门的一侧，用于转动饲槽。饲槽的另一侧安装一个活动搭扣，喂料后将饲槽扣在笼门上作固定。这种饲槽同翻转式饲槽一样，喂料时无需打开笼门，拆卸比较方便。

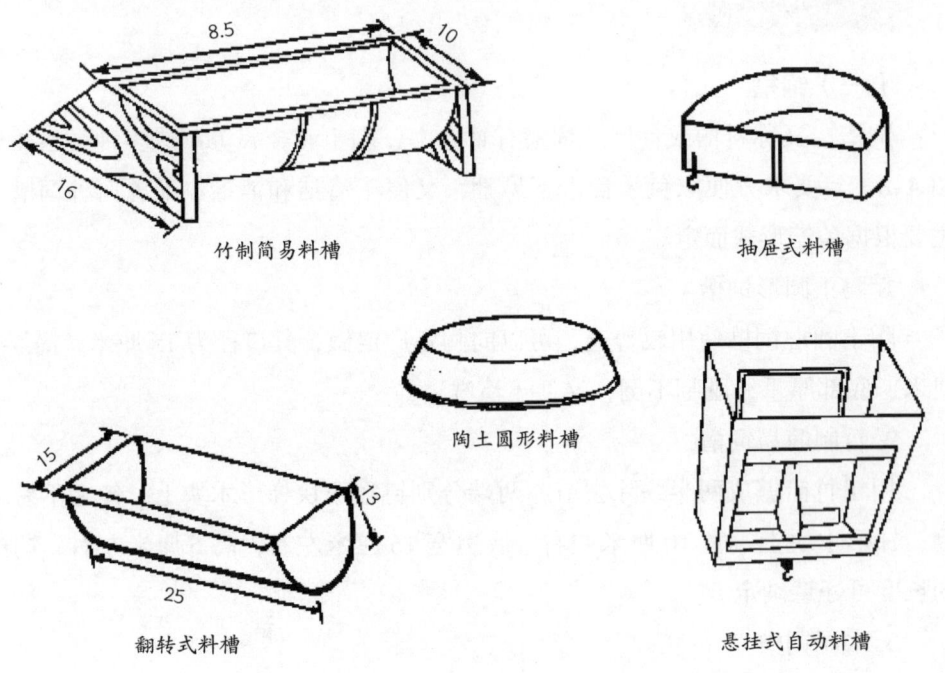

图 4-8　饲槽的样式（单位：厘米）

6. 自动饲槽

用镀锌铁皮制作或用工程塑料模压成型。自动饲槽兼具饲喂及贮存作用，笼外加料，笼内采食，加料一次，够兔子几天采食。多用于大规模兔场及工厂化、机械化兔场。饲槽由加料口、贮料仓、采食口和采饲槽等几部分组成。隔板将贮料仓和采饲槽隔开，仅底部留2厘米左右的间隙，使饲料随着兔的不断采食，饲槽内的饲料不断减少，贮料仓内的饲料缓缓补充。为防止粉尘吸入兔呼吸道而引起咳嗽和鼻炎，槽底部常均匀地钻上小圆孔。这种饲槽使用时省时省工，但制作复杂，造价较高，对兔饲料的调制类型有限制。

（二）草架

草架是投喂粗饲料、青草或多汁料的饲具（见图4-9）。使用草架可保持饲草新鲜、清洁，减少脚踏和粪尿污染所造成的浪费，预防疾病。群养兔用的草架可钉成长100厘米、高50厘米、上口宽40厘米，用木条、竹片钉成"V"形，木条或竹片之间的间隙为3~4厘米，草架两端底部分别钉上一块横向木块，用以固定草架，以便平稳放置在地面上。笼养兔的草架一般固定在笼门上，亦呈"V"形，草架内侧间隙为4厘米，外侧为2厘米，可用金属丝、木条和竹片制成。

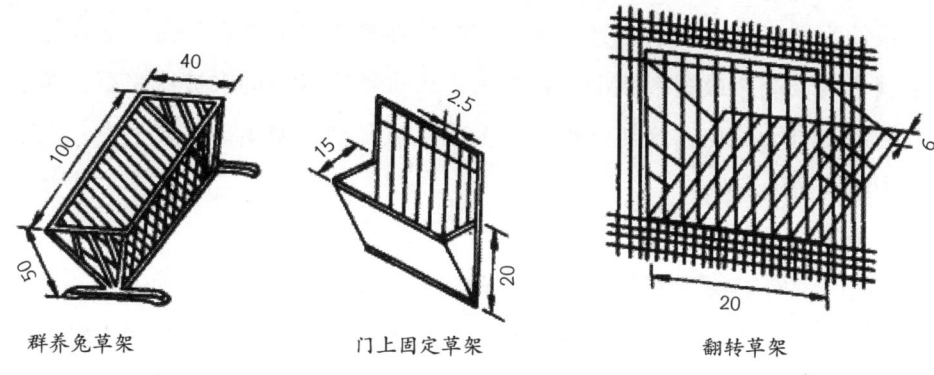

群养兔草架　　门上固定草架　　翻转草架

图4-9　草架（单位：厘米）

（三）饮水器

一般家庭养兔，可就地取材，用前面介绍的陶制饲槽、水泥饲槽作盛水器。这种饮水器价格低，易于清洗，但容易被兔脚爪或粪尿污染，每天至少需要加一次水，比较费时费工。上一定规模的养兔场大多采用专用饮水器（见图4-10）。

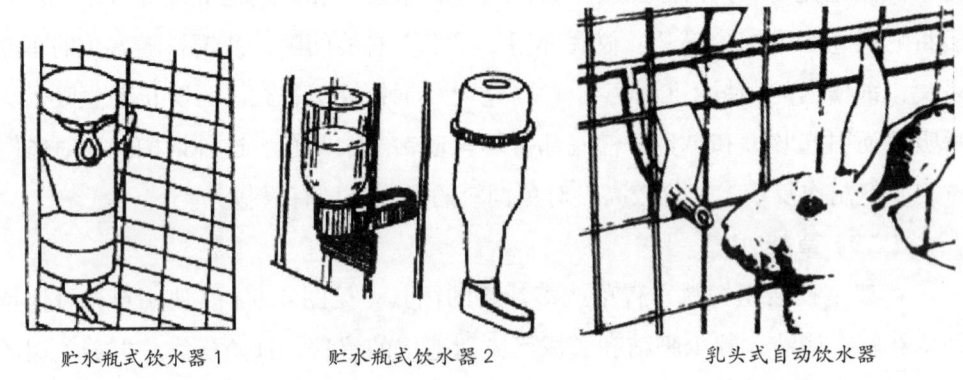

贮水瓶式饮水器1　　　贮水瓶式饮水器2　　　乳头式自动饮水器

图4-10　常用饮水器类型

1.贮水瓶式饮水器

有两种形式。一种是采用塑料瓶倒挂在兔笼外，瓶盖或瓶塞上接一根通向笼内的弯管，管口比管身略小，管口内放一个玻璃圆珠作为活塞，用以堵塞管口。兔饮水时只要用舌舐动活塞，活塞缩进，水即从管口流出。另一种是用胶木制成饮水器底盘，固定在笼门上，一端伸在笼内供兔饮水，另一端在笼外，将盛满水的玻璃瓶或塑料瓶倒置在其上，饮水器底盘内的水被饮完后，瓶内的水利用压力自动流出。这类饮水器最大的优点是独立使用，比较卫生，尤其适合水中给药防治兔病。

2.乳头式自动饮水器

采用不锈钢或铜制作，其工作原理和构造与鸡用乳头式自动饮水器大致相同。饮水器与饮水器之间用乳胶管及三通相串联，进水管一端接在水箱，另一端则予以封闭。这种饮水器使用时比较卫生，可节省喂水的工时，但也需要定期清洁饮水器乳头，以防结垢而漏水。

三、自动化养殖设施

随着养兔业规模化、集约化的发展，养殖设施在自动化、智能化方面也取得了长足的发展。自动化养殖设施的采用，一方面，可提高劳动效率，减少劳动支出，而且可将饲养人员从繁重的重复劳动中解放出来，使他们有更多的时间和精力做好配种、护理和防疫等工作；另一方面，可为家兔提供一个适宜的生存条件，为从业人员提供一个良好的工作环境。

（一）自动化喂料设施

自动化喂料设施一般用于室内兔舍，其供料根据喂料方式的不同可分为两种：一种是输送式喂料设施，一种是自走式喂料设施。

1. 输送式喂料设施

兔舍外设有储料塔，通过主管道将饲料输送到各个兔舍，进入兔舍后，一种方式是管道送料，通过兔舍内分管道将饲料输送到各个料位，料位处可以设置感应探头，根据设定料量自动控制供料量；另一种方式是输送带送料，每层兔笼一端设有储料箱，储料箱设一可调的出料口，饲料由设于兔笼外侧的输送带纵向均匀输送，每个兔笼设有采食口，便于兔子采食输送带上的饲料，通过调整储料箱出料口的大小，可控制供料量。

图 4-11　智慧养殖兔舍（输送式喂料）

2. 自走式喂料设施

自走式喂料设施分为上料机和喂料机两部分。上料机将饲料提升投放至喂料机储料斗。喂料机类似于机器人，设有一电脑控制面板，可设置投料时间、投料量和行走速度等。喂料机横跨兔笼两侧，对应两侧各层料盒设有出料口，自动沿轨道行走，每走到一个料位，停下来对两侧各层料盒定量投料，投料完毕，再走到下一个料位投料，依次完成投料。

计划使用自动化喂料设施的兔场，所用兔笼及附属设施都应该与之配套，进行一体化设计，以保证设施的顺畅运行。同时，自动化喂料设施也对颗粒饲料的硬度、长度有一定的要求，避免输送、投料过程颗粒饲料粉末化。

（二）自动化清粪设施

目前新建或改造的室内兔舍多采用刮粪板或输送带自动清粪，两者都属于干清粪方式。

采用刮粪板清粪方式，兔舍建设时应同时在地面建造粪沟。粪沟宽度应根据兔笼的跨度及两侧底层兔笼承粪板之间的距离设置，深度应根据一排兔笼所饲养兔子的大致排粪量设置。建造粪沟时，应保证地面和侧面的平整，以保证刮粪板的正常运行和良好的清粪效果。同时应做好粪沟的固化工作，以防粪污渗漏和溢流，减少对周边环境的污染。

采用输送带清粪方式（见图4-12），不需要对兔舍地面进行处理，保证地面平整无缝、便于清洁消毒即可。输送带的宽度应宽于两侧底层兔笼承粪板之

图4-12　智慧养殖兔舍（输送带清粪）

间的距离，以保证由承粪板滑落的粪尿全部落到输送带上。对于多排兔笼的兔舍，可以在纵向输送带末端增加一横向输送带，以便将各排输送带清理的粪污集中输送至兔舍外。在输送带末端可增加一喷淋管，对输送带进行喷淋清洁。输送带的运行时间及运行次数可以根据需要进行设置。

（三）自动化环境控制设施

自动化环境控制设施适用于密闭兔舍。在安装通风、降温、供暖等设施的基础上，增设传感器和控制器。传感器用以采集兔舍内的温度、湿度、二氧化碳、光照强度、氨气、粉尘等环境数据信息，在控制器中预先设定各环境要素的参数。控制器对传感器传回的数据信息进行比对分析，若某环境要素的数据信息超出设定的参数范围，则自动启动相应的设施设备（如通风、降温、供暖和光照等），实现兔舍环境控制的自动化。也可以根据实际需要，通过电脑、手机对各设施设备的开启和关闭进行远程控制。同时，可通过高清摄像头进行实时监控，以便及时了解兔舍内兔子的状况及各设施设备的运行状态等。

四、兔舍常用设备

（一）产仔箱

产仔箱又称巢箱，是母兔分娩和哺乳仔兔的场所。仔兔在产箱内至少要生活一个月，因此在设计上，产仔箱要求能保温，母兔进出哺乳方便，仔兔不易爬出箱外。通常在母兔接近分娩时放入笼内或挂在笼外。产仔箱的制作材料有木板、纤维板、塑料等（见图4-13）。

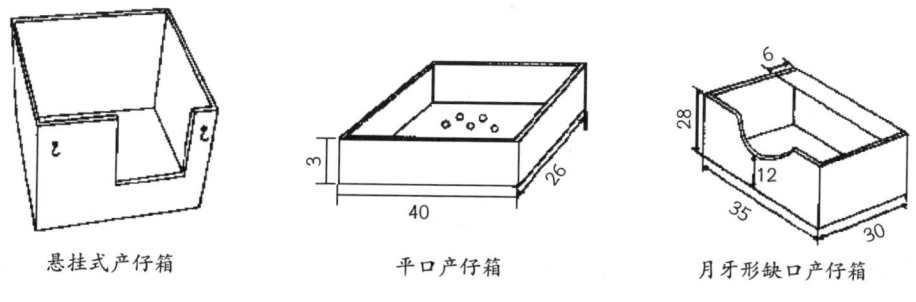

图4-13 常见产仔箱类型（单位：厘米）

1. 悬挂式产仔箱

采用保温性能好的发泡塑料、轻质金属等材料制作。产仔箱悬挂于金属兔笼的前壁笼门上，在与兔笼接触的一侧留一个大小适中的方形缺口，缺口的底部刚好与笼底板一样平，以便母仔出入。产仔箱上方加盖一个活动盖板。这种产仔箱模拟洞穴环境，适于母兔的习性。同时，产仔箱悬挂在笼外，不占笼内面积，管理非常方便。

2. 平口产仔箱

用1厘米厚的木板钉制，上口水平，箱底可钻一些小孔，以利排尿、透气。产仔箱不宜做得太高，以便母兔跳进跳出。产仔箱上口四周必须制作光滑，不能有毛刺，以免损伤母兔乳房，导致乳房炎。这种产仔箱制作简单，适合于家庭养兔场采用。

3. 月牙状缺口产仔箱

采用木板钉制，其高度要高于平口产仔箱。产仔箱一侧壁上部留一个月牙状的缺口，以供母兔出入。仔兔在产箱内至少要生活一个月，因此在设计上，无论何种产仔箱均要求能保温，母兔进出哺乳方便，仔兔不易爬出箱外。

（二）保定箱

用来保定家兔，以便进行打耳号、戴耳标、耳静脉采血或作其他处置，保定箱可用木料、铁皮及塑料制作（见图4-14）。使用时通过箱子上部能启闭的盖子将家兔放入箱内，使之保定。该箱前部有一斜面，可使家兔感到舒适而减少骚动。在斜面上端还有一圆孔，可让兔头伸出箱外，以利操作。

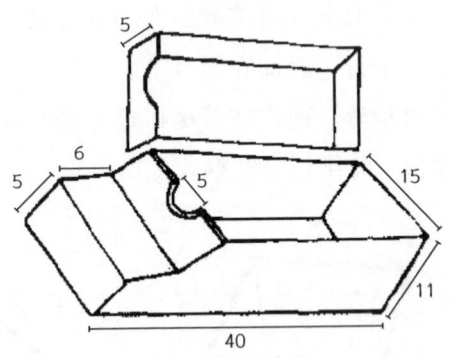

图4-14 家兔保定箱（单位：厘米）

（三）喂料车

喂料车主要是大型兔场采用，用它装料喂兔，省工省时。喂料车一般用角铁制成框架，用镀锌铁皮制成箱体，在框架底部前后安装4个车轮，其中前面两个为万向轮。

（四）运输笼（箱）

运输笼仅作为种兔或商品兔途中运输用，一般不配置草架、饲槽、饮水器等。要求制作材料轻，装卸方便，结构紧凑，笼内可分若干小格，以分开放兔，要坚固耐用，透气性好，大小规格一致，可重叠放置，有承粪装置（防止途中尿液外溢），适于各种方法消毒。有竹制运输笼、柳条运输笼、金属运输笼、纤维板运输笼、塑料运输箱等。金属运输笼底部有金属承粪托盘，塑料运输箱系用模具一次压制而成，四周留有透气孔，笼内可放置笼底板，笼底板下面铺垫锯末屑，以吸尿液。

第六节 粪污处理

兔场的粪污处理应符合 NY/T 1168—2006《畜禽粪便无害化处理技术规范》的规定，必须配置建设粪污处理设施或粪污处理场，设在生产区和生活管理区的常年主导风向的下风向或侧风处，与主要生产设施之间保持 100 米以上的距离。

在收集、运输、堆放粪便的过程中应采取防扬散、防流失、防渗漏等防止污染环境的措施，做到雨污分离、干湿分离。并对收集的粪污实行无害化处理和资源化利用，禁止未经处理的粪尿直接施入农田。适用于对兔粪进行无害化处理和资源化利用的主要方法如下。

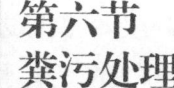

一、堆积发酵

将清理收集兔粪集中堆积到专门的场地，达到一定的量后，将其整理堆放成条垛，表面抹平，使其封闭。利用其中微生物的大量繁殖对兔粪中的有机物进行高温发酵，自然腐熟。堆积场地应排水良好，防止雨水浸泡。这种方式适用于各兔场对兔粪进行就地处理。堆积发酵过程必须保持发酵温度 45℃以上的时间不少于14天,当地气候条件将直接影响到堆积发酵时间的长短。腐熟后用作肥料直接施入农田。

二、槽式发酵

槽式发酵属于好氧发酵,利用兔粪中的自然微生物或接种微生物、结合翻抛机的机械翻堆补充氧气,使粪便完全腐熟并将有机物转化为有机质、二氧化碳与水。一般将发酵槽建于大棚内,在平整的水泥地面上垒1米多高的水泥墙,墙的顶面铺设翻抛机运行轨道,墙高和墙间距应根据翻抛机的工作空间(宽度和深度)设计。这种处理方式占用场地面积大,机械化程度高,适用于养殖密集区域兔粪的集中批量化处理。

槽式发酵需要对发酵原料的水分、碳氮比和发酵过程的温度、供氧等进行有效控制。采取干清粪方式收集的兔粪,水分在50%左右,处于发酵适宜水分含量(45%~55%)的范围。微生物利用有机质碳氮比(C/N)为(20~30):1,兔粪原料的碳氮比为25:1左右,属于最佳比例。所以一般的兔粪原料不需要额外添加辅料来调整水分和碳氮比,可单独进行发酵。

发酵过程中,机械翻抛可同时起到温度控制和供氧的作用。应根据发酵时间和粪堆内部温度调整翻抛次数和时间。在发酵初期和低温天气,应减少翻抛次数和时间,以保持内部发酵温度和速度;在发酵中期和高温天气,应增加翻抛次数和时间,控制发酵温度、及时供氧,以防止温度过高影响微生物发酵和兔粪营养物质消耗,保证物料正常腐熟。一般须保持发酵温度50℃以上的时间不少于7天,或发酵温度45℃以上的时间不少于14天。

采用这种方式处理兔粪,最终产品有一种特殊的发酵味道,无臭味,而且较干燥,一般成品含水量控制在30%以下,可制成粉状或颗粒状,容易包装,方便运输和施用,是一种具有高附加值的有机肥料。可作为蔬菜、果树、花卉等的肥料,用于大田农作物施肥,可对土壤起到改良作用。

三、沼气池发酵

可根据兔场规模设计建设沼气池，利用沼气发酵工艺处理兔粪尿及污水，产生的沼气可用于做饭、取暖、照明等；沼渣可以晒制成沼渣肥，作为农田肥料使用；沼液可直接进行浇灌施肥。

兔场沼气池的建设和使用，一方面应考虑周边农田对沼液沼渣的消纳能力；另一方面，虽然沼液可直接进行浇灌施肥，但沼渣还需要二次处理，将额外增加场地、人工、设施等，处理不好还会造成二次环境污染。所以建议兔场沼气池主要用于粪尿混合物及污水的处理，不建议将干清粪收集的兔粪全部用于沼气池发酵。

兔粪经堆积发酵或槽式发酵处理后，必须达到表4-3的卫生学要求；兔尿及污水经过沼气发酵等技术进行无害化处理后，上清液和沉淀物必须达到表4-4的卫生学要求，方可进行农业综合利用。

表4-3 兔粪堆积无害化处理卫生学指标

项目	卫生指标
蛔虫卵	死亡率≥95%
粪大肠菌群数	≤10^5个/千克
苍蝇	有效控制苍蝇滋生，堆体周围没有活的蛆、蛹或新羽化的成蝇

表4-4 兔尿及污水无害化处理卫生学指标

项目	卫生指标
寄生虫卵	死亡率≥95%
血吸虫卵	在使用的液体中不得检出活的血吸虫卵
粪大肠菌群数	常温沼气发酵≤10^4个/升，高温沼气发酵≤100个/升
蚊子、苍蝇	有效控制蚊蝇滋生，液体中无孑孓，池周围无活的蛆、蛹或新羽化的成蝇
沼气池粪渣	达到表4-3的要求方可用作农肥

第五章
家兔的繁育技术

第一节 家兔的繁殖特征

一、公兔生殖生理

(一) 精子与精液

公兔接近性成熟时,精原细胞通过分裂、增殖和发育等不同阶段的复杂的有丝分裂、不断增殖,形成精细胞,最后经过变态形成精子。这时的精子缺乏活动能力,不能受精。随着精细管的蠕动和收缩,精子经睾丸输精管进入附睾。精子通过附睾的时间需8~10天,在这过程中,精子完成生理成熟,获得活动能力、受精能力和受精后发育成正常胚胎的能力。精子在附睾中可存活60天左右。此后如未排出体外就衰老,丧失受精能力和活动能力,直到死亡而被吸收。

成熟的精子由头部、颈部和尾部组成,尾部又可分为中段、主段和末段三部分。头部的主要成分是细胞核,其前端形成透明帽状的顶体。顶体是由高尔基复合体形成的双层薄膜囊,内含多种水解酶,如透明质酸酶、顶体酶等,均与受精有关。颈部很脆弱,精子在成熟过程中稍受影响,尾部很容易在此处脱落成为无尾精子。尾部中段有由线粒体形成的螺旋形结构,与精子活动有关。如果顶体受损,精子会失去受精能力,但如果尾部中段是完好的,该精子仍可活动。成年公兔每次射精量为1毫升左右(0.5~1.5毫升),每毫升含精子1.5亿~5.6亿个。

精液是精子和精清的混合物,精子由生精管产生,精清由附睾和副性腺在不同部位分泌。两者在射精时混合成为精液。精清中包含一些不同大小的颗粒物质,它们会影响精子穿越母兔生殖道时的运动能力。

雄性个体之间,精液参数一般有较大的差异,但是相同品系的家兔在严格按照相同的饲养条件（光照、温度及饲料）和相同采精频率下，个体公兔之间的精液质量差异不明显。从精液品质上看，杂合公兔比纯种公兔表现更好。一般情况下，兔舍环境、采精营养水平、采精频率、光照、年龄、健康状况对公兔精液参数有不同程度的影响。

采精频率对精液参数有非常重要的影响：一周采精一回，每回采精两次（两次之间至少间隔15分钟）得到的精液无论是质量还是数量都是最佳的。如果以更低的频率采集（每隔14天采1次），会对精液的产生造成抑制作用，原因可能是缺少性刺激导致雄激素分泌量下降。采精频率不仅影响精子产生，还影响精清颗粒的产生；更高的频率会降低精子和颗粒浓度，但是精清颗粒相比精子产量更加稳定和高效。

光照时间的长短影响下丘脑—垂体—性腺轴激素的分泌。相比短日照（8小时光照），16小时的光照程序可以提高精液的质量和射精量。但是，光照强度对精液品质并没有明显影响。

5~28月龄之间的公兔精子染色体结构最稳定，6~16月龄家兔精子中染色质损伤最少。低于5月龄，高于20月龄，精子染色质稳定性下降。大龄公兔精子的膜稳定性较差，而且受饲料中不饱和脂肪酸含量变化影响很大。

公兔生殖器官炎症会影响睾丸功能的发挥，并且由于抗炎因子和细胞活素的分泌，精液品质会下降。炎症引起白细胞数量增加，白细胞会增加精液中自由基数量。如果精子发生过程中或者是射精后的精液中有大量的白细胞，会大大影响精子顶体的稳定性。

限饲会降低公兔的性欲，但是采食量的影响远没有饲料营养成分的影响重要。影响精子受精能力的因素有很多，与受胎率相关性最强的是公兔精子的数量和活率。精液参数受到多方面因素的影响，比如品系、饲料、健康状态、饲养环境、季节、年龄以及采精频率等。

（二）公兔性成熟

公兔的性成熟是指公兔具备稳定生产和排出具有受精能力的精子。公兔性腺发育始于受精后第16天。出生后，公兔性腺的发育速度慢于身体其他部位。从出生后5周开始，性腺开始快速发育。副性腺的发育过程与性腺类似，但是发育速度更平均，而且成熟时间更晚。家兔精子发生开始于出生后第40~50天，在60~70日龄时，部分公兔开始表现出性行为，比如试图爬跨。首次交配最早发生在100日龄时，但是此时家兔精子活力很低，或者没有精子。公兔的性成熟月龄与体型大小相关，小型兔性成熟早，中型兔次之，大型兔性成熟晚。公兔首次能够射出含有精子的精液大约在出生后第110天，所以初次配种在第135~140天是最佳时间。

二、母兔生殖生理

（一）卵子和卵泡

雌性生殖细胞的分化和成熟的过程称为卵子发生。卵子的发生包括四个过程，即卵原细胞的增殖、卵母细胞的生长与成熟、卵泡发育和排卵。

1. 卵原细胞的增殖

卵原细胞是在胚胎期，由雌性原始生殖细胞分化而成。卵原细胞与其他细胞一样，含有高尔基体、线粒体、细胞核及1至多个核仁，通过有丝分裂形成许多卵原细胞，这个时期称为增殖期。卵原细胞增殖结束后，发育成初级卵母细胞，短时间内被卵泡细胞包围形成原始卵泡。原始卵泡出现后，有的卵母细胞便开始退化，所以卵母细胞数量逐渐减少，最后能发育成熟并排出卵子的只有少数。

2. 卵母细胞的生长及成熟

卵母细胞发育成初级卵母细胞并产生卵泡后，卵泡细胞为卵母细胞提供营养物质，为以后的发育提供能量来源。卵泡细胞分泌的液体聚集在卵黄膜周围，形成透明带，卵母细胞此时增长迅速，在卵泡发育开始形成空腔时达到其成熟时的大小，随后，卵母细胞不再增大，而只有卵泡增大。

3. 卵泡发育

卵泡发育经历原始卵泡、初级卵泡、次级卵泡及成熟卵泡四个发育阶段。家兔在出生前卵巢内含有大量的原始卵泡，随着出生后卵泡的发育，大量卵泡中途闭锁退化，只有少数卵泡才能发育成成熟卵泡并排卵。

原始卵泡：卵母细胞被单层扁平卵泡上皮细胞包围，无卵泡膜和卵泡腔。

初级卵泡：卵母细胞被单层柱状卵泡上皮细胞包围，无卵泡膜和卵泡腔，许多初级卵泡在发育过程退化。

次级卵泡：随着卵泡的生长，初级卵泡移向卵巢皮质中央，卵母细胞周围的卵泡上皮细胞增殖，分泌出一层由黏多糖构成的透明带，聚集在颗粒细胞和卵黄膜之间。

成熟卵泡：随着卵泡的进一步发育，颗粒细胞层进一步增加，并逐渐分离，形成了许多不规则的腔隙，充满卵泡液，而且越积越多，空隙越来越大，卵母细胞被挤向一边，形成半岛状突出在卵泡腔内，称卵丘，这时的卵泡扩展到整个皮质而突出在卵巢表面，为成熟卵泡。家兔在每个发情期两侧卵巢产生的卵子18~20个，数量相对稳定；但家兔每次的成熟卵泡数受环境影响极大。卵泡的发育和成熟，受到脑垂体激素的控制，凡是直接或间接影响垂体激素释放的因素，都会影响成熟卵泡数量。

4. 排卵

性成熟后，母兔卵巢上会经常出现成熟卵泡、次级卵泡等在内的不同发育阶段的卵泡。成熟卵泡经过交配刺激，或者其他类似交配刺激的外源刺激，经10~12小时后，卵泡中卵子释放出来，随后在卵泡破裂的地方形成黄体，分泌孕激素，用于维持妊娠；否则这些成熟的卵泡在雌激素和孕激素协同作用下经10~16小时后逐渐萎缩、退化，被周围组织所吸收，同时次级卵泡再次发育成熟，循环往复。研究表明，母兔卵巢内经常有一批卵泡处于发育中，当前一批卵泡尚未完全退化，后一批卵泡又接着发育；在前后两批卵泡发育的交替中，雌激素浓度也必然发生变化，但是这种变化并无严格规律性。此外，家兔虽然是诱发排卵，也常发生排卵不一定发情、发情不一定排卵的现象。

卵子排出后可存活8~9小时，保持受精能力的时间约6.8小时，最高受精能力一般出现于排卵后2小时。时间延长，卵子与输卵管腺体分泌物接触而发生某些生理变化，逐渐衰老，失去受精能力。

（二）母兔性成熟

母兔性成熟是指幼兔生长发育到一定时期，性器官发育成熟，产生成熟的卵子及相应的性激素，并表现出发情特征和性行为，具有繁殖后代的能力，此时称为性成熟。到达性成熟期的母兔能接受公兔配种和排卵，生殖道能完成受精并具有着床的适宜状态，能维持胎儿生长发育直到分娩，并具有良好的保姆性和泌乳能力。家兔不同的品种，不同饲养管理条件，不同的个体，性成熟的迟早有一定的差异。小型品种母兔3.5~4月龄，即性成熟。大中型品种稍晚些。中型4.5~5.5月龄；大型6~7月龄达性成熟。通常母兔性成熟要比公兔早1个月左右。相同品种或品系，在优良饲养条件下，生长发育较快，其性成熟也较早。母兔达到性成熟后，虽然已能配种繁殖，但因身体各部器官仍处于发育阶段，过早承担配种繁殖任务不仅会影响母兔本身的生长发育，造成早衰；而且配种后母兔受胎率低，产仔数少，所产仔兔身体瘦弱，母兔乳汁少，仔兔成活率也低。

三、发情

母兔性成熟后，卵巢中卵泡迅速发育，由卵泡内膜产生的雌激素作用于大脑的性活动中枢，导致母兔出现性欲兴奋和有交配欲望的生理现象。

（一）发情表现

母兔活跃不安，爱跑跳，乱刨笼底板，脚用力踏笼底板作响。食欲降低，常在饲槽或其他用具上摩擦下颌，俗称"闹圈"。性欲强的母兔还主动接近和爬跨公兔，甚至爬跨自己的仔兔或其他母兔。当公兔爬跨时，母兔站立不动，臀部抬起，举尾，以迎合公兔交配。

卵巢在发情前2~3天，卵泡发育迅速，卵泡内膜增生，卵泡液分泌增多，卵泡壁变薄并突出于卵巢表面。阴道上皮充血，阴蒂充血和勃起；来自子宫颈及前庭大腺分泌的黏液增多；子宫颈松弛，子宫充血，输卵管蠕动和纤毛颤动加强。发情初期，外阴黏膜粉红，肿胀，湿润；发情中期，黏膜成大红色，肿胀和湿润更明显；发情后期，黏膜呈黑紫色，肿胀和湿润逐渐消失；而在休情期，外阴黏膜为苍白、干燥和萎缩状态。

（二）发情周期

性成熟之后的母兔，总是处于发情—休情—发情—休情这种周而复始的变化状态。两次发情的间隔时间称作发情周期，每次发情的持续时间称作发情持续期。

（三）发情特点

虽然对家兔是否存在发情存在一定争议，但是一般认为家兔发情周期有其自身的特点。

1. 发情周期无固定性

不论是同一母兔的各个周期的长短，还是不同母兔的周期之间都存在差异，母兔的发情周期一般为7~15天，发情持续期为1~5天。国际上对家兔是否存在发情周期持有不同看法。有人认为母兔不存在发情的周期性，母兔卵巢上经常存在成熟的卵泡，因此任何时候配种均可受胎；另一些人认为母兔发情存在重复性，只要卵巢内有一批卵泡发育到成熟阶段，母兔就会出现发情症状。

2. 发情无季节性

家兔属于无季节性繁殖动物，一年四季均可发情、配种和繁殖。但要注意，室内养兔或四季温差不大时，母兔可安排四季配种，常年产仔。在粗放管理下或四季温差较大时，兔以春、秋季发情征候明显，而在夏、冬季则表现为性欲低、发情征候不明显、配种受胎率低和产仔数少。

3. 发情不完全性

母兔发情表现的三个方面，即精神变化、交配欲、卵巢变化和生殖道变化，并非总能在每只发情母兔的身上同时出现，可能只是同时出现一个或两个方面，这就是母兔发情的不完全性。如有的母兔虽然外阴黏膜具有典型的发情症状，但没有交配欲，与公兔放在一起时匍匐不动；有的母兔发情时食欲正常；有的发情母兔外阴黏膜不红不肿等。饲养员应仔细观察每只母兔的表现（精神、生殖道变化），及时配种，才能保证较高的配种率和产仔数。

4. 产后发情

母兔分娩后当天即有发情表现，配种后即可受胎，受胎率达80%~90%。母兔产后发情也受到其他一些因素的影响。比如，营养状况良好的母兔产后发情的比例高，配种受胎率和产仔数高；而那些营养不良的母兔产后多无明显发情表现，即便配种，受胎率和产仔数也不高。

5. 断乳后发情

母兔在哺乳期间发情多不明显，即经常出现不完全发情。而且越是在泌乳高峰期，越不容易出现发情。但母兔在仔兔断乳后2~3天普遍很快表现出发情征候，配种后受胎率较高。

（四）影响发情的因素

1. 季节

家兔一年四季均可发情，但受季节影响较大。一般来说，发情最好的季节依次为春季、秋季、夏季和冬季。

2. 健康状况

一般健康状况好的母兔发情好于健康状况较差的母兔。

3. 生理阶段

不同生理阶段，母兔的发情率存在差异。一般分娩后第2天及断奶3天左右普遍发情，而泌乳期发情率较低甚至不发情。

4. 品种品系

一般中小型兔发情能力要高于大型兔。

四、家兔的繁殖季节

家兔的繁殖无明显的季节性，一年四季均可配种。但是，不同季节温度、湿度、光照、营养状况存在一定的差异，对母兔的发情、受胎、产仔数和仔兔成活率均有一定的影响。

（一）春季

春季气候温和，饲料丰富，公兔性欲旺盛，母兔发情旺盛，故母兔的配种受胎率高，产仔数多，是家兔繁殖的最好季节。据观察，3~5月份母兔发情率高达85%~90%，受胎率高达80%~90%，平均每窝产仔数达7~8只，最高达14只。春季配种出生的仔兔，随着青绿饲料增多可以逐渐满足营养需要，进入夏

季时已经长成青年兔，抗病力增强了，好管理，成活率高。要充分利用春季时间，争取早配，力争在春季繁殖两胎。在南方各省一定要做好防湿、防病工作。

（二）夏季

夏季气温高，尤其是南方各省，温度高、湿度大，家兔的食欲降低，体质瘦弱，性功能不强。当外界温度高于30℃时，公兔性欲减退，射精量减少。高于35℃时，公兔性欲丧失，精子活力下降，密度降低；母兔配种受胎率低，产仔数少。即使产仔，因为哺乳母兔天热食欲降低，泌乳量少，仔兔多体弱，活率较低。

（三）秋季

秋季气候温和，饲草丰富营养价值高，公母兔体质开始恢复，性欲逐渐旺盛，尤其是晚秋季节，母兔发情旺盛，配种受胎率高，产仔数多。但初秋季节公、母兔的体质刚刚开始恢复，晚秋又为换毛季节，消耗大量的蛋白质和生理发生一些变化，会影响到公兔精液的形成和母兔的胚胎发育及泌乳量。所以在秋季换毛时节不宜配种繁殖，待中秋过后再交配繁殖。

此秋季以繁殖一胎为宜，并加强营养。同时公兔因夏季休闲后可能出现暂时性不育，首次配种必须进行复配；人工授精时，首次采集的精液最好弃去不用。

（四）冬季

冬季气温较低，大部分地区缺乏青绿饲料，导致营养水平下降，母兔体质瘦弱，发情不正常，配种受胎率低。尤其是在严冬，母兔分娩时如无看护和保温设备，容易使所产仔兔冻僵或冻死，成活率较低。

五、家兔的交配行为

公、母家兔的性行为是一个复杂的生理过程，大体经过求偶、交配、射精等过程。比如，在人工辅助交配时，将母兔放入公兔笼内后，即可见到公兔嗅闻母兔的尿液和外阴部，做出嬉弄姿态和发出特异呼声等求偶行为。然后公兔即追逐母兔，并试伏母兔背上，或以前足揉弄母兔腹部，同时做交配动作。

如果母兔正在发情，则略逃数步，即卧下让公兔爬在背上，待公兔做交配动作时，即抬高臀部举尾迎合。当公兔将阴茎插入母兔阴道后，公兔臀部屈弓，迅速射精。此时，公兔常伴随射精动作，"咕咕"尖叫一声，后肢蜷缩，臀部滑落，倒向一侧，至此交配完毕。数秒钟之后，公兔爬起，再三顿足，表明已顺利射精，即可将母兔送回原笼。

六、初配期及利用年限

（一）初配年龄

任何家畜都一样，性成熟都早于体成熟。以体重而言，性成熟时，家兔的体重只相当于成年体重的60%左右。因此，配种过早，势必会影响本身和下代的生长发育。当然，配种也不能过迟，否则也会影响家母兔的生殖功能和终身繁殖能力。配种过迟，母兔则会出现长期不发情。生产中，确定母兔适配年龄主要根据体重与月龄来决定，一般适配母兔达到成年体重的80%以上时即可配种。适配月龄根据不同品种而异，不同类型、不同品种家兔的性成熟和适配月龄如表5-1、表5-2。

表5-1　不同类型家兔的适配月龄

类型	成年兔体重(千克)	性成熟（月龄）	适配月龄	适配月龄时体重
大型兔	5以上	5~6	6~7	配种时的体重为成年体重的80%
中型兔	3.5~4.5	4~5	5~6	
小型兔	2~3	3~4	4~6	

表5-2　不同品种家兔的性成熟与适配年龄

品种	性成熟（月龄）	适配年龄（月龄）	品种	性成熟（月龄）	适配年龄（月龄）
新西兰兔	4~6	5.5~6.5	加利福尼亚兔	4~5	6~7

续表

品种	性成熟（月龄）	适配年龄（月龄）	品种	性成熟（月龄）	适配年龄（月龄）
荷兰兔	3~5	4.5~5.5	日本白兔	4~5	6~7
哈尔滨白兔	5~6	7~8	比利时兔	4~6	7~8
塞北兔	5~6	7~8	青紫蓝兔	4~6	7~8
太行山兔	4~5	5.5~6	闽西南黑兔	3~4	4~5

（二）利用年限及影响因素

家兔的繁殖能力与年龄有关，一般而言 1~2.5 岁之间的繁殖能力较强，此后，随着年龄的增长，繁殖能力逐渐下降。一般情况下，种兔利用 2~3 年。实际生产中，种兔需要根据体质、生产性能和后代生长发育情况，进行逐步选留、淘汰或者更新。若体质健壮、使用合理、母性好、产仔多且后代发育好，则母兔的配种产仔年限可以适当延长。在采取频密繁殖技术的兔场，种公兔的利用年限一般控制在 2 年以内，种母兔仅利用 1 年左右。超过繁殖利用年限，种兔性活动功能衰退，配种受胎率低，胚胎死亡率高，后代生活力差，过度地延长种兔的利用年限从经济上是不合算的。

母兔的年产胎数与种兔的年龄、环境条件（特别是温度条件）、营养水平及保健措施有关。从理论上说，家兔的繁殖力强，妊娠期 1 个月，产后又可立即配种，一年可以繁殖 12 胎。但一味追求年繁殖胎数而不顾其他具体情况，特别是母兔的身体营养状况，其结果是繁殖得越多，死亡率越高。因此生产实践中，应适当控制家兔繁殖。目前，在我国多数兔场，家兔的年繁殖胎数应控制在 6 胎以内。

第二节 家兔的配种技术

一、配种前的准备工作

（一）制定配种计划

为了防止乱配种和近亲繁殖，必须有计划地使用种公兔。配种计划要根据选育目标和生产目的而制定。

（二）整理种兔群

合理的公母比例，不但可以保障兔群的繁殖力不受影响，而且还可以降低饲养成本，增加养兔效益。一般情况下，兔群规模越小，公兔比例稍大；兔群规模越大，公兔比例相应缩小。一般适度规模的养兔场（50~100只基础母兔）公母比例为1:（8~10）。品种多，公兔比例应稍大，采用人工授精的兔场，可以大大减少公兔饲养的数量。对于老年兔（3年以上），以及体弱有病、生产性能低、泌乳力差、母性不强的兔，都不能留作种用。凡是瘦弱和患病的种兔，特别是患有生殖道疾病、皮肤病（如疥癣、皮霉菌病）及其他传染病时，不能参加配种。长途运输之后、病愈不久、注射疫苗等，不能马上配种。

（三）加强种兔管理

配种准备期除一般饲养管理外，还应注意以下几项：

①适当增加种兔运动量。

②保证充足的光照。

③适当增加公兔动物性饲料的喂量，如蚕蛹、鱼粉、血粉或鱼肝油等。

④在缺青绿饲料的季节，必须保证维生素A、E的供给。冬季可补加发芽大麦、胡萝卜等。

⑤毛用兔在交配前2~3天，剪去公兔生殖器周围的长毛，以免妨碍交配的

顺利进行。

⑥安排繁殖计划时，适当避开换毛期。

⑦搞好清洁卫生，配种前公兔笼内应无粪便、无污物，笼内的食盆、水槽都要移至笼外，并进行彻底消毒。配种前还要检修好笼底板。

⑧有些母兔由于营养条件、体质健康状况、气候条件、饲养管理技术等因素影响，长期不发情或拒绝与公兔交配，可采取适当方法进行催情。

二、发情鉴定

由于母兔具有发情周期不固定、外部可见发情特征不明显的特点，在配种之前进行发情鉴定是尤为重要的。发情鉴定可以及时发现发情母兔，正确掌握配种的时间，能够有效地防止误配、漏配，是提高受胎率的有效手段。发情鉴定的方法一般分为以下几种。

（一）观察法

观察法是根据母兔的精神状态、行为变化来判断是否发情。如果母兔发情，一般表现为兴奋不安，食欲减退，在笼内跳动不安，有时用下巴摩擦笼具，爬跨同笼的母兔，频频排尿，愿意接受公兔追逐爬跨，有时还有衔草做窝和隔笼观望等现象。当母兔发情时，抚摸母兔时表现温顺，趴贴笼底，展开身子，翘起尾巴。检查外阴时，母兔后脚颤抖，顺从不闹。

（二）外阴检查法

在实际生产中，外阴检查法是最常用，也是最准确的发情鉴定方法。将母兔取出，右手抓住母兔的两耳和颈部皮肤，左手托其臀部，使之腹部向上；食指和中指夹住母兔的尾根，拇指按压母兔的外阴往外翻，使外阴黏膜充分暴露，观察外阴颜色、肿胀程度和湿润情况。根据母兔外阴黏膜的颜色和湿润程度，将母兔的发情阶段分为：休情期、发情初期、发情中期和发情末期。休情期母兔外阴苍白、萎缩、干燥，发情初期粉红色、肿胀、湿润，发情中期大红色、极度肿胀和湿润，发情后期呈黑紫色，肿胀逐渐消退，并变得干燥。发情中期，配种受胎率和产仔数都高。故有种说法"粉红早，黑紫迟，大红配种正当时"。在实际生产中，饲养工作人员要细心观察，认真检查。

（三）公兔试情法

也可以采用公兔试情法进行发情鉴定，将母兔放在公兔笼内，若主动亲近公兔，咬舔公兔，甚至爬跨公兔，则说明母兔已发情。此时将母兔放入性欲强的公兔笼中，可立即交配。若是将不发情的母兔放入公兔笼内则拒绝交配，跑躲甚至咬公兔，即使公兔爬跨，母兔也不翘尾，用尾巴紧紧压盖外阴，此时人为强拉母兔尾巴时，母兔会挣跑并发出怒叫。

三、配种技术

配种技术是家兔繁殖中最基本的技术，其目的是通过配种，促进母兔受胎，生产更多的后代仔兔和商品兔。配种前，应认真检查种兔健康状况。体质瘦弱、性欲不强、患有传染性疾病和生殖系统疾病的家兔不能用于配种。对毛兔来说，还需剪掉公、母兔外生殖器官周边的长毛，以便配种。应清理公兔笼内的粪便、粪污。具体配种时应将发情母兔放入公兔笼内，而不能把公兔放入母兔笼内，以防环境变化，分散公兔精力，延误交配效率。

配种前必须对待配母兔进行发情鉴定，根据发情状态不同选择不同的配种方式。一般由于发情中期的母兔发情状态好，可采取自然配种的方式完成交配。对发情初期和发情末期的母兔，如拒绝配种的可采取人工辅助交配的配种方式。对休情期母兔，则应暂停配种，待母兔发情状态较好时再进行配种。

（一）自然交配

将母兔轻轻放入公兔笼中，如母兔不拒绝并表示亲近迎合，即可顺利配种。公兔追逐母兔，母兔举尾迎合，公兔将阴茎插入母兔阴道内，臀部屈弓，随射精动作发出"咕咕"尖叫声，后肢蜷缩，滑下倒向一侧，数秒钟后，爬起顿足，表示顺利射精，交配完成。交配完成后应立即在母兔臀部轻拍一下，母兔紧张即可将精液深深吸入，以防精液倒流，促进精卵结合受胎。最后送母兔回笼。

（二）人工辅助交配

人工辅助交配又称为强制配种法，实行强制交配是因为有的母兔在配种时拒绝交配，必须在人工辅助下强制进行。强制交配方式，左手抓住母兔的两耳及肩部皮肤，右手伸到母兔腹下，将其后躯托起，配合公兔配种；如果母兔尾巴拒不上举，可选一根细绳一端拴住母兔的尾巴尖部，将绳子沿母兔背部绕过，由固定兔耳及颈部皮肤的左手控制，将母兔尾巴轻轻上拉，露出外阴；右手伸到母兔腹下托起其后躯，迎合公兔配种。采取这两种方法，配种很容易成功。配种结束后，应立即将母兔从兔笼中取出，检查其外阴，有无假配。如无假配现象立即将母兔臀部提起，并在后躯轻轻拍击一下，以防精液倒流，然后送母兔回笼。配种需要在安静的环境下进行，禁止围观和喧哗，并及时做好登记工作。

（三）家兔人工授精

人工授精是指用特制的采精器将优秀种公兔的精液采集出来，经过精液品质检查评定合格后，用稀释液再按一定比例稀释，再通过输精枪将精液输进发情母兔生殖道内的一种人工辅助配种技术。

人工授精是加快兔的繁殖和改良兔的品种的一项有效措施，它可有效地提高优良种公兔的利用率。人工授精每采一次精液，可配 10~20 只母兔，一只公兔全年可负担 100~200 只发情母兔的配种需要，可以提高种兔利用率几十倍甚至上百倍，减少种公兔的饲养数量，使优良种兔的后代很快达到一定数量，可大大加快育种工作的进程，提高经济效益。人工授精避免了公、母兔生殖器官的直接接触，因此可防止生殖器官疾病的传播和一些寄生虫的侵袭，从而改善兔群的健康状况。此外，人工授精还可以克服公、母兔因个体差异过大而无法交配或异地饲养不便运输而不能交配等困难。

1. 采精前的准备

（1）采精器（假阴道）的准备

家兔人工授精整套设备和器具目前在网上很方便就可以购买，一般购买的人工授精设备包括家兔假阴道（见图 5-1），连续输精枪及其相关辅助用品，效果比较好，使用也比较方便。也可以用一次性注射器、橡皮套、EP 管等自己制作使用起来也很方便，制作后的整体效果如图 5-2。

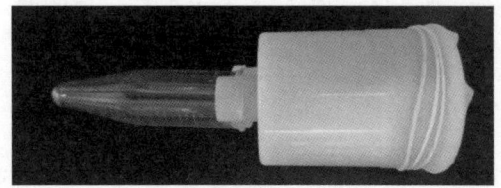

图 5-1　家兔假阴道

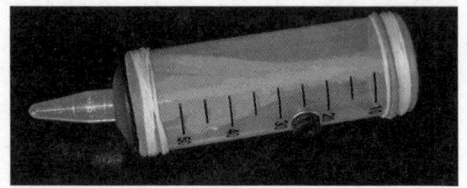

图 5-2　安装好的自制假阴道

（2）输精枪的准备

目前进口的连续输精枪，输精深度可达 11 厘米，连续输精，效率很高，输精顺畅、手感好，建议规模化兔场使用，小型兔场则会感觉价格偏高。国产连续输精枪，刻度精确，压力大，输精深度可达 10 厘米，价格便宜，一般兔场都可承受（见图 5-3）。

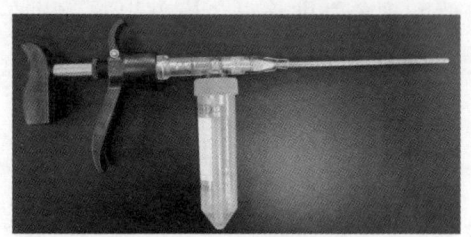

图 5-3　进口连续输精枪

（3）器械消毒

凡是与精液或母兔内生殖道接触的器械用具必须清洗消毒。耐高温的器皿可在 106℃干燥箱内消毒 10 分钟，不耐高温的器皿用 75% 酒精或 0.01% 高锰酸钾消毒，然后用无菌生理盐水冲去残余消毒液或者灭菌水冲洗后阴干备用。输精管最好每只兔一支，消毒后再次使用，以避免交叉感染。

（4）台兔的准备与采精兔的训练

初次采精一般用健康发情的母兔作为台兔。或以竹板、木板制作的框架，上面钉麻袋，再盖上兔皮作假台兔（见图 5-4）。初次采精的公兔需要进行训练，应选择健康发情的母兔让公兔爬跨，但不让交配，如此反复几次，公兔

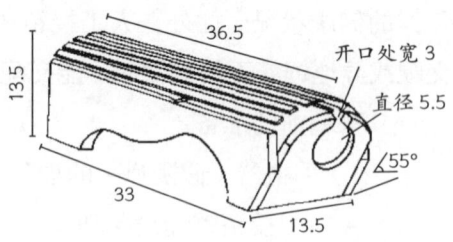

图 5-4　假台兔构造示意图（单位：厘米）

可在采精时爬跨。用假台兔采精时,也可以用此方法。待公兔训练完成后,只要见到假台兔,便会主动爬跨。

(5)配制精液稀释液

采集的精液经特制的稀释液稀释后,才能用于输精。加稀释液的目的是扩大精液量,增加输精母兔只数,提供精子营养从而延长精子存活时间,便于精液保存和运输。家兔常用精液稀释液及其配制方法见表5-3。

表5-3 家兔常用精液稀释液的种类及配制方法

稀释液种类	配制方法
0.9%生理盐水	直接注射生理盐水
5%葡萄糖溶液	无水葡萄糖5克,加蒸馏水100毫升。或直接使用5%葡萄糖溶液
11%蔗糖稀释液	蔗糖11克,加蒸馏水100毫升
葡萄-柠檬酸钠稀释液	葡萄糖4克,柠檬酸钠0.58克,加蒸馏水至100毫升
葡萄糖卵黄稀释液	无水葡萄糖7.5克,新鲜卵黄1~3毫升,青霉素、链霉素各10万国际单位,蒸馏水定容至100毫升
蔗糖乳糖稀释液	蔗糖、乳糖各5克,加蒸馏水至100毫升
蔗糖卵黄稀释液	蔗糖11克,卵黄1~3毫升,青霉素、链霉素各10万国际单位,蒸馏水定容至100毫升

2.家兔采精

目前,兔的采精方法主要有手握假阴道法、按摩法、电刺激法、假台兔采精法等。这里介绍两种操作方便、效果较好的采精方法。

(1)手握假阴道法

采精前,种公兔定期与母兔接触,以提高其性欲。7~10天后,用假阴道调教配种,调教期间,公母兔要隔离调养,采精员要多接触种公兔。采精时,将母兔放入公兔笼内让公兔爬跨,采精人员用左手抓住母兔双耳及颈皮,注意不让其自然交配,大拇指与食指夹住集精瓶,右手将假阴道置于母兔两后肢之间的阴门处,使其与地面呈30°角。握假阴道时,食指最好超过假阴道口,感觉公兔阴茎挺出的方向，手指紧握集精杯以防脱出。待公兔爬跨母兔时，假阴道口对准阴茎伸出的方向，以迎合阴茎伸入假阴道内，射精后公兔会发出"咕咕"的叫声，后肢蜷缩向一侧倒下，表示射精结束，此时应立即将假阴道口朝上，以防精液倒流，放气减压，使精液流入集精杯，然后取下集精杯，对精液进行检查（见图5-5）。公兔对温度很

图5-5　家兔采精示意图

敏感，采精器内胎的温度过高或过低都影响采精效果，并对以后的采精产生不良影响（形成热恶癖，如果温度稍低一点公兔则不射精）。一般来说，一支采精器一次只能采集一只公兔的精液。

（2）假台兔采精法

公兔经过用发情母兔采精训练之后，不论在公兔笼或者采精台上，见到假台兔就能爬跨交配。在日常采精操作中，一般先把假台兔抓到公兔笼内，先让公兔与假台兔调情片刻，以引起性欲。其采精方法和步骤与手握假阴道采精法相同。

在炎热季节，采精在早晨凉爽时较好，严寒季节以在中午前后温暖时为宜。根据公兔的特点，每周以采精2~3次较为合适。采精次数过多时，精子密度小，精液品质下降，影响受胎效果。

（3）家兔精液品质检查

兔精液品质的好坏，对受胎率影响很大，因此，在输精前必须检查精液。采出精液后，立即放在18~25℃的室温中观察。精液品质检查分为外观检查和显微镜检查两项。外观检查主要观察射精量、色泽浑浊度等，显微镜检查主要检测精子活力、密度与畸形率等。

外观检查：正常的精液呈乳白色、不透明、有的略带黄色，多有特殊的腥味，酸碱度（pH为6.8~7.5）呈略偏弱的碱性，公兔每次射精量在0.5~1.5毫升，兔品种不同，射精量会略有不同。此外，肉眼也能见精液中的精子呈云雾

状翻滚，表示精子活力很强，密度大。不正常的精液呈清水样或红色、黄色。黄色有臭味，说明精液中有尿液；红色的说明生殖器官有炎症，出血混杂，清水样的为无精子。

显微镜镜检：显微镜镜检是指用移液器吸取 10 微升精液至经过 37~38℃恒温台或者烘箱预热的载玻片上，轻轻盖上盖玻片，放置于显微镜载物台上，在 100~200 倍下观察。评定精子密度时主要采用估测法，估测法相对简单方便，但估测需要一定经验。估测法直接观察视野中精子的稠密程度，分为"密、中、稀"三个等级。视野中精子之间几乎无间隙，认定为"密"；精子间容纳 1~2 个精子判定为"中"；精子间容纳 2 个以上精子判定为"稀"。输精的精子密度必须达到"中"级以上，才能保证母兔的受胎率。精子活力判断标准是根据精子运动方式的比例进行的。精子运动方式主要为直线运动、旋转运动及左右摇摆运动。在视野中 100% 精子直线运动判定为 1 分，每减少 10 个百分点扣 0.1 分。为保证母兔受胎率，鲜精活力需要达到 0.6 以上，冻精活力需要在 0.3 以上。精子畸形主要指畸形精子所占的比率，畸形的精子主要有双头、双尾、大头、小尾、尾巴卷曲等类型。

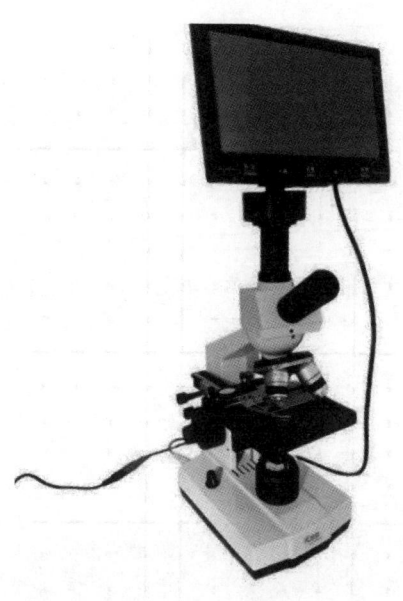

图 5-6　带液晶显示屏显微镜

表 5-4　精液品质鉴定项目、方法及结果判断

项目	方法	正常	异常	备注
精液气味	鼻闻	腥味、无异味	臭味	有臭味精液，废弃
精液颜色	眼观	乳白色或无色	淡黄色 浅红色	黄色是混有尿液，废弃； 红色是混入血液，废弃

续表

项目	方法	正常	异常	备注
pH值	精密试纸或光电比色计	接近中性，pH值6.8~7.5	pH值过大或过小	pH值过大表示公兔生殖道可能患有某种疾病，其精液不可使用。精液中患有尿液，会使精液pH值变为碱性，废弃
精子畸形率	眼观，显微镜下观察	云雾状、蝌蚪状	精子畸形，如双头、双尾、大头、小尾、尾巴卷曲等	畸形精子超过20%，废弃
精子密度	显微镜下观察	密，精子间的空隙小于3个精子	精子间的空隙在3个精子以上	密度1个精子以下为密级；空隙1~2个精子为中级；空隙2~3个精子为稀级；精子间的空隙在3个精子以上的精液应废弃
精子活力	显微镜下观察	精子活力高，精子作直线运动	精子不动或非直线运动	直线运动的精子100%为1分，每减少10个百分点扣0.1分，活力低于0.6分的精液应废弃

3. 家兔精液的稀释、保存与运输

兔一次能射精0.5~2毫升，精液中精子浓度很大，每毫升精子中有2亿~10亿个精子。为了增强精子的生命力、延长精子存活时间、便于保存和运输、更好地发挥优良种公兔的作用，增加配种头数，因此采精后要立即稀释。稀释倍数要根据精子的活力、密度来决定，一般为4~10倍，保证每毫升精液约有1000万活力旺盛的精子即可。稀释精液时应坚持等温稀释、缓慢操作的原则，这样可使精子免受"冷击"（因迅速冷却可引起精子休克），在精液与稀释液温度相同的情况下，将稀释液沿集精杯内壁慢慢加入精液中，混合均匀后作一次活力检查。

精液保存方法，有常温保存法和低温保存法。常温保存法是将采出来的新鲜精液，放到与精子相同温度的器皿里保存。这种方法，精子存活时间只有几小时。低温保存法是把精液保存在冰箱或内放冰块的广口保温瓶中。在0~4℃的情况下保存，存活时间可达45小时，但在降温时应以每分钟降温0.5~1℃为宜，切不可降温过快。精液的保存环境以阴暗、干燥为佳，保存期间的温度应恒定。

鲜精保存时间短，只适宜做短途运输。一般只需要一个保温杯或者恒温运输箱即可满足运输需要。冻精在液氮中可以长期保存，并可以运输到各地，甚至在国际交流。主要需要一个液氮罐，用液氮罐运输冻精时特别注意要将液氮罐固定好，防止液氮罐倾斜，更不能翻倒，否则导致超低温液氮流出造成罐内冻精损失以及运输人员冻伤。

4. 输精

家兔属于刺激排卵动物，在输精前要用切断输精管的公兔交配诱情，以刺激母兔排卵。也可在普通公兔腹部蒙上一块布，让它爬跨母兔，刺激排卵。诱

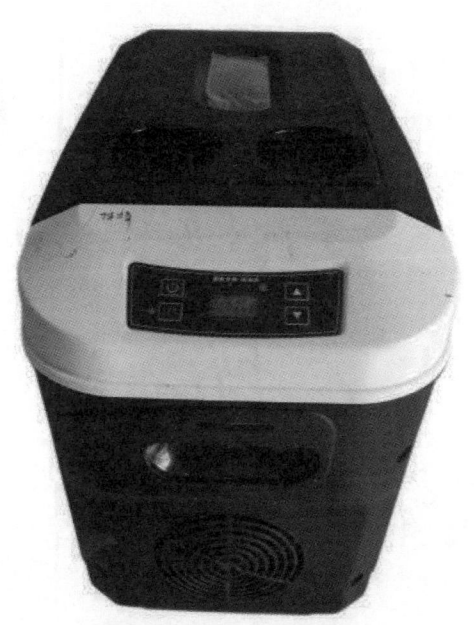

图 5-7　恒温运输箱

情后 3~5 小时输精。一般是当日早饲后输一次精，晚饲前再输一次精。规模化生产时，一般是采用注射促排 3 号（LRH-A3），每只兔 0.5~1 微克，或用人绒毛膜促性腺激素（HCG）50 单位，都可达到促使母兔发情的效果，刺激排卵后应该立即进行输精。输精时，用经过消毒、稀释液冲洗过的输精器吸取精液 0.3~0.5 毫升，左手抓住母兔的背臀部，使臀部略向上，右手翻开阴唇，然后将输精器轻轻插入母兔阴户内，慢慢向背上方旋动，当伸入 6~7 厘米深处时，待越过尿道口后，再将精液输入两子宫颈口附近，使其流入子宫。但也不宜插入过深，否则易造成母兔一侧子宫妊娠（见图 5-8）。输精后，轻轻拍一下母兔屁股，使精液深深地被吸入，防止逆流。在发情期间一般输精 1~2 次，输入的有效精子数在 1000 万 ~3000 万个即可。

输精器插入阴道时较困难，不能硬插，以免伤害母兔生殖道。切忌插入尿道口。输精深度应根据母兔的体型而定。如果过深，有可能插入一侧子宫颈或损伤阴道壁。一般每输精一次要更换一根输精器，以防疾病传染或种兔血缘混杂。

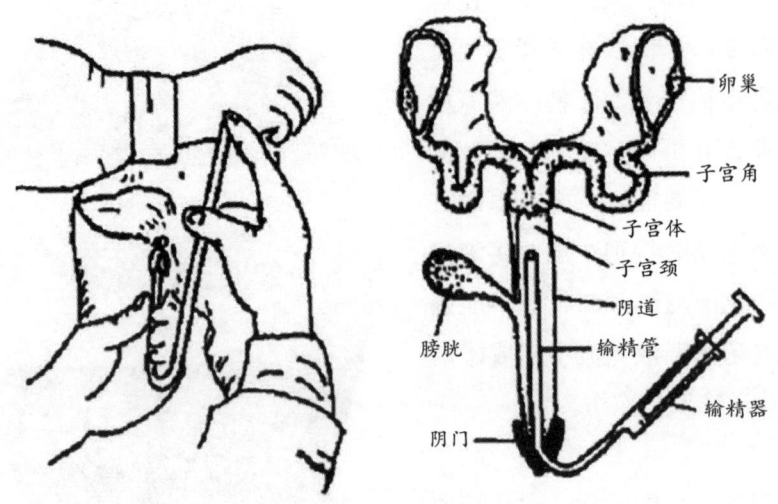

图 5-8 家兔输精示意图

（四）配种制度

为提高家兔的受胎率和产仔率，在家兔生产中常采用下列配种制度。

1. 重复配种

重复配种是指同一只母兔和同一只公兔进行两次交配，两次交配间隔时间 6~8 小时。在正常情况下，公兔与母兔一次交配即可受孕，但有些公兔的精子未到达受精部位便失去受精能力，有些较长时间未配种的公兔精液品质差，只配一次不能确保妊娠。又由于家兔是刺激性排卵动物，第一次交配可刺激母兔排卵，再进行第二次交配，可提高母兔受胎率。

2. 双重配种

双重配种是指母兔连续和两只公兔进行交配，两次交配时间不超过 20~30 分钟。两只公兔先后与同一只母兔交配，不同的精子相互竞争，增加卵子在受精过程中的选择性，可提高母兔的受胎率。在进行双重配种时，应在第一次配种后马上将母兔放回原笼，相隔一段时间，待母兔身上的公兔气味消失后，再与另一只公兔交配，以免因引起争斗致伤。双重配种只能用于商品兔生产，不能用于种兔生产。

3. 频密繁育

血配又称为频密繁育，即母兔产仔1~2天后配种，仔兔21~28日龄断奶。采用血配，母兔每年可繁殖8~10窝。由于采用频密繁殖法，哺乳与妊娠同时进行，所以应选用体质健壮的母兔，并充分满足母兔的营养需要，遇上严寒酷暑应采取保暖和降温措施。采用频密繁殖法，母兔使用年限不超过2年，应注意后备种兔的培育和种兔的更新。

（五）配种注意事项

1. 注意公、母兔比例

公、母兔的比例可以为1：（8~10）。要求公兔的生产性能突出、遗传品质优良、性欲和交配能力强、精液品质好、母兔受胎分娩率高。

2. 控制配种频率

1只体质健壮性欲强的公兔，在一天之内可交配1~2次，并在连续交配2天之后要休息1天。但若遇到母兔发情集中，也可适当增加配种次数或延长交配日数。但不能滥交，应加以控制，以免影响公兔健康和精液品质。

3. 准确鉴定母兔发情，及时配种

在养兔实践中，广大群众根据母兔发情规律、性欲和外阴部的红、肿、湿的变化特点，总结出"粉红早，黑紫迟，大红正当时"的宝贵经验。即在母兔发情最旺盛、外阴部黏膜呈大红时进行配种，便可获得较高的受胎率和产仔率。

4. 配种要在公兔笼中进行

若将公兔放在母兔笼中，公兔因环境的改变，容易影响其性欲活动，甚至不爬跨母兔。

5. 配种时间安排

春秋两季最好安排在上午8~11点，夏季利用早晨和傍晚，冬季选择在比较温暖的中午进行。一般应掌握种兔在配种半小时以后饲喂和饲喂半小时以后再配种，以保证其食欲和消化功能正常。

6. 检查公兔精液质量

自然交配、辅助交配以及人工授精对精液质量有要求，需要对种公兔的精液品质进行质量检验，及时淘汰生产性能低、精液品质不良的公兔。

7. 防止精液倒流

交配成功之后，应在母兔的臀部猛击一掌，使之肌肉紧张，防止精液倒流。经过10~20分钟后，轻稳地用一手抓颈皮，另一只手托臀部，将母兔送回原笼。配种之后如发现母兔排尿，应予以补配。

8. 注意母兔的择偶性

在配种过程中，母兔对公兔有时有强烈选择性，发情母兔在笼中奔跑，逃避公兔，不接受交配。在这种情况下，应当把母兔调换给其他公兔配种。

9. 对长期不发情、拒绝交配母兔，可采用一定的催情法

一种是性诱催情法，将母兔放入公兔笼内，通过追逐、爬跨等刺激后，再送母兔回笼。经过2~3次后就能诱发母兔分泌性激素，促使其发情。一般采取早上催情，傍晚配种。另一种是激素催情法，使用诸如促卵泡素、人绒毛促性腺激素、孕马血清促性腺激素、促排卵3号等外源性激素，按照说明书使用都能取得很好的使用效果。

10. 严格消毒，防止精子损伤和家兔生殖系统感染

家兔人工授精成败的关键是要有品质优良的精液，这除了要求对公兔的严格选择、良好的饲养管理外，还要求严格的消毒和精液的合理稀释与保存。其中，消毒不严格会使精子受到损伤以及生殖道受到感染。所以，整个人工授精过程各个环节必须通过煮沸、蒸汽、干燥或者紫外线等物理方法严格消毒，若采用化学药物消毒时，一定要等其完全挥发后再用生蒸馏水反复冲洗晾干后使用，否则精子受到伤害。

11. 及时填写配种记录

及时填写配种记录，以便安排妊娠诊断时间。

第三节 家兔的妊娠与分娩

一、妊娠与妊娠期

母兔妊娠后,除出现生殖器官的变化外,全身的变化也比较明显。如母兔新陈代谢旺盛,食欲增加,消化能力提高,营养状况得到改善,毛色变得光亮,膘度增加,后期腹围增大,行动变得稳重、谨慎,活动减少等。家兔的妊娠期平均为30~31天;但其妊娠期的长短因品种、年龄、个体营养状况、健康状况、胎儿数量等情况的不同而异,变动范围为27~34天。通常体型大、年龄大、胎儿数少、营养和健康状况好的母兔妊娠期长。妊娠期不足27天为早产,超过34天则为异常妊娠。早产及异常妊娠所产下的胎儿均较难成活。

有时母兔经交配后没有受精,或已经受精,但在附植前后胚胎死亡,将会出现假妊娠现象,即出现类似妊娠母兔的假象,如出现乏情、拒绝公兔配种、食欲增加、乳腺发育、衔草筑窝等。造成假孕现象的外因可能是不育公兔的性刺激,或母兔的子宫炎、阴道炎等;其内因可能是排卵后,由于黄体存在,孕酮分泌,促使乳腺激活,子宫增大,从而出现假妊娠现象。假妊娠一般维持16~18天。结束后配种受胎率很高。在生产实践中,假妊娠现象有时高达20%~30%。假妊娠延长了产仔间隔,会降低种兔的利用率,给养兔生产带来一定的损失。为此,应做好以下几项工作:第一,要养好种公兔,采用重复配种或双重配种法配种,减少母兔因配种刺激后排卵而未能受精的现象。第二,繁殖母兔应单笼,防止母兔相互爬跨,不随意捕捉和抚摸等人为刺激。第三,发现假妊娠母兔可注射前列腺素促使黄体消失,对生殖系统有炎症的病例应及时治疗。第四,母兔假妊娠结束后立即配种,受胎率极高。

假妊娠在一些兔场并不少见,尤其是秋季为高。为减少假妊娠,应根据造成假妊娠的原因而采取相应的预防措施,特别是防止公兔夏季受到高温影响,配种时采用复配或双重配。

二、胚胎发育

母兔经交配或人工授精,卵子和精子在输卵管前端靠近卵巢1/3段处结合成为受精卵,在交配后72~75小时胚胎进入子宫,7~7.5天胚膜与母体子宫黏膜相连,共同形成盘状胚胎。因此,摸胎检查应在配种后第8天以后才能进行,以免发生流产。从组织胚胎学的角度看,母兔的妊娠期分为三个阶段,即1~12天为胚胎期,13~18天为胚前期,19天至分娩为胎儿期。前两个时期以细胞分化为主,胎儿的绝对增重很少,而胎儿期增重迅速,仔兔出生体重的90%是在胎儿期生长的,妊娠后期对营养的需要较多。据研究,在正常排卵情况下,胚胎死亡率约占附植胚胎数的7%。其中,在妊娠8~17天之间死亡者占66%,在17~23天之间死亡者占27%。子宫内胚胎死亡率的高低与妊娠母兔的营养水平和环境有关。配种初期,超常的高营养水平,第九天的胚胎死亡率为44%,而低营养水平,其胚胎死亡率仅18%。妊娠兔生活环境杂乱,如有动物和其他强噪声刺激、经常追赶、捕捉妊娠兔,将明显增加胚胎死亡率。

三、妊娠检查

在配种或人工授精后,及早进行妊娠诊断,对于保胎、减少空怀、增加兔产品和提高繁殖力有重要意义。家兔妊娠诊断方法有多种,常用的有外部观察法、摸胎法,近年来有孕酮放射免疫法、超声检查法和血小板诊断法等。

(一)外部观察法

由于母兔发情周期为8~15天,所以生产中应在配种后8天起观察母兔发情情况,检查是否受胎。母兔妊娠后,食欲增强、采食量增加,行为安静,外阴黏膜苍白、干缩。妊娠后15天起体重明显增加,毛色光亮润泽,腹围增大,十几天后,散养的母兔开始打洞,作产仔准备,这些都可能是妊娠的征兆。

（二）检查性复配

在第一次交配 5~7 天后进行一次复配试验，若母兔拒绝交配，沿笼逃窜，并发出"咕、咕"叫声，说明已经受孕，如果母兔仍乐意交配，就表示没有受孕。但实践中也有个别母兔出现特异情况，受孕母兔乐于交配，未受孕母兔拒绝交配的现象。

复配法不能区分母兔拒配的原因（空怀的未发情兔也往往拒配），有时容易导致妊娠母兔受到刺激而流产。

（三）称重检查法

母兔配种前称重一次，交配后 15 天后再称重一次，如果交配后体重有明显增加，说明已经受孕；如果变化不明显，表示没有受孕，两次称重时间安排在早上未饲喂前进行。

（四）摸胎法

此法较准确，是生产上用得最普遍的方法。一般在交配后 10~12 天即可进行，有经验的人在 8~9 天即能摸胎确定。具体方法是：将母兔提出笼外，左手抓着两耳及颈后皮肤使之安静。右手作"人"字形，沿腹壁后部两旁轻轻摸索。若整个腹部柔软如棉花状，则没有妊娠。若可摸到轻轻滑动的肉球，说明已经受孕。肉球大小根据妊娠天数而异，妊娠 10 天左右，如兔粪粒大小，15 天左右如蛋黄大小，20 天可触到胎儿的头部，25 天后有活动表现（见图 5-9）。

初学者容易把 10 天左右的胚泡与粪球相混淆。其实两者有明显的区别：兔的粪球多为扁椭圆形，表面较粗糙，没有弹性，在腹腔分布面较广，无一定位置，并与直肠宿粪相接；胚胎的位置比较固定，呈球形，多数均匀地排列在母兔腹部后侧，而且多数均匀地排列在腹部后侧两旁，指压时光滑而有弹性，与直肠宿粪球无关。

摸胎应在母兔空腹时进行，操作者要熟悉兔腹腔各脏器的位置，尤其是子宫的位置。检查时不要将母兔提离地面悬空，摸胎动作要轻而缓慢，切忌粗鲁，以免造成流产。在配种后 15~28 天应停止摸胎，以免造成流产。

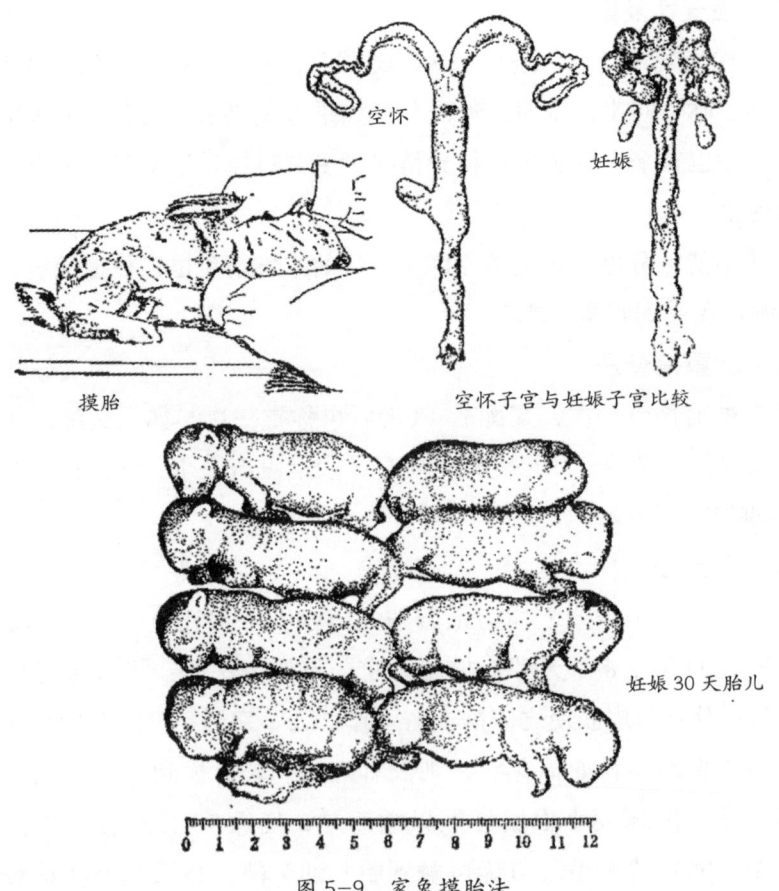

图 5-9 家兔摸胎法

表 5-5 摸胎不同日龄胚泡的特点

妊娠天数	胚泡直径（厘米）	胚泡形状	胚泡质地	胚泡位置
13~15	1.5~2（中小型兔）；2~2.5（大型兔）	圆	弹性强	腹后部
20	3~4	椭圆	弹性变弱	腹中部
30	6~7	长	头体分明	充满腹腔

（五）孕酮水平测定法

孕酮是着床前胚胎存活和维持妊娠的必要激素，在血液、乳汁中均存在。

用放射免疫法测量，初步确定以血孕酮浓度 7 纳克/毫升为妊娠的判断标准，高于 7 纳克/毫升者为妊娠，低于此者为未孕。最早能判断妊娠的时间是配种后第 6 天。此法设备要求高，只适用于大型兔场。

（六）血小板测定法

据资料报道，妊娠以母兔配种前和配种后 48 小时血小板数下降率超过 30% 为判断标准，确诊率为 86%。这是目前一种超早期妊娠诊断方法。

四、母兔不孕的原因及防制措施

实践中常遇到一些母兔交配后而不受孕的情况，给家兔繁殖工作带来一定困难。经综合分析，有如下几方面的影响因素。

（一）生理缺陷

先天性生理上的原因，如阴道狭窄、性激素分泌失调等，都可造成不孕。此类母兔经治疗仍无法痊愈者，应提前淘汰。

（二）营养不良

营养缺乏或营养过剩所致，如母兔过瘦，特别是长期缺乏某些营养物质，如维生素 A、维生素 E 及蛋白质、微量元素等，也将导致不孕。母兔过于肥胖，卵巢表面脂肪沉积，使卵泡发育受阻或使成熟的卵泡不能破裂排卵，过度肥胖造成内脏器官蓄积脂肪，输卵管壁增厚，口径变窄，使精卵结合受阻，造成不孕。对此类情况可加喂青绿饲料，饲喂全价饲料，科学管理，母兔恢复后再进行配种。

（三）公兔精液品质差

因气候、饲料、场地、疾病等影响，可引起公兔精液品质低或无精子。有些公兔长期不用，或交配过频，也会使精液品质下降。经显微镜检查精液品质，精液品质不良的公兔应停止作种用。

（四）管理不当

笼舍场地安排设计不合理，缺乏运动，家兔长期晒不到太阳，舍内空气不流通，氨、硫化氢等异常，气味太大，也会造成公兔精液品质不良；公、母兔长期得不到接触，致使母兔性活动减弱，均可造成不孕。

（五）其他疾病

因管理、卫生、消毒工作跟不上，使母兔患螺旋体病、子宫炎、输卵管炎、卵巢囊肿、阴道炎、梅毒、子宫肿瘤、李氏杆菌病、沙门菌病等，都可造成不孕。采取对症治疗或手术后，能够恢复的，可作繁殖用；如果仍然只配不孕，则应及时淘汰。

五、家兔的分娩与护理

胎儿在母体内发育成熟之后由母体内排出体外的生理过程，叫分娩。产前必须做好接产准备工作，将消毒过的产箱放入母兔笼内，里面放些柔软而干净的垫草，让母兔熟悉环境，防止将仔兔产在箱外。

（一）母兔分娩预兆

分娩前的母兔，会出现生理上和行为上的一系列变化，主要表现为：母兔临产前3~5天，乳房肿胀，可挤出少量白色较浓的乳汁；肷部出现凹陷，尾根和坐骨间韧带松弛，外阴部肿胀出血，黏膜潮红湿润；食欲减退或停食，精神不安；在分娩前1~3天便开始叼草做窝（也有一些初产母兔没有这些行为）；临产前数小时用嘴将胸部乳房周围的毛拉下营巢；分娩前2~4小时频繁出入产箱。

（二）母兔分娩过程及注意事项

分娩前2~3天管理人员可为家兔准备好柔软的、经过消毒后的垫草，任它叼去做窝。初产母兔不会衔草、拉毛营巢者，管理人员可代为铺草、拉毛做窝，以启发母兔营巢做窝的本能。母兔分娩多选择环境安静的夜间，也有的在凌晨或白天分娩。但经过长期培育的现代兔种，白天分娩的比例有逐渐增加的趋势。如果母兔正值白天分娩，可用一条麻袋或草帘盖在母兔的笼子上面，以保持较暗的环境，防止强光直射；并保持环境安静，禁止陌生人围观和大声喧哗，更不能让其他动物闯入。母兔在分娩时，表现精神不安，四足刨地，顿足，弓背努责，排出胎水，最后呈犬卧姿势，仔兔便顺次连同胎衣一齐产出。

母兔边产仔边将仔兔脐带咬断。吃掉胎衣,同时舔干仔兔身上的血迹和黏液。一般每隔1~3分钟产出1只,产完1窝需20~30分钟。但也有个别母兔,呈间歇性产仔,产出部分后便停下来,2小时甚至数小时后再产下一批仔兔。分娩结束后,母兔常会跳出产箱找水喝。因此,需事先准备好清洁的温水或淡盐水、米汤让母兔喝足,以防因口渴一时找不到水喝而吃掉仔兔。母性强的会回到产仔箱内哺乳仔兔。在母兔产完仔兔之后,若发现仔兔过少时,应检查母兔的腹部内是否还有仔兔。如产的仔兔是留作种用,在母兔哺乳前要称窝重和个体重,以作母兔繁殖性能和育种的档案。

母兔在分娩时,应保持环境安静,避免打扰和惊动。如遇惊动,母兔可能会停止分娩,跳出产箱,造成难产或死胎,拒绝哺乳造成初生仔兔得不到哺育而死亡,也给后期管理工作带来不便。

母兔一般都会顺利分娩,不需助产,个别母兔出现异常妊娠时,采取相应措施。如果妊娠期超过31天不产仔,或因种种原因造成产力不足,而不能顺利分娩,可人工催产或用激素催产。用人工催产素(垂体后叶素)注射液,肌注3~4单位,约10分钟便可分娩。如因胎位不正所造成的难产,不能轻易采用激素催产,应先调正胎位后再用激素处理。因胎儿过大等原因造成的难产,如有必要可进行剖宫产手术。

(三)母兔产后护理

母兔产完仔后,会自动跳出产箱,采食、饮水或休息。这时应及时取出产箱,清点仔兔,取出死仔兔,称重记数,并清除箱内污物换上干净垫草,放回母兔拉下的兔毛及仔兔。有条件的可将产仔箱放在能防鼠和保温的产仔室里,让母兔好好休息。另外对母兔要饲喂适口性好、容易消化的饲草,勤观察母兔的吃食、精神及排粪、尿是否正常。多数母兔第一次哺乳在产后1小时内。母性强的母兔一边产仔,一边哺乳。6小时之内仔兔仍未有吃到初乳时,需查明原因,采取相应措施,应进行人工辅助哺乳,如因母兔乳头不够,可进行寄养或人工哺乳;母兔如患有乳房炎症,则要及时治疗。

第四节 提高家兔繁殖率的技术措施

一、影响家兔繁殖力的因素

家兔是一种繁殖力很高的经济动物,但由于种种因素的影响,往往使得家兔的繁殖力不能充分发挥,家兔繁殖力主要受以下因素的影响。

(一)种兔年龄

实践证明,种兔的年龄明显地影响其繁殖性能。1~2岁的公母兔随着年龄的增长,繁殖性能提高,2岁以后,繁殖性能逐渐下降,3年后繁殖能力明显减弱,配怀率低、产仔少、仔兔成活率低,一般不宜再作种用。

(二)遗传因素

公兔的繁殖力决定于精液的数量、质量和性欲、与母畜的交配能力,母兔的繁殖力决定于性成熟的迟早、发情表现的强弱、排卵的多少、发情的次数、卵子的受精能力、哺育仔兔的能力等。所谓好种出好苗,就是要求人们根据生产上的实际需要和社会效益合理选择优良的养殖品种,科学配种用以生产优良后代。因此,遗传因素是改良兔群繁殖力最重要的因素。目前,生产上养殖的兔品种很多,繁殖性能差异较大,与各个品种培育过程及遗传密切相关。比如,德系长毛兔每窝平均产仔6只,新西兰兔每窝产仔7~8只,伊拉配套系父母代母兔,第三胎平均每窝9~11只,繁殖能力高于德系长毛兔和新西兰兔。这是因为伊拉配套系父母代母兔除了杂种优势影响外,与其长期坚持不懈的繁殖性能选育和改进密不可分。

(三)营养水平

营养水平过低或营养不全面,对家兔的繁殖力也有影响。若营养不良,家兔体质减弱,公兔射精量少,精子数少,精子活力差,畸形精子多,精液品质差，母兔则不发情，哺乳母兔的乳汁分泌少。若营养过剩会引起兔体过于肥胖，使公兔性欲减退；过肥的母兔卵巢结缔组织沉积了大量脂肪，影响卵细胞的发育，排卵率降低，造成不孕。所以，公、母兔的营养水平应该适中，尤其在配种期，兔体应掌握在不肥不瘦的体况。长期缺少青绿饲料，缺乏维生素A、E等也会影响繁殖力，尤其是维生素A缺乏时，生殖器官上皮角质化，母兔不容易怀孕或早期流产。缺乏蛋白质、维生素、锌、锰、钙、磷、铜等，会引起生殖功能紊乱，降低繁殖力。

（四）环境温度

温度对家兔繁殖影响极大，家兔的临界温度为5~30℃，适宜温度为15~25℃。环境温度对家兔的繁殖性能影响较为明显。环境温度超过30℃，即引起家兔食欲下降、性欲减低。持续高温可使公兔睾丸产生精子减少，甚至不产生精子或使精子死亡、变形。高温对公兔性欲的影响是较短暂的，但对精液品质的影响要2个月左右的时间才能反映出来。因为精子从产生到成熟和排出需要1~2个月时间。这就是家兔特别是长毛兔、大型肉兔在金秋时节（9~10月）配种难的主要原因。高温对母兔影响亦很明显，高温会使母兔发情周期延长，发情持续期缩短，性欲减退，使妊娠后期的母兔流产。

环境温度低于5℃就会使家兔性欲减退，影响繁殖。致病性微生物往往伴随着温度和湿度对家兔的繁殖产生影响。因为家兔喜干厌湿、喜净厌污，潮湿污秽的环境往往导致病原微生物的滋生，引起肠道病、球虫病、疥癣病的发生，影响家兔健康，从而影响家兔的繁殖。仔兔和断乳幼兔尤其怕冷，往往冻僵、冻死或者生长发育减慢。

（五）疾病

影响家兔繁殖的疾病包括遗传性生理缺陷和生殖系统的常见病。如母兔阴道狭窄，公兔的隐睾和单睾等。隐睾或单睾不能使公兔产生精子，或者产生精子的能力较差，配种不能使母兔受胎或受胎率不高等。又如母兔"难产"后引起阴道炎、子宫炎或子宫留有死胎，子宫肌瘤、公兔睾丸炎都会明显影响母兔的繁殖性能。

（六）光照

母兔每天光照 16 小时发情率和受胎率最高，光照不足则受胎率和产仔率较低；如果光照超过 16 小时种公兔的精子数和睾丸重量也显著下降。

（七）噪声

强烈的噪声、突然的声响能引起家兔死胎或流产，甚至由于惊吓使母兔吞食、咬死仔兔或造成不孕。

（八）使用不当

母兔长期空怀或初配年龄过早过迟，往往产生卵巢功能减退，妊娠困难。公兔长期不配种或繁殖季节使用过度，都会造成性欲减退或配种无效。

二、提高家兔繁殖力的措施

（一）强化种兔的选种，注意种兔群结构合理

严格按选种要求选择符合种用标准的公、母兔作种；要避免近亲交配，科学组对搭配。公母兔应保持适当的比例，一般商品兔场和农户，公母比例为 1∶（8~10），种兔场纯繁以 1∶（5~6）适宜。在配种时要注意公兔的配种强度，合理安排公母兔的配种次数。一般种兔群中老年、壮年、青年兔的比例以 20∶50∶30 为宜。

（二）提供合理的营养

科学的饲养管理是保证肉兔繁殖力的基础。种兔过肥过瘦都不利于繁殖，体况过肥会导致性欲低下，屡配不孕；机体过瘦则发情失常，配种能力差。生产中要根据种兔的品种、年龄、生理状态及生产性能等合理地配合日粮，以满足营养需求。对于营养状况较差的种兔，要进行短期优饲，即在计划配种前 15~20 天开始调整饲料配方，增加含蛋白质高（如鱼粉、豆粕等）的饲料比例，适当地补青绿多汁饲料，如胡萝卜、大麦芽、苜蓿等，如果兔群体况过肥，应提前进行限饲。

公兔饲粮中蛋白质水平应保持在 14%~15%。特别要注意维生素 A、E 及微量元素锌（油饼、糠麸、酵母、动物性饲料及幼嫩植物中含有锌）的供给。空

怀兔和妊娠前期的母兔,以中等营养水平、保持不肥不瘦体况为好,应保证蛋白质和维生素,尤其是维生素 A、E、D 的供给。对于繁殖期的种兔,每千克饲料中维生素 A 应达到 8000 国际单位以上,维生素 E 应在 40 毫克以上。长年提供胡萝卜或大麦芽等富含维生素的青绿饲料,可提高受胎率和产仔数。

(三)科学配种

繁殖用公、母兔体况肥瘦要适中,过肥的公兔性欲降低,过肥的母兔卵泡难以排出,屡配不孕。公、母兔编排笼位时不能距离太远,应使公、母兔双方能经常嗅到异性气味,以达到刺激性欲的目的。配种时应该把发情母兔放到公兔笼中,交配完毕再把母兔送回到母兔笼中;因为在陌生的环境里配种,会影响公兔的性欲,引起公兔拒绝配种。根据资料报道,一天内,中午 12 点配种受胎率最低,只有 50%;傍晚次之;半夜 24 时配种受胎率最高,可达 84%,因此有条件者应在晚上 21~23 时配种。为增加进入母兔生殖道内的有效精子数,可采用重复配种或双重配种,以提高母兔的受胎率和产仔数。一般不宜在盛夏配种繁殖;为减少"夏季不孕"现象对年产仔数的影响,提倡在立秋前 1 个月左右抢配一批兔,立秋后产仔,成活率较高。

(四)促进母兔发情、提高受胎率

在实际生产中遇到有些母兔长期不发情、拒绝交配而影响繁殖。对此,除加强饲养管理外,还可采用激素、诱情等人工催情方法。

1. 异性诱导催情法

将不发情的母兔放入公兔笼内,通过公兔的追逐、爬跨刺激,促使母兔脑下垂体产生卵泡激素,经挑逗 15~20 分钟后送回原笼,过 8~10 小时后,母兔出现发情时即可交配,且容易受胎。一般是早上催情,傍晚交配,也可多次反复进行,每隔 0.5~1 小时把母兔放入公兔笼内 1 次,2~3 小时以后,母兔即可发情而接受交配。

2. 信息催情法

先将公兔从公兔笼内拿出,把不发情或不愿接受交配的母兔与该公兔互相交换笼位,经过一夜,在第二天清晨饲喂前,把母兔放到原来的兔笼内与公兔交配。由于母兔在公兔笼内嗅到公兔的气味，诱发母兔性欲，再经过公兔追逐、爬跨、调情，就能接受交配。

3. 按摩催情法

轻轻抓住母兔抚摸背部，使之安静，然后轻轻按摩阴部，当外阴部出现发情表现时，即可交配。

4. 药物催情法

用 2% 的稀碘酊涂在母兔的外阴部，可以刺激发情。

5. 激素催情法

激素催情用的药物采用静脉注射或肌内注射。①不发情、不愿接受交配或配后不孕的母兔注射绒毛膜促性腺激素，每只肌注 50 国际单位，能诱发排卵（注意连续使用会产生抗体）；垂体促黄体素每千克体重 0.5~0.7 毫克（这两种激素不要长期连续使用，可与其他激素交替使用，以增加预期效果）。②视母兔体重，耳静脉注射促排卵 2 号 5~10 微克/只。③肌注瑞塞脱 0.2 毫克/只，立即配种，受胎率可达 72%。

（五）诱导分娩，解决异常妊娠问题

诱导分娩技术能帮助养殖户使原本夜间分娩母兔提前到白天分娩，挽回母兔因为夜间生产得不到及时护理而造成的产箱外产仔的损失，此外，诱导母兔分娩技术还能解决母兔异常妊娠的问题。目前兔诱导分娩技术分为激素刺激法和生物刺激法两种。

1. 激素刺激法

（1）缩宫素（催产素，OXT）法

缩宫素对母兔分娩具有调控作用：母兔分娩的生理能够刺激母兔乳腺导管肌上皮细胞收缩，导致排乳；刺激子宫平滑肌收缩，引起子宫阵缩增强，迫使胎儿从阴道产出；调节黄体功能，促进黄体溶解，终止妊娠。其具体使用方法为：给妊娠 30 天母兔臀部肌注缩宫素注射液 5 单位。

（2）雌激素 + 缩宫素法

事前用雌激素处理母兔，可以增强子宫对缩宫素的敏感性。具体方法为：在母兔妊娠 28 天，臀部肌注雌激素 0.25~0.35 毫升；到母兔妊娠 30 天相同时间，臀部再肌注缩宫素 5 单位。

（3）氯前列烯醇法

氯前列烯醇是 $PGF_{2\alpha}$ 的类似物，能促使母兔卵巢上的黄体溶解，促进黄体中孕酮的降解或抑制孕酮的合成，进而终止妊娠，并刺激子宫平滑肌强烈收缩从而引发分娩。此外，氯前列烯醇还可以刺激子宫颈松弛开放，有利于母兔子宫进化。具体方法为：每只母兔臀部肌注氯前列烯醇 10~15 微克，可使母兔在 3 小时左右分娩，如果配合使用少量缩宫素，则可使分娩过程更加顺利。

2. 生物刺激法

生理刺激法主要刺激母兔体内催产素的升高，诱导母兔产仔。其具体方法为：首先，拔掉母兔乳头周围 2 厘米的被毛；其次，选择产后 5~8 天的仔兔吮吸母兔 4~6 分钟；然后，将毛巾煮沸后温度降到不烫手，拧干后垫于母兔腹下按摩 1~2 分钟，然后将母兔放入产箱；一般 6~12 分钟母兔即可分娩，母兔分娩后加强对仔兔护理。

（六）创造良好的环境，保持适当的光照强度和光照时间

为种兔提供合适的温度，夏天由于温度较高易引起公兔暂时性不育，因此夏天高温季节时想尽一切办法把兔舍温度降到 30℃ 以下，防止高温引起家兔暂时性的不育。冬春季节，兔舍每 10 米^2 装置 15 瓦电灯 1 只，增加光照时间 2~4 小时，可促使母兔发情，提高受胎率，把光线差的笼位调换到光线好的笼位，或放到运动场上，可增加母兔性腺活动，有利于受胎。做好保胎接产工作，怀孕期间不喂霉烂变质、冰冻和打过农药的饲料，防止惊扰，不让母兔受到惊吓，以免引起流产。

（七）正确采取频密繁殖法

频密繁殖又称"配血窝"或"血配"，即母兔在产仔当天或第二天就配种，泌乳与怀孕同时进行。采用此法，繁殖速度快，但由于哺乳和怀孕同时进行易损坏母兔体况，种兔利用年限缩短，自然淘汰率高，需要良好的饲养管理和营养水平。因此，采用频密繁殖生产商品兔，一定要用优质的饲料满足母兔和仔兔的营养需要，加强饲养管理，对母兔定期称重，一旦发现体重明显减轻时，就应停止血配。在生产中，应根据母兔体况、饲养条件，将频密繁殖、

半频密繁殖（产后7~14天配种）和延期繁殖（断乳后再配种）三种方法交替采用。

（八）及时检查

配种后及时检胎，减少空怀。种兔实行单个笼养，避免"假妊娠"。

第六章
家兔的遗传育种

第一节
家兔主要性状的遗传

不同家兔品种由于体型大小、毛色、耳朵长度和皮毛类型等方面存在差异，其用途也各不相同，可分为实验兔、肉用兔、毛用兔、皮用兔以及宠物兔和观赏兔。家兔的性状分为质量性状和数量性状，两者具有不同的遗传基础和遗传规律。质量性状是指性状的变异可截然区分成若干种相对性状，并可分别以形容词描述，如毛色有白色、黑色、黄色等。兔的质量性状主要包括被毛颜色、被毛形态、外形等。数量性状是指一些能够度量的性状，其遗传基础是微效多基因，这些基因的作用有加性和非加性的，其中基因的加性效应是可以真实遗传的，受环境因素的影响较大。初生重、平均日增重、饲料转化率、屠宰率、产仔数等都是数量性状。数量性状最重要也是最有实用价值的遗传参数是遗传力（h^2），是指在数量性状的表型变异中，遗传效应所占的比例。影响家兔的主要经济性状及遗传因素如下。

一、生长性状

生长是肉兔最为重要的经济性状之一，生长性状大多属于数量性状。生长性状中主要的经济性状是饲料转化率（FCR）。饲料转化率在实际生产中通常采用生长速度来评价。

1. 生长速度

由于家兔品种间大小变化很大，生长速度的遗传变异性也很大。家兔的生长速度可以用两种方法来表示。一种是累积生长，通常用屠宰前的体重表示，一般专门肉用品种兔多采用这种方法，但需注明屠宰日龄，以便于比较。另一种是平均日增重，通常用断奶到屠宰期间的平均日增重来表示。对大型品种兔来讲,生长速度是指 6~13 周龄的平均日增重;对中小型品种兔来讲生长速度是指 4~10 周龄的平均日增重。

2. 饲料转化率

饲料转化率是指从断奶到屠宰前期间每增加 1 千克体重需要消耗的饲料数,具有饲养成本的含义。饲料消耗越少,经济效益越高。家兔的生长速度和饲料转化率的遗传相关系数范围在 –0.5~–0.4,而生长速度和饲料转化率的遗传力相差不大。因此,选择生长速度对提高饲料转化率的效率将低于直接选择饲料转化率。

3. 生长性状的相关基因

鉴定出影响生长性状的候选基因和变异,可用于标记辅助选择,加速肉兔的品种改良。目前鉴定出的影响肉兔生长性能的候选基因有:生长激素受体基因、瘦素基因、胰岛素受体底物 –1、肥胖症易感基因、腓骨肌萎缩症 4H 型、动力相关蛋白 1、成纤维细胞生长因子 10、过氧化物酶增殖受体 γ、过氧化物酶体增殖物激活受体 γ 共激活因子 1α、3– 磷酸肌醇激酶、丝氨酸/苏氨酸激酶亚型、葡糖神经酰胺酶 β 3 等。

二、屠宰性状

1. 胴体重

分为全净膛重和半净膛重两种形式。全净膛重是指家兔屠宰后放血及除去头、皮、尾、前脚(腕关节以下)、后脚(跗关节以下)、内脏和腹脂后的胴体重量。半净膛重是在全净膛重的基础上保留心脏、肝脏、肾脏和腹脂的胴体重量。胴体的称重应在胴体尚未完全冷却之前进行,我国通常采用全净膛的胴体重。

2. 屠宰率

屠宰率是指胴体重占屠宰前活重的百分率。宰前活重是指宰前停食 12 小时以上的活重。屠宰率越高,经济效益越大。良好的肉用兔屠宰率在 55% 以上,胴体净肉率在 82% 以上,脂肪含量低于 3%,后腿比例约占胴体的 1/3。

3. 其他

国外也有对不同胴体部分进行遗传力的评估，常见的有基于 CT 扫描和超声波等技术手段，分析背腰最长肌、平均横截面、肾周脂肪百分比、大腿肌肉体积等指标的遗传力。

4. 屠宰性状的相关基因

屠宰性状是复杂的数量性状，遗传和环境均对其有直接影响。目前报道的影响家兔胴体性状的候选基因有：胰岛素受体底物 –1、瘦素基因、黑素皮质素和肌生长抑制素等。

三、肉质性状

肉质是屠宰后测定的性状，由于肉质受不同代谢途径调控的多个性状的影响，因此肉质的评定也是多方面的。不同品系间的肉质存在遗传差异。

1. 肉质指标

目前，可以估计遗传力的肉质性状有肌肉 pH 值、肌肉肉色（L^*、a^*、b^*）、肌内脂肪（IMF）、剪切力等。pH 值通常测定屠宰后 1 小时和 24 小时肌肉的 pH 值，pH 的遗传力估计为 0.16。肉色值的遗传力目前报道不一致，但低于 0.25 以下。肌内脂肪的遗传力高于 0.40，而且不同类型的脂肪酸具有不同的遗传力。剪切力的遗传力可以达到 0.57。

2. 肉质性状的相关基因

肉质性状是复杂的数量性状，遗传和环境均对其产生影响。目前筛选到影响家兔肉质的候选基因有：瘦素基因、过氧化物酶体增殖物激活受体 γ 共激活因子 1α、肌微管素相关蛋白 2、3- 磷酸甘油脱氢酶 2、谷胱甘肽过氧化物酶 7、3- 羟基丁酸脱氢酶 1、肉碱棕榈酰转移酶 2 等与脂质沉积和代谢相关；生肌因子 5 同不同品种肉质相关；吞噬和细胞运动 1、脂多糖响应米色样锚定蛋白、含多个 C2 和跨膜域 2 同肉兔骨骼肌的增殖和分化相关。

四、繁殖性状

1. 受胎率

母兔一个发情期中配种受胎的百分率，即一个发情期配种受胎母兔数占参加配种母兔数的百分率。受胎率属低遗传力性状，通常用该性状选择公兔，母兔则主要通过淘汰屡配不孕的个体达到选择受胎率的目的。或者将受胎率合并到"年成活断奶仔兔数"这一性状中进行选择，年成活断奶仔兔数包括受胎率、产仔数、泌乳力、成活率和耐频密繁殖性5个性状。

2. 产仔数

包括总产仔数和产活仔数，为低遗传力性状。总产仔数是指母兔的实际产仔数，包括死仔、畸形胎儿等，它在一定程度上体现了母兔产仔的潜在能力。产活仔数是指称量初生窝重时的活仔兔数。一般用第2胎和第3胎产活仔数的平均数来表示母兔产仔数。产仔数与母兔体重之间的相关系数为0.31。这也是母兔适宜的初配年龄往往根据体重而定的原因。产仔数反映的是兔群的繁殖性能，一般来说，一个兔场母兔的产仔数应在7只以上。

3. 断奶仔兔数和仔兔成活率

断奶时存活的仔兔数，包括替其他母兔代养的仔兔数，但不包括寄养的仔兔数。仔兔成活率是指断奶时仔兔数占开始喂乳时仔兔数的百分率，与断奶仔兔数一起评定才有意义。两者都为低遗传力性状，个体选择效果不好，一般不对之进行单独选择，而是综合到"年成活断奶仔兔数"性状中进行选择。

4. 年断奶仔兔数

一只母兔一年内断奶仔兔的总数。其数值的大小既反映母兔的繁殖能力，又反映兔场的饲养管理水平。一般来说，一只母兔年均提供的断奶仔兔数应在30只以上。

5. 年产仔胎数

一个兔群一年所繁殖的总胎数与参加配种母兔数之比。母兔年产仔胎数的多少，与家兔的品种有关，也与兔场的饲养管理水平有很大关系。一般来说，一个兔场年均产仔胎数应在 4.5 胎以上。

6. 窝重

包括初生窝重、21 日龄窝重和断奶窝重。

（1）初生窝重

整窝仔兔出生后在未吮乳之前的体重，用第二胎和第三胎初生窝重的平均数表示，表明仔兔在胚胎期的生长发育情况。母兔的筑巢能力和交配时体重对仔兔的初生窝重有明显影响。

（2）21 日龄窝重

整窝仔兔在出生后 21 日龄时的窝重，又称泌乳力。用来表示母兔的泌乳性能，其遗传力为 0.001~0.31。由于仔兔 21 日龄体重与断奶后的生长速度存在中等程度的相关，它不仅是衡量母兔哺乳性能的指标，也是预测仔兔以后生长速度的指标。

（3）断奶窝重

指整窝仔兔在断奶时的体重，它既反映了断奶时仔兔的存活数，又反映了仔兔在吮乳期内的生长情况。因此，它是母兔哺乳性能总的指标。通常用第二胎和第三胎断奶窝重的平均数来表示，其遗传力为 0.07~0.387。

上述选种指标一般作为母兔选种时的指标。对公兔进行选择时，主要根据精液的品质来评定其繁殖性能，包括精液量、精子密度、精子活力、pH、畸形率等项目，其中主要是精子密度和活力。

7. 繁殖性状相关基因

繁殖性状大多指标的遗传力都较低，因而传统选育效率较低，因此在育种过程中，需要借助标记辅助选择等分子育种的手段，来提高繁殖性状的选育效果。目前发现的同家兔繁殖相关的基因有孕酮受体基因、促卵泡激素亚单位 β 基因、输卵管糖蛋白 1 基因、金属蛋白酶组织抑制剂 1 基因、催乳素受体基因、κ-酪蛋白基因、促卵泡激素受体基因、雌激素受体 1 基因、雌激素受体 2 基因、胰岛素样生长因子、生长激素基因和抑制素亚单位 α 基因。

表 6-1 家兔部分性状的遗传力

性状类别	性状	遗传力
繁殖性状	受胎率	0.05~0.15
	总产仔数	0.054~0.54
	产活仔数	0.02~0.63
	仔兔成活率	0.05~0.15
	初生窝重	0.043~0.37
	21日龄窝重	0.001~0.31
	断奶窝重	0.07~0.387
	筑巢能力	0.24
	乳头数	0.89
生长发育性状	初生个体重	0.17~0.48
	断奶个体重	0.007~0.78
	45日龄体重	0.203
	90日龄体重	0.22
	6月龄体重	0.267~0.66
	8月龄体重	0.055
	6月龄体长	0.38
	8月龄体长	0.427
	8月龄胸围	0.345
育肥性状	4~10日龄平均日增重	0.91
	4~10日龄平均采食量	0.55
	6~9周龄日增重	0.23
	6~12周龄日增重	0.30
	9~12周龄日增重	0.26
	6~9周龄饲料报酬	0.26
	6~12周龄饲料报酬	0.35
	9~12周龄饲料报酬	0.29

续表

性状类别	性状	遗传力
胴体性状	胴体重	0.021~0.61
	屠宰率	0.002~0.70
	屠宰后24小时股二头肌pH	0.16
	达到屠宰体重的年龄	0.60
	腿肉重	0.60
	肌内脂肪	>0.40
	剪切力	0.57
抗病性状	肠炎和肺炎死亡（56日龄）	0.12

五、毛色性状

兔的毛纤维之所以能够表现出多样的颜色，是因为有黑素存在的缘故。黑素可以分为两类：一类称为褐色素，它是圆形的红色色素颗粒；另一类称为常黑色素，它又分为黑色和褐色两种颜色。它们都是由酪氨酸和苯丙氨酸经过一系列氧化酶的作用而形成的。毛纤维中的黑素细胞存在于皮质层中，由于色素的性质、数量、颗粒形状、分布方式以及酶的作用等因素不同，形成了家兔多种多样的毛色，如日本大耳兔是白化类型，青紫蓝兔呈胡麻色，以及德国花巨兔是黑、白花斑的毛色等。目前已经发现有8个系统控制家兔毛色的基因。

（1）A系统：又称刺鼠毛基因系统，有A、a'、a 3个复等位基因。A基因为刺鼠毛基因，其作用是使单根毛纤维上出现分段着色，在毛纤维的基部和梢部颜色较深，中部颜色较浅。这种特殊的毛色类型称为刺鼠毛色型。A基因与其他基因共同作用表现野兔色、青紫蓝色、红色、蛋白石色等毛色。a基因为非刺鼠毛基因，其作用是使整根毛纤维呈现单一颜色，与其他基因共同作用表现黑色、巧克力色、蓝色等毛色。a'基因决定黑色和黄褐色被毛的产生，背部呈黑色或褐色，眼圈褐色，腹部白色，腹部两侧及尾下呈黄褐色。这3个复等位基因的显性顺序是A＞a'＞a。

（2）B系统：又称褐色基因系统，有B和b 2个等位基因。B基因的作用是产生黑色被毛，b基因的作用是产生褐色被毛。如果B基因与A基因组合（A_B_），就会产生黑色—浅黄色—黑色的毛色类型，从表面看，整个被毛呈现略带黄的黑色，我们称为野灰色。如果b基因与A基因组合（A_bb），则产生褐色—黄色—褐色的毛色类型，称为黄褐色。

（3）C系统：又称白化基因群，目前已知有6个等位基因，分别是C、c^{ch3}、c^{ch2}、c^{ch1}、c^H和c基因。该系统中除C基因的作用是使整体的毛色一致成为深色外，其他5个等位基因都不同程度地具有减少色素沉着的作用。C基因为有色毛基因，其作用是出现有色毛，但不能决定出现什么颜色，必须有其他基因的共同作用。C基因几乎与所有的有色毛的遗传有关，只有在C基因存在的情况下，才能出现有色毛。c^{ch}基因为青紫蓝基因，c^{ch3}、c^{ch2}、c^{ch1}基因均产生青紫蓝毛色。其中c^{ch3}基因产生深青紫蓝毛色，c^{ch2}基因产生浅青紫蓝毛色，c^{ch1}基因产生淡青紫蓝毛色。c^H基因是喜马拉雅白化基因，其作用是在白化毛的基础上，在身体的末端部位两耳、鼻尖、四肢下端和尾部出现有色毛，称喜马拉雅毛色或加州色。c基因为白化基因，其作用是限制色素的沉着，纯合时能阻碍一切色素的形成，致使家兔被毛全部表现白色，如日本白兔及新西兰白兔等，都具有纯合的cc基因型。这6个复等位基因的显性顺序为$C > c^{ch3} > c^{ch2} > c^{ch1} > c^H > c$，这种显性顺序在黑色扩散基因E存在的情况下，才表现得明显。

（4）D系统：有2个等位基因D和d，d基因为淡化基因，具有淡化色素的作用，能把黑色淡化为蓝色、褐色淡化为紫丁香色。例如当d基因与a基因纯合时（aadd），就会产生蓝色被毛。当d基因单独存在时，家兔的被毛呈蛋白石色、毛尖部为浓蓝色、中段为金黄褐色，基部为深瓦蓝色，腹部毛色较浅，基部为蓝色、中段为白色或黄褐色，眼睛为蓝色或砖灰色。D基因不具备淡化色素的作用，是d基因的显性等位基因，表型为正常毛色。

（5）E系统：又称黑色素扩散基因系统，有E^D、E^S、E、e^j和e 5个复等位基因。E^D基因的作用是使黑色素扩散，整个被毛呈铁灰色，弗朗德兔的铁灰色变种就携带有E^D基因。E^S基因的作用与E^D基因相似，但作用较弱，产生浅铁灰色被毛。E 基因为黑色素扩散基因，其作用是使黑色素在全身分布、有色毛的家兔多数具有 E 基因。e^j 基因的作用是使黄色被毛和黑色被毛嵌合，形成一条黑带、一条黄带的虎斑型毛色，如海狸青兔。e 基因是黑色素扩散基因的隐性基因，其作用是促进褐色素的形成，纯合时能抑制黑色素的形成和扩散，致使家兔的被毛为红色。

（6）En 系统：又称显性白斑基因系统或英国花斑基因系统，有 2 个等位基因 En 和 en。En 基因为显性白色花斑基因，其作用是限制色素在身体的某些部位出现，因而使携带有 En 基因的家兔被毛出现花斑，即以白色毛为底色，耳、眼圈和鼻部呈黑色，从耳后到尾根的背脊部是一条锯齿状的黑带，体侧散布着对称黑斑。en 基因为 En 基因的隐性等位基因，其作用是使全身被毛出现同一颜色，如蓝色和黑色。En 基因纯合时，只是非常轻微地表现出一些花斑的特征。En 基因杂合时，体表斑的数量增加，背脊部的锯齿状黑带变宽。目前，世界上绝大多数花斑兔如英国花巨兔、德国花巨兔都是杂合基因型 Enen。

（7）Du 系统：又称隐性白斑基因系统或荷兰花斑基因系统，有 Du、du^w、du^d 3 个复等位基因。Du 基因的作用是不产生荷兰兔毛色，使整个被毛呈现单一毛色。du 基因为荷兰花斑基因，有两个不同的基因 du^w 和 du^d，其作用是限制有色毛在身体的某些特定部位出现。荷兰兔的毛色类型就由 du 基因决定的，标准荷兰兔的毛色是鼻梁、前躯、后脚为白色，其他部位为黑色或其他颜色。du 基因与 En 基因相同，花斑的表现必须有 B、C、D、E 等基因的存在。而白色范围的大小由 du^w 和 du^d 基因控制，du^d 基因是将白色毛限制在最小范围，而 du^w 基因是将白色毛扩大到最大范围。由于这个原因，使荷兰兔的毛色变异范围很大，能从全身白色、仅眼眶周围略有黑色渐变为全身黑色、仅前肢末端白色。du 系统这 3 个复等位基因的显性顺序为 Du > du^w，Du > du^d，du^w 和 du^d 基因为不完全显性关系。

（8）v 系统：又称维也纳隐性白基因系统，有 V 和 v 2 个等位基因。v 基因为维也纳隐性白基因，能抑制被毛上出现任何颜色，并且还限制了虹膜前壁的色素，使 v 基因型的个体表现为白毛蓝眼。具有这种基因型的家兔首先是在奥地利的维也纳被发现，故称维也纳白兔。维也纳白兔眼球上蓝色的表现必须有 C 基因的存在，相同情形的还有白色贝韦伦兔和白色波兰兔。V 基因不表现维也纳白兔特点，其作用是决定有色毛的出现，如维也纳天蓝兔。v 系统等位基因的显性顺序为 V＞v。

控制家兔被毛颜色遗传的基因均位于常染色体上，因此，不存在伴性遗传现象。家兔常见毛色的基因型见表 6-2。

表 6-2 不同毛色表型的基因型

毛色表型	基因型长式	基因型短式
野兔色	A_B_C_D_E_	A_
红色	A_B_C_D_ee	A_ee
乳白色	A_B_C_ddE_	A_dd
黑色	aaB_C_D_E_	aa
蓝色	aaddB_C_E_	aadd
巧克力色	aabbC_D_E_	aabb
紫丁香色	aabbddC_E_	aabbdd
白化类型	_cc_	cc
显性白色花斑（黑白花）	aaB_C_D_E_En_	aa En_
隐性白色花斑（黑白花）	aaduduB_C_D_E_	aadudu
花巨兔黑色	aaenenBBCCDDEE	aaenen
花巨兔蓝色	aaddenenBBCCEE	aaddenen
青紫蓝色	A_B_ $c^{ch}c^{ch}$ D_E_	A_ $c^{ch}c^{ch}$
维也纳白兔	_CCvv_	CCvv
喜马拉雅毛色（加州色）	aac^Hc^HB_D_E_	aac^Hc^H

六、抗逆性状

1. 抗病力

已证实有些家兔对人和牛的结核分枝杆菌有强大的抗病力。研究证实,遗传上具有抗性的兔不仅能够抑制所吸入的结核分枝杆菌的生长,而且还具有消灭它们的先天性能力。此外,家兔对黏液性瘤病毒也具有遗传抗性,国外已通过选择培育出对黏液性瘤病毒具有抗性的家兔新品种。抗病力通常是由多基因控制的。近期,发现了酪氨酸激酶2基因是家兔肠炎易感的风险基因,为家兔的抗病育种提供了一个可靠的辅助选择标记。

2. 抗药力

20世纪上半叶,人们发现有部分家兔的血清中含有阿托品酯酶,它能水解阿托品和一些莨菪碱。如有一种叫颠茄的植物含有阿托品和莨菪碱,一般家畜吃了会中毒,而家兔吃了则不会中毒。研究发现,家兔血清中的阿托品酯酶是受常染色体上不完全显性基因As控制,显性纯合体(AsAs)含阿托品酯酶的水平最高,杂合体(Asas)阿托品酯酶的水平降低,而隐性纯合体(asas)的血清中缺少阿托品酯酶。具有As基因的纯合个体或杂合个体在大约1月龄发现这种酶,而且母兔的水平高于公兔。

第二节 家兔的选种

选择是家畜育种中必不可少的重要工作。实质上,选择是将遗传物质重新安排的重要工具,以便在世代的交替更迭中,使群体内的个体更好地适应于特定的目的,例如特定的育种目标,或是对特殊自然环境因素的适应性等。质量性状大多数是由一对或多对非等位基因所控制,对其进行选择相对容易些,而数量性状是许多微效基因所控制,对其进行选择相对较难些,由于在畜禽育种中所选择的经济性状绝大多数是数量性状,因此,本节中侧重于介绍对数量性状的选择。

一、质量性状选择

选择质量性状就是选择控制该质量性状的特定基因型。大多数情况下,控制质量性状不同的基因型个体均有界限分明的表型效应,因此,判别个体基因型的主要依据是其表型分类。控制质量性状的基因可能是一对或多对非等位基因,由于多对非等位基因间的作用方式不同,因此,判别其基因型的方法和难易度有所不同,除了根据现有群体的表型分析和系谱分析外,必要时还需采用测交的方式,以期基因型出现更典型的分离,然后再进一步作统计分析。

二、数量性状选择

(一)单性状选择

1. 个体选择

针对某一性状,按个体表型值进行评定,称为个体选择,又称大群选择。该选择方法简单易行,一般在性状遗传力高、标准差大的情况下使用,选择非常有效。个体选择的准确性直接取决于性状的遗传力。

2. 家系选择

以整个家系的某一性状的平均值作为选择标准,以家系为选择单位进行的选择称为家系选择。家系可以是全同胞家系,也可以是半同胞家系。家系选择法适用于遗传力较低、家系内个体数较多、家系间差异较小的性状。

3. 家系内选择

按一定的选留标准,把每个家系内的个体表型值高的个体选留作种用称为家系内选择。这种方法可以避免将整个家系完全淘汰,使每个家系都保留一定数量的个体作种用,减少或避免发生近亲繁殖。对遗传力较低、家系间差异较大的性状,适宜用家系内选择。

4. 合并选择

合并选择是指结合个体表型值与家系均值进行选择，根据性状遗传力和家系内表型相关，分别给予这两种信息以不同的加权，合并为一个指数，借以对某性状进行选择，该方法优于上面三种方法，因为它采用遗传力来加权，能比较真实地反映遗传上的差异。

（二）多性状选择

在育种工作中，经常需要同时选择几个性状，如产仔数、泌乳力等，有时还要结合生活力或外形性状进行选择。同时选择两个或更多的性状，一般有三种方法。

1. 顺序选择法

把要选择的性状按顺序排列，分期分段，每个时期集中力量选择一个性状，达到目的后再开始选择第二个性状，依次再选择第三、第四个性状。这种方法可以在一个时期内集中选择一个性状，取得较快的选育进展。缺点是按顺序选择的性状较多时，花费的时间较长。当前后两个性状之间呈负相关时，有可能使一个性状的性能提高，而导致另一个性状的性能下降。

2. 独立淘汰法

这种方法的特点是几个性状同时进行选择，对每个性状分别定出一个最低的选留标准，凡是所选的几个性状都达到了最低的中选标准就可以留作种用。其中一项没有达到最低标准者都淘汰。这种方法的优点是可以对要选育的几个性状同时进行选择，比较节省时间，缺点是往往只把几项指标刚刚够格、但并无突出优点的个体选留下来，而把那些只是某个性状没有达到最低标准、其他方面都优秀的个体淘汰掉。而且同时选择的性状越多，中选的个体就越少。

3. 选择指数法

把需要选择的几个性状综合成一个选择指数，然后根据选择指数值的大小进行选种。实际使用时可以根据各性状表型值的高低、遗传力的大小和经济重要性的大小综合成一个指数公式，分别计算每个种兔的综合指数值，最后根据综合指数值的高低选留种兔。对暂时看不出经济意义而又有育种价值的性状，从长远利益考虑,也应当在指数中占有一定的比重。选择指数法选择效果总是不低于其他两种方法,且在多数情况下要优于它们。

三、种用价值评定

种兔的主要价值,不仅在于它本身能生产多少兔产品,更重要的是看它能生产多少品质优良的后代,这里指的就是种兔的种用价值。

鉴定种兔的遗传性能,必须根据其自身性能和亲属的性能进行测定。亲属性能中最重要的是祖先和后裔,还有旁系亲属的生产记录。鉴定种兔的方法很多,根据不同的遗传信息来源,可以用不同的方法评定。

(一)个体鉴定

个体鉴定是根据个体各种性能的表现情况来选择种兔的方法。根据家兔本身的质量性状或数量性状在一个兔群内个体表型值的差异,从兔群中选择优秀个体留作种用、淘汰低劣者,以期使兔群或某一品种的生产性能不断提高。对于性状遗传力较高、能观察和度量的性状,用性能测定往往能取得较好的选择效果。如肉兔主要选择体型外貌、生长发育、日增重、体型性能、饲料转化率等指标。种公兔必须要求品种纯正,健康无病、生长发育良好、体质健壮、性情活泼、睾丸发育良好、匀称,性欲强,生长受阻、单睾、隐睾或行动迟钝、性欲不强者均不能留作种用。种母兔要求乳头数在8个以上,发育匀称。对种母兔选择还要重点选择其繁殖性能和母性,如果连续7次拒绝配种或连续空怀2~3次,连续4胎产活仔数均低于4只的母兔应淘汰、泌乳力不高、母性不好甚至有食仔癖的母兔不能留作种用。应选择受胎率高、产仔多、泌乳力高、仔兔成活率高、母性好的母兔留作种用。

(二)系谱测定

系谱是种兔的家谱,是育种记录的档案材料。系谱测定多在种兔尚未成熟、自身尚无生产成绩、也无后代的有关材料时应用。目的在于通过祖先的性能表现来推测受鉴定兔在这些性能上的遗传基础。现在一般将系谱用作选择断乳仔兔时的参考依据。按照父母代对子代影响最大,其次是祖代、曾祖代的遗传规律，重点考虑2~3代以内的祖先，重点审查父母及其历代祖先有无遗传疾病或遗传缺陷。查看它与其他种兔间有无亲缘关系。在为种兔选配、制定选配计划时，必须查阅系谱档案。

系谱中除了记载该种兔的出生日期、体尺、体重、生长发育、生产成绩以及有无遗传缺陷等资料外，还要记载该种兔的父母和各代祖先的编号、出生日期、生长发育和繁殖性能等资料。一般只记载3~5代就可供种兔鉴定之用。系谱有以下几种形式。

1. 横式系谱

种兔的编号列在系谱的最左端，历代祖先依次列在右边。公兔列在上方，母兔列在下方，各个体的有关资料分别填写在该个体的栏目内（图6-1）。

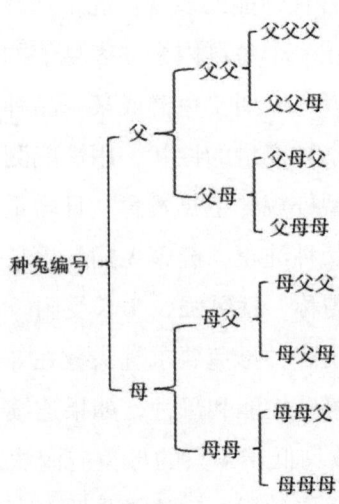

图6-1　家兔的横式系谱

2. 竖式系谱

种兔的编号列在最上面，其下是父母，用罗马数字Ⅰ表示。再向下是祖父母和外祖父母，用罗马数字Ⅱ表示。每一代祖先中的公兔记录在右侧，母兔记录在左侧。正中间的双垂线把整个系谱分成左右两半，左半为母系，右半为父系。

表 6-3 竖式系谱

家兔号								当代
母系				父系				Ⅰ
外祖母		外祖父		祖母		祖父		Ⅱ
外祖母母亲	外祖母父亲	外祖父母亲	外祖父父亲	祖母母亲	祖母父亲	祖父母亲	祖父父亲	Ⅲ

（三）同胞测定

同胞鉴定是根据同胞的性能来选择种兔的一种选种方法。对于某些活体不能度量的性状，如屠宰率、胴体品质等和一些限性性状，如种公兔的产仔数和泌乳性能等，可以采用同胞测定来间接选择种兔。家系分为全同胞家系和半同胞家系两种。同胞测定常用来测验遗传力低的性状，如繁殖力、泌乳力、成活率，但同胞数量要大。同胞数量越大，对该种兔有关性能的估测也越准确，最好提供 5~7 只以上的全同胞数和 30~40 只以上的半同胞数才比较可靠。

（四）后裔测定

根据后代的生产成绩对种兔的种用价值进行评定称为后裔测定。后裔测定主要用于公兔的鉴定。评定种用价值最可靠的依据就是后裔的生产成绩，所以一般情况下，后裔资料估测的育种值的可靠性都超过性能测定和同胞测定。但是后裔测定必须要等到被测种兔的后代有了子代的生产成绩以后方可进行，这就延长了世代间隔。家兔生命周期短，利用年限也短，所以一般都只作性能测定或同胞测定，很少做后裔测定。对于特别珍贵、特别优秀的种兔可以进行后裔测定。

四、种兔选择程序

种兔的系谱鉴定、个体选择、同胞选择和后裔鉴定在育种实践中是相互联系、密不可分的,只有把这几种鉴定方法有机结合起来,按照一定的程序严格进行测定和筛选,才能对种兔作出可靠的评价。

肉用种兔常用的选择程序如下:

(一)断奶阶段

主要根据断奶体重进行选择,选留断奶体重大的幼兔作为后备种兔,因为幼兔的断奶体重对其后的生长速度影响较大($r=0.56$),再结合系谱和同窝同胞在生长发育上的均匀度进行选择。

(二)10~12周龄阶段

着重测定个体重、断奶至测定时的平均日增重和饲料转化率等性状,用此三项指标构成选择指数进行选择,可达到较好的选择效果。

(三)4月龄阶段

根据个体重和体尺大小评定生长发育情况,及时淘汰生长发育不良个体和患病个体。

(四)初配阶段

一般中型品种在5~6月龄、大型品种在6~7月龄。根据体重和体尺的增长以及生殖器官发育的情况选留,淘汰发育不良个体。母兔要侧重外形和体重;公兔必须进行性欲和精液品质检查,严格淘汰生殖性能差的公兔。

(五)1岁以后

1岁左右母兔繁殖3胎后进行,主要鉴定母兔的繁殖性能,淘汰屡配不孕的母兔。根据母兔前3胎受配情况、母性、产(活)仔数、泌乳力、仔兔断奶体重和断奶成活率等,进行综合指数选择。

(六)后裔测定

当种兔的后代已有生产记录时,根据它们后代的品质对种兔进行遗传性能的测定。

第三节 家兔的选配

选配就是有意识、有计划地决定公母兔的配对，以达到培育和利用优良品种的目的。选配是一种非随机的交配，是选种的继续，是育种工作的重要环节。选配主要有表型选配和亲缘选配两种。

一、表型选配

表型选配是根据公、母兔个体品质的表现情况进行的选配，又称为品质选配。它又可分为同型选配和异型选配两种。

（一）同型选配

同型选配是选择性能一致、性状相同的种公、母兔进行交配，也称为同质选配。它的目的在于让这些性状在后代中得到固定。同型选配还有增加种群中相同类型数量的作用。同型选配只适用于优秀家兔个体，而不适用于一般中等品质家兔。

（二）异型选配

异型选配是选择具有不同优良性状或同一性状但优劣程度不一的公、母兔交配，又称为异质选配。其目的在于把公、母兔各自的优良品质在后代中集中起来，或以优改劣，提高后代的生产性能。如用生长发育快的公兔配产仔数高的母兔，或体型大的公兔配体型中等的母兔，以期获得生长速度快、产仔数高的后代或体型较大的后代。异型选配的优点是能综合双亲的优良性状，丰富后代的遗传基础。

在育种工作中，同型选配和异型选配两种方式通常是相结合进行的。

二、亲缘选配

相互有亲缘关系的种兔之间的选配称为近亲选配，简称近交。相互有亲缘关系的个体必定有共同祖先。离共同祖先越近的个体间交配所生后代近交程度越高。交配双方到共同祖先的世代数在6代以内的种兔间的交配，都属近亲选配。近交的主要作用有以下几点。

①固定优良性状。近交的基本效应是使基因纯合，因而可以利用这种方法来固定优良性状。

②暴露有害基因。大多数有害性状都是隐性基因控制的，在近交时，隐性基因趋于纯合的机会增多，因而暴露的机会也增大了，便于识别和及早地淘汰不良个体。

③保持优良个体的血统。当兔群中出现了某些特别优秀的个体，为保持和发展这些优良个体的遗传影响，可采用近交繁殖方式，扩大和巩固优良个体在种群中的影响和作用，使少数优良个体的优良遗传特性迅速扩大为种群的优良特性。

近交会产生近交衰退现象，表现为繁殖力减退，死胎和畸形增多，生活力下降，适应性变差，体质变弱，生长较慢，生产力降低。因此，应用近交要慎重，要控制近交程度。根据育种实践经验，克服近交衰退的措施主要有以下几点。

①严格淘汰。是将那些不合要求的、生产力低、体质衰弱、繁殖力差的近交个体从种兔群中淘汰掉。

②更新血缘。为防止近交的不良影响，往往在近交几代后可以同其他种兔场交换种公兔，但必须选用同品种同类型而又无血缘关系的种兔进入种群参与交配繁殖，以免引起品种混杂，抵消近交选育的成绩。

③做好选配计划。兔群中适当增加种公兔的数量，可避免过分强烈的近交，研究显示，近交系数每世代维持3%~4%的近交率，不致出现明显的不良后果。

④加强管理。近交个体遗传性比较稳定，种用价值较高，但生活力较差，

对饲养管理条件要求较高。只有加强饲养管理，可以增强近交个体的耐受力，缓解近交的不良后果出现。

第四节 家兔的保种繁育

一、品种资源的保存

一个品种或品系就是一个基因库。如果一个兔群内所包含的个体数量较少，即使是没有遗传漂变、没有选择的影响（但配种繁殖中不可避免地要发生近亲繁殖），种群的基因频率也会发生改变，品种可能出现退化。

品种资源的保存即对原种进行保护。从育种观点来看，原种通常指的是原产地的品种或者是从原产地引进的未经杂交的兔群。例如从原产地引入的加利福尼亚兔、新西兰白兔等。原种就是用来育种的原始材料，即开始时的基础群，所以原种不一定是纯种。

（一）保种标准

公认的保种标准有以下三点：①保种兔群中，近交系数不上升或缓慢上升；②性状遗传力保持稳定；③兔群的优良性能不下降。

（二）群体有效含量

兔群应当保持合理的数量。合理数量是指群体的有效含量。有效含量是指保种群中，因为近亲繁殖的影响，实有个体数相当于近交程度折合成的有效个体数。

（三）留种方式

保种效果除了受种群有效含量的影响外，还要受到留种方式的影响。同样的群体有效含量，由于产生种群的留种方式不同，保种效果也不一样。所谓留种方式，就是指下一代的种兔以怎样的方式从上一代种兔中产生。一般常用的留种方式有两种。

1. 合并随机留种

在保种兔群中，组成下一代种群的公母头数不一定相等，而且随机地来自上一代兔群。上一代个体的繁殖力和生存率的差异，使得亲代对下一代的遗传贡献不一样，使得有效含量降低。

2. 按相同比例留种

如果组成下一代种兔群的公母头数不相等，只要各家系提供给下一代种群的公母头数按相同比例留种，各家系给下一代种群的遗传贡献量的差异就可消除，使群体有效含量增高。

（四）保种措施

划定良种基地，防止品种混杂。建立核心保种群。采用各家系等比例留种，提高群体有效含量。做好选配工作，防止近交。

二、新品种（系）繁育

（一）纯种繁育

一个品种不与外来品种杂交，只在本品种内自群繁育，通过选种和选配或者采用品系繁育，改善培育条件等措施，以保持和提高品种的生产性能，这种方法就称为本品种繁育。纯种繁育的目的在于保留和提高品种的优良特性，使已经具有一定优良性状的群体遗传性更为稳定，性能更加提高，防止优良品种退化，并在杂交利用上发挥作用。

纯种繁育主要用来增加良种数量，保护地方品种，育成新品种和对新引入品种的风土驯化。纯种繁育的措施如下：

1. 建立选育核心群

首先要保持一定数量的基础群，在对基础群进行性能测定的基础上，组成核心群、生产群和淘汰群。核心群由个体品质最好、遗传性能优良的种兔所组成。核心群的年龄结构要合理，保证成年兔在核心群中的比例，同时要强调世代更新，每年从后备兔中选择一些品质优良的种兔加以补充。每年大约淘汰更新30%的种兔。核心群要承担向生产群提供后备种兔的任务，带动并完成整个兔群的改良。生产群由鉴定合格的种兔组成，鉴定不合格的种兔列入淘汰群，不能用来繁殖。

2. 健全性能测定制度

纯种繁育时应建立性能测定制度，根据性能测定成绩严格选种，以保持和提高兔群的优良性状。

3. 开展品系繁育

品系繁育是纯种繁育的一种形式，是迅速提高品种质量的有效方法。一个品种内的品系越多，品种的内部结构就越丰富。品系繁育增加了品种的变异性，使品种有不断改进与提高的潜力。

4. 做好引进外来品种的保种和风土驯化工作

划定良种基地，防止品种混杂；建立核心保种群；采用各家系等比例留种，提高群体有效含量；做好选配工作，防止近交。并通过一定的育种手段，将其分成若干类群，采用同质选配的办法，建立多个各具突出特点的类群，使之适应当地气候环境条件和饲养条件。

5. 引入同种异血种兔进行血缘更新

为了避免长期纯种繁育导致的种质退化现象，种兔场定期引入同品种无血缘关系的种兔进行血液更新，以改善兔群的品质。

（二）杂交育种

杂交育种是遗传性不同的组群、不同的品种或品系间的个体交配。由于不同品种具有各自的遗传基础，通过杂交、基因重组，可将各亲本的优良基因集中在一起，也有可能会产生杂种优势。杂种优势是指不同组群、不同品种间的个体交配所生的后代，在一般情况下，生产性能都超过双亲的平均值。

1. 杂交育种阶段

可分为三个阶段：杂交阶段、自群繁育阶段、建立品种整体结构和扩群推广阶段。

（1）杂交阶段

根据新品种的培育目标，确定参加杂交的具体品种，并且根据在新品种中应含有各个品种的血缘比重以及育种中的其他一些具体情况,确定杂交方式。在这一阶段要注意以下几点:①选择优良的个体参加品种杂交,使新品种的品质符合预定的要求;②在杂交阶段中,必须避免使用亲缘交配,以免将来为了巩固性状而需要采用亲缘交配时,增加近交衰退的可能性;③各品种选择一些没有亲缘关系或亲缘关系远的个体,分组进行品种间的杂交,这些杂交组合为以后建立品系奠定基础。

(2)自群繁育阶段

选择合乎理想类型的杂种相互交配,目的在巩固它们的优良性状,因此这时需要采用同型选配和亲缘选配。这一阶段需要注意以下几点:

①对自群繁育的代数无严格限定,以杂种是否达到理想类型为准则,如果在杂种二代和三代中有达到理想型的个体,也可以选择杂种二代和杂种三代自群繁育,目的是在兔群中固定预期的性状,增加优良的个体。

②当出现不完全符合理想型的个体时,可以用理想型的杂种进行异质选配来改良,而对于性能太差的则必须淘汰。

③为更好巩固性状,以及避免在兔群内被迫采用亲缘交配,在这一阶段应该开始建立品系。

(3)建立品种整体结构和扩群推广阶段

将以前所建立的品系之间相互交配,这样既促使新品种的同质性,又可以在此基础上形成新的更优良的品系。与此同时,通过向有关地区推广种兔,以便迅速增加数量。根据家兔新品种、配套系审定标准的规定,每个新品种的种群不少于2000只,核心群母兔不少于350只,生产群母兔不少于3000只。

2. 杂交效果的估计

做配合力测定之前,可以预先根据品种来源和品种的生产性能来分析,对希望不大的组合可以不必再做杂交试验,以减小配合力测定的工作量。一般来讲,分布地区较远、来源差别较大、类型特征不同的个体间杂交,可望获得较明显的杂种优势;长期自群繁育与外界隔离的,或长期闭锁繁育的兔群基因型较纯,同其他种群之间的基因频率差异较大,杂交后代可以表现出明显的杂种优势;性状遗传力较低、近交时衰退严重的性状,杂交时杂种优势比较明显。

也可以利用分子、生化或者数量性状间的遗传距离，对不同家兔品种间杂种优势作出初步的预估。品种间的遗传距离越大，越有可能表现出明显的杂种优势。

3. 配合力测定

按基因的遗传效应，可把配合力分为一般配合力和特殊配合力。性状的一般配合力是指一个品种兔群与其他各个品种杂交时所能获得的平均值。一般配合力反映的是遗传基因的加性效应，主要依靠纯种繁育的方法提高。特殊配合力是指两个特定的品种兔群杂交所获得的超过一般配合力的部分。特殊配合力的遗传基础是遗传基因的非加性效应，用杂种组的平均值与两个亲本组的平均值的差来表示。特殊配合力的提高主要依靠配合力测定，通过筛选出最佳组合来推广应用。

为了便于理解，我们举例来说明一般配合力和特殊配合力的概念及计算方法。设A、B、C…为品种或品系，（A×B）、（A×D）、（A×C）…为杂种成绩；A^2、B^2、C^2…为纯种组成绩。

表6-4　配合力测定杂交组合

杂交亲本		母本品种（系）			
		A	B	C	D
父本品种（系）	A	A^2	(A×B)	(A×C)	(A×D)
	B	(B×A)	B^2	(B×C)	(B×D)
	C	(C×A)	(C×B)	C^2	(C×D)
	D	(D×A)	(D×B)	(D×C)	D^2

4. 杂交方式

杂种优势利用中常用的杂交方式有二元杂交、三元杂交、轮回杂交、级进杂交等。

（1）二元杂交

即利用两个家兔品种（系）进行杂交生产商品兔。简单杂交方法简单易行，是应用较为广泛的一种杂交方式，特别适合广大养兔户和商品兔场。在生产实践中又分为两种类型，一种是用于杂交的父本和母本都是引进的优良品种（系），另一种是用引进品种（系）的公兔与我国地方品种（系）的母兔杂交。

（2）三元杂交

用3个或3个以上家兔品种（系）杂交来生产商品兔的一种杂交方法。三元杂交通常是两个家兔品种（系）的杂种一代和第三个家兔品种（系）杂交。杂交产生的杂种后代能兼备几个品种的特点，使它的利用价值更高，因此一般三品种杂交的效果优于两品种杂交。

（3）轮回杂交

是两个或更多个家兔品种轮番杂交，以便充分利用在每代杂种后代中继续保持的杂种优势。杂种公兔供经济利用，杂种母兔继续繁殖，将杂种母兔交替与原来亲本品种杂交，始终使杂种母兔的基因型保持一定程度的杂合度。轮回杂交常用的是两品种轮回杂交和三品种轮回杂交。

（4）级进杂交

两个品种或品系杂交所得杂种后代，逐代与其中一个品种（改良者）的不同个体回交，最后得到的兔群与改良者的生产性能、外貌特征基本一致。由于逐代级进，改良者的血缘比例增大，所以性能可达到较高的水平。这种杂交方法通常用来改造低产品种。杂交时不应盲目地追求级进代数越高越好，级进代数过高，有时反而会使杂种的品质下降，一般最多杂交到3~5代时，就能迅速而有效地改造低产品种。

三、品系培育

品系是一个有独特的优点、彼此有一定亲缘关系、在遗传上有较强的相似性、在育种上有较高的种用价值的种兔群。一个品种往往由若干个不同的品系组成。每个品系都有独特的优点和特征，并以此特征与其他品系相区别。品系在良种选育中具有重大的意义，通过具有不同优良性状的品系间杂交，就有可能在后代中集中这些优良特性，从而保持和提高了本品种的品质。品系大体可以分为4类。

（一）系祖品系

来源于同一头系祖，并且具有与系祖相似的外貌特征和生产性能的畜群。系祖品系采用系祖建系法建系，首先要在兔群中找出表型和遗传性能优良的种公兔，作为创造品系的系祖。然后选择没有亲缘关系、具有共同特点、表型相似的优良母兔 5~10 只与之交配，从其后代中选择性能突出的公兔作为系祖的继承者，而后采用中等程度的亲缘交配。系祖品系的特点是性能突出，遗传性较稳定，群体数量少，形成较快，系内近交程度较高。缺点是寿命不长，系祖和系祖的继承者难以寻找和培育。我国现有的许多地方优良品种都可以通过这种方法进行选育与提高。

（二）近交系

近交系是指通过连续近交形成的品系，其群体的平均近交系数一般在 37.5% 以上。近交建系法是选择遗传基础丰富、品质优良的种兔组建基础群，基础群的公兔数不宜过多，公兔之间力求是同质的并有一定的亲缘关系。母兔数越多越好，且应来自经生产性能测定的同一家系。基础群建立之后，通过高度近交，如亲子、全同胞、半同胞交配，使优秀性状的基因迅速纯合，以达到建系目的。近交系的特点是近交程度较高，群体较小，品系育成快，纯度高。缺点是生活力差，抗病力较弱，系群寿命不长，培育的成本费用较高。

（三）群系

群系是指由群体继代选育法建立起来的多系祖品系。首先选择基础群，根据生产性能、体质外貌、血统来源等进行严格的选种选配，基础群内必须有一定数量的公、母兔，其中公兔不少于 10 只，并且要求它们之间没有亲缘关系，母兔数与公兔数则保持在（5~10）：1 为宜。群体进行闭锁繁育，在它们的后代中选出同样数量的性能优良的公、母兔，组成新的基础群，即更换一个世代。如此进行世代更替，直到培育出符合预定目标的兔群。群体品系的优点是建系速度快，一般闭锁选育 5 个世代就可育成一个新品系，系群较大，可以容纳较多的优良基因。缺点是有时选种不够准确或者基础群组建不好，导致品系性能平平。

(四)专门化品系

专门化品系是指具有某方面突出优点、并专门用于某一配套系杂交的品系。通常由两个、三个或更多个的品系为组而出现，每个品系具有1~2个突出的经济性状，而其他性状保持在一般水平，它们之间配套杂交获得高产而且产品一致的后代，并能适应工厂化饲养。专门化品系解决了把许多优良性状集中于一个品种或品系的培育难度。专门化品系一般分为父本品系和母本品系，对于肉用兔品种来讲，父系的培育主要集中选育生长速度、饲料消耗比、产肉率和胴体品质等经济性状；母系则集中选育产仔数、泌乳力和哺育力等繁殖性能方面的性状。

专门化品系的培育基本采用性能建系的方法，主要有近交法、合成法和循环选种法。近交法是采用高度近交的方法培育专门化品系，近交系数在0.375以上。合成法是采用多个家兔品种来合成一个专门化品系的方法。循环选种法是一种利用杂交培育专门化品系的方法。首先选择建系素材，建系素材可以是同一品种，也可以是不同的品种，还可以是合成品系。对于肉用品种兔来讲，建系的父本必须是产肉性能好的品种或品系，母本必须是母性性状好的品种或品系。然后通过杂交进行选种，以提高拟选性状的水平。最后各系所选留的优秀公兔回到本系内进行闭锁繁育，然后再进行杂交选种。如此杂交—选种—闭锁繁育循环进行，几个世代后，便可以得到一个拟选性状加强且配合力好的配套系。

四、家兔的繁育体系

我国肉兔产业正在向集约化、规模化方向发展，为了适应兔业生产现代化的需要，必须建立一套完整的繁育体系。要对各个兔场有合理的分工，使家兔繁育工作有条不紊地开展起来。根据育种工作的性质和任务，可将兔场分为以下三类。

(一)育种兔场

育种兔场的任务是：①负责引进种兔，并对它们进行良种繁育和本品种选育，提高它们的品质；②负责新品种培育或品种改良；③进行杂交组合试验，提出适合本区域的经济杂交方法和参加杂交的亲本品种；④向繁殖场供应种兔。

（二）繁殖兔场

繁殖场的任务是从育种兔场引进种兔，进行扩大繁殖，以供给商品兔场和个体养殖户饲养。有条件的地、市可以设一级繁殖场和二级繁殖场。一级繁殖场进行纯繁，以提供纯种，为二级繁殖场提供经杂交组合试验的配套系亲本。二级繁殖场主要任务是利用杂交亲本进行杂交扩繁，为商品场提供大量的商品兔。

（三）商品场

商品场的任务是进行商品生产及生产品的初加工。商品场或养殖专业户接受繁殖场提供的父母本，进行杂交生产商品兔，大力开展杂种优势利用，提高商品生产率。商品场一律不采用近亲繁殖。

第五节　家兔育种记录

一、编号

种兔的编号是一项重要的育种工作。为了准确地对种兔进行鉴定与比较，选优淘劣，每个个体必须有确切的谱系资料和生产性能等记录资料。耳号编制的内容目前尚无统一规定，但应尽量体现种兔较多的信息，如品种或品系、家系、性别及个体号等。表示种兔品种或品系的号码一般放在耳号的第一位。性别有两种表示方法：一种是双耳表示法，通常公兔将耳号打在左耳上，母兔打在右耳上；另一种是单双号表示法，通常公兔为单号，母兔为双号。个体号一般以出生的顺序编排。兔的耳号一般用 4~6 位数字或字母表示。如果所反映的信息更多，一个耳朵不能全部表示出来，也可采用双耳双号法。种兔的编号应结合兔场的性质、育种要求统一设计，不要轻易变更。

二、个体标识

借助一定的工具将编排好的号码标识于种兔的耳内侧部或身体其他部位，个体标识通常在仔兔断奶时进行。刺号应在仔兔断奶时进行，常用的标识方法有耳标法、耳号钳法和电子标签法。

1. 耳标法

断奶时用专门的耳标钳将耳标固定在耳朵中部无血管处。常见的有塑料耳标、金属耳标等，编号内容可事先激光印制，或用记号笔书写。

2. 耳号钳法

将欲打的号码按先后顺序排入耳号钳的槽内并固定好，用酒精将兔耳内侧消毒，然后适度用力钳压，使号码针尖刺透表皮，刺入真皮，再涂上墨。刺号数日后耳壳上即留下蓝黑色永不褪色的标记。

3. 电子标签法

由注射家兔皮下的电子芯片、种兔卡或兔笼位条形码、相应的阅读器和计算机软件系统组成。

三、育种记录

最基本的育种记录有个体记录、种兔记录、生长发育记录和生产性能记录。生长发育记录主要是家兔不同生长阶段的体重和体尺。体重的测定应在早晨饲喂前空腹状态时进行，以免采食对体重造成误差。连称2天，取其平均数。一般应称取初生重、断奶重、3月龄重、6月龄重和1岁时的体重。

体尺测量作为一般的选种测定项目时，通常只需测量体长和胸围，必要时加测耳长和耳宽。体长是指从鼻端到尾根的直线长度。测量时家兔平卧，让其背腰自然伸直，用直尺直接测量。胸围是指肩胛后缘围绕胸廓一周的长度，用卷尺测量。测量时应松紧适度，不可过松或过紧。耳长是指从耳根到耳尖的直线长度，耳宽是耳朵最宽处的距离，通常也作为品种特征测量。体尺测量一般从3月龄开始，以后每次称重时都应进行体尺测量。

第七章
家兔营养与饲料资源

第一节 家兔的营养需要

一、营养需要

家兔的营养需要是指家兔在维持生命活动及生产过程中,对能量及各种营养物质(包括蛋白质、氨基酸、纤维、脂肪、矿物质、维生素和水等)的需要量,即一般每日每只家兔需要这些营养物质的绝对量,或每千克日粮(自然状态或风干物质或干物质)中这些营养物质的相对量。研究家兔的营养需要是制定家兔饲养标准、科学设计饲料配方以及针对性地制定饲养方案的重要依据。

二、能量需要

能量是一切生命活动的基础,是家兔最重要的营养要素之一,主要来源于饲料中碳水化合物、脂肪和蛋白质三大有机物在体内进行的生物氧化。碳水化合物中的无氮浸出物是动物主要的能量来源,饲料中的脂肪和脂肪酸、蛋白质和氨基酸在体内代谢也可以提供能量。消化能是目前国内外最为常用的有效能衡量单位。

(一)家兔的能量需要

家兔能量的利用分为维持和生产两个部分。

生长兔用于维持的消化能需要量大概为每天每千克代谢体重0.38~0.55兆焦,因家兔品种和测定方法不同而有差异;成年家兔用于维持的消化能需要量为每天0.40兆焦;妊娠母兔用于维持的消化能需要量为每天每千克代谢体重0.35~0.45兆焦;泌乳母兔用于维持的消化能需要量为每天每千克代谢体重0.41~0.50兆焦。

家兔生产的能量需要又分为生长能量需要、妊娠和哺乳的能量需要、产毛的能量需要等。在实际生产中,家兔在日粮营养平衡条件下,日粮能量水平不同，可在一定范围内通过调节采食量，以满足自身的能量需要。据测定，生长兔和种用兔每千克代谢体重需消化能 0.92~1.00 兆焦，泌乳母兔需 1.26 兆焦，泌乳高峰期需 1.51 兆焦。为保证家兔的能量需要水平，每千克配合饲料含消化能应在 9.21~13.81 兆焦范围内。

（二）家兔能量需要量的影响因素

家兔的能量需要主要受品种、性别年龄、生理阶段、营养状况、日粮构成以及环境等因素的影响。如：皮用兔、肉用兔的消化能需要量为 10.45 兆焦／千克，毛用兔的消化能需要量为 9.8~10.04 兆焦／千克；成年公兔每千克代谢体重的基础代谢能量需要量为 0.237 兆焦，母兔为 0.209 兆焦；日粮的粗纤维水平影响能量需要量，粗纤维水平适中，能量消化率高，能量利用率就高。当日粮的纤维水平过高影响饲料消化时，能量利用率降低；健康的成年家兔，生长繁殖期的最适温度为 15~25℃，过热或过冷均需要额外的能量消耗。

（三）饲料中的能量水平与家兔生产

日粮能量水平在一定范围内变化时，家兔能够通过调节采食量，以获得所需要的能量。但当能量水平过高或过低，超出采食量的调节范围时会对家兔生产造成不利影响。

当日粮能量水平过低，通过增加采食量也无法弥补时，家兔会分解体脂、体蛋白作为能源，导致幼兔生长缓慢，体弱多病；生长兔消瘦；母兔发情症状不明显，屡配不孕；哺乳母兔泌乳力降低，泌乳高峰期缩短；种公兔性欲降低，配种能力差。严重时会因体脂分解多导致酮血症，体蛋白分解导致毒血症，甚至死亡。

日粮能量水平稍有过高时，家兔脂肪沉积增加，但家兔采食量减少，摄取的蛋白质和其他营养物质不能满足生长、繁殖或生产的最佳需要，家兔达不到最佳生产状态，遗传潜力受限；当日粮能量水平严重过量，会因谷物饲料比例过大，增加大肠的负担，出现异常发酵，引起消化紊乱，甚至诱发消化道疾病；同时饲料采食严重减少，以致严重缺乏蛋白质、氨基酸、矿物质、维生素，而诱发妊娠毒血症、乳房炎等疾病，种兔繁殖性能受损，出现受胎率低、产仔数少、死胎等现象。

三、蛋白质及氨基酸需要

（一）蛋白质需要

蛋白质是一切生命的物质基础，是构成家兔机体的主要成分，兔体的各种组织器官如内脏、血液、肌肉、皮毛、神经、骨骼、某些激素以及全部生物活性酶等均主要由蛋白质构成。在兔体内除水分外，蛋白质是含量最高的物质，成年家兔体内约含18%的蛋白质，以脱脂干物质计，其粗蛋白质含量为80%。

家兔蛋白质的维持需要量：生长兔每天每千克代谢体重消化蛋白质估计为2.9克。泌乳母兔和泌乳又妊娠母兔每天每千克代谢体重蛋白质分别约为3.73克和3.76~3.80克；家兔用于生产的蛋白质需要量为：生长兔、哺乳母兔风干日粮中含粗蛋白16%~18%；生产、妊娠母兔风干日粮含粗蛋白质14%~16%。

（二）氨基酸需要

氨基酸是蛋白质的构成单位，组成蛋白质的20多种氨基酸中有11种氨基酸在家兔体内不能合成，或合成数量不能满足正常需要，需要从饲料中摄取，这类氨基酸称为必需氨基酸，主要为蛋氨酸、赖氨酸、色氨酸、苯丙氨酸、亮氨酸、异亮氨酸、缬氨酸、苏氨酸、组氨酸、精氨酸和甘氨酸（快速生长所需），其中，蛋氨酸、赖氨酸、精氨酸是限制性氨基酸。此外，不同生产目的的家兔对必需氨基酸的需求量不一样，毛兔饲粮中含硫氨酸和精氨酸比例较高，胱氨酸、蛋氨酸、精氨酸对毛兔来说是必需的。

家兔饲粮中最重要的限制性氨基酸是蛋氨酸和胱氨酸以及赖氨酸，随后是苏氨酸。生长兔和非繁殖母兔，饲粮中含硫氨基酸应高于0.54%，繁殖母兔应高于0.63%；繁殖母兔赖氨酸的推荐含量为0.68%，泌乳母兔为0.76%~0.95%；泌乳高峰期母兔苏氨酸水平应高于0.58%。

蛋白质品质的高低取决于组成蛋白质的氨基酸的种类和数量。当蛋白质所含的必需氨基酸和非必需氨基酸的种类、含量以及必需氨基酸之间、必需氨基酸与非必需氨基酸之间比例与家兔所需要的相吻合时，该蛋白质称为理想蛋白质，其本质是氨基酸间的最佳平衡。氨基酸平衡的理想蛋白质能最大限度地被

利用，一般用含粗蛋白质 18% 的颗粒饲料饲喂成年兔，如果氨基酸成分较为平衡，蛋白质水平可以下降到 16%。

（三）饲料中的蛋白质水平与家兔生产

蛋白质是家兔体内重要的营养物质，在家兔体内发挥着其他营养物质不可替代的营养作用。当饲料中的蛋白质数量和质量适当时，可改善日粮的适口性增加采食量，提高蛋白质的利用率。

当蛋白质不足或质量差时，消化道酶减少，影响整个日粮的消化和利用，蛋白质合成障碍，血红蛋白和免疫抗体合成减少，造成贫血，抗病力下降，严重者破坏生殖功能。生产中的突出表现是幼兔生长缓慢，甚至停滞，体弱多病，死亡率高；母兔发情异常，受胎率低，弱胎和死胎率高；哺乳母兔泌乳力降低，仔兔营养不良，死亡率高；种公兔性欲减退，精液品质下降。当蛋白质供应过剩和氨基酸比例不平衡时，除了造成浪费，增加饲养成本，蛋白质会在胃肠道内引起细菌腐败，产生大量的胺类，增加肝、肾的代谢负担，引起消化紊乱，诱发肠毒血症和魏氏梭菌病等疾病。因此，在家兔的养殖过程中，应合理搭配家兔日粮，保障蛋白质和氨基酸的合理和平衡，防止蛋白质的不足和过剩。

四、碳水化合物需要

碳水化合物是兔体内的主要能量来源，能提供家兔所需能量的 60%~70%。按营养学分类，碳水化合物分为无氮浸出物（可溶性碳水化合物）和粗纤维（不可溶性碳水化合物）。两者结构不同，性质差异很大。

（一）无氮浸出物

无氮浸出物在兔消化道内的主要产物是葡萄糖，吸收进入体内后，一部分氧化供能用；一部分以肝糖原、肌糖原的形式贮存在体内，以备氧化供能用；一部分糖与蛋白质、脂肪等结合成为具有特殊生理功能和结构的物质。无氮浸出物在谷物籽实中一般含 65%~75%，在豆饼类饲料中一般含 35%~50%。兔对无氮浸出物的消化能力强，一般消化率在 70%~95%。一般饲粮中含无氮浸出物含量在 40%~55% 范围内。日粮中含量过低则兔的采食不足，蛋能比不合适，降低蛋白质利用率；日粮中含量过高则兔的摄入过多，引起体内脂肪沉积，降低家兔体质。

（二）家兔的粗纤维需要

粗纤维由纤维素、半纤维素、果胶及木质素等组成，在兔的营养中不作为能量的来源，主要功能是构成日粮的合理结构，维持正常的消化生理。家兔没有消化纤维素、半纤维素和其他纤维性碳水化合物的酶，主要通过盲肠发酵利用粗纤维，其利用粗纤维的能力比猪、禽强，但由于发达的盲肠和结肠位于消化道的末端，消化时肠道肌肉运动将纤维性组分迅速挤入结肠，未被充分消化便被排出体外，同时通过逆蠕动将非纤维性组分送入盲肠发酵，致使纤维性组分在盲肠中发酵概率降低。家兔对粗纤维的消化率仅为 12%~30%。可见粗纤维的作用并非在于它的营养供给，而主要是在填充胃肠，维持食糜密度，刺激消化道正常蠕动和胃液的分泌以及硬粪形成等方面所起的物理作用，以减少胃肠道疾病的发生。

1. 粗纤维需要

以往人们研究家兔的纤维营养多以粗纤维为衡量指标，在常规饲料营养成分表中，多为粗纤维的数据。对于家兔饲粮粗纤维水平，不同地区不同饲养水平推荐量不尽相同。NRC（1977）对兔日粮粗纤维的推荐值：生长需要为 10%~20%，维持需要为 14%，妊娠、泌乳需要量为 10%~12%。大量研究表明，家兔日粮中较适宜的粗纤维含量为 10%~20%，以 12%~16% 较为理想，成年兔可以适当高些，生长兔日粮粗纤维含量应低些。美国推荐量为：生长兔 12%，妊娠兔 10%~14%，泌乳兔 10%~12%，维持 14%；法国的推荐量为：生长兔 15%，种兔 16%；日本的推荐量为：种兔 8.4%。

也有专家建议以中性洗涤纤维和酸性洗涤纤维水平代替粗纤维指标，晁洪雨等推荐 2~3 月龄家兔适宜的酸性洗涤纤维水平为 16%~19%。

2. 饲料中的粗纤维水平与家兔生产

适宜的粗纤维水平，对保证家兔健康以及良好地生长、繁殖至关重要。当粗纤维缺乏（低于 10%）时，虽然生长速度较快，但易发生消化紊乱，产生轻泻、拉稀，或只排少量的硬粪球，主要为水分较多的非典型软粪，死亡率较高；当粗纤维严重缺乏（低于6%）时，过量的非纤维性碳水化合物进入盲肠，使一些产气杆菌（如大肠杆菌、魏氏梭菌等）大量繁殖和过度发酵，破坏了盲肠内正常的内环境和微生物区系，损坏肠壁，加之毒素的刺激，肠壁蠕动加快，造成急性腹泻，继而转化成肠炎，死亡率明显增加；而当粗纤维含量过高（超过20%）时，日粮体积增大，可消化能采食不足影响蛋白质等其他营养物质的消化吸收，降低生产性能，并可能引发卡他性肠炎和毛球病等。

五、脂肪需要

脂肪是构成家兔体组织的重要原料，家兔的各种组织器官如神经、肌肉、皮肤、血液的组成中均含有脂肪，也是兔体内贮备能量的最佳形式。根据结构的不同分为真脂肪和类脂肪两大类。真脂肪即为中性脂肪，又称为甘油三酯，类脂肪包括糖脂、磷脂、蜡、类胡萝卜素、皂角苷等。

饲料中的脂肪主要特点是含可利用能量很高，消化能含量为32.22兆焦/千克，约为玉米的2倍，麦麸的3倍。但家兔日粮中脂肪的主要营养作用不是作为能量来源，而是供给家兔体内不能合成的十八碳二烯酸（亚麻油酸）、十八碳三烯酸（次亚麻油酸）、二十碳四烯酸（花生油酸）三种必需脂肪酸和作为脂溶性维生素 A、D、E、K 代谢的载体。

（一）家兔的脂肪需要

家兔对植物性脂肪的消化利用能力很强，表观消化率达 83.3%~90.7%，一般认为，家兔日粮中粗脂肪的含量达到3%即可，通常情况下常规饲料均可满足需要，不必单独添加。也有研究推荐在家兔饲料中添加适量的脂肪，提出在生长幼兔和哺乳母兔日粮中，特别是在冬春季节，添加 1.5%~2.0% 的动植物油，可促进幼兔生长，提高饲料转化率和母兔泌乳量；母兔日粮中加入 2% 大豆油，可使 21 日龄仔兔窝重和饲料转化率提高；断奶~2月龄新西兰白兔的日粮中添加 4% 油脂能显著提高平均日增重和饲料转化效率。

（二）饲料中的脂肪水平与家兔生产

家兔饲粮中添加适量的脂肪，可以提高适口性，减少粉尘，增加被毛光泽；饲粮中缺乏必需脂肪酸易导致家兔发育不良、生长迟缓、皮肤干燥、掉毛、瞎眼症、精细管退化、精子发育不良、受胎率低、产畸形胎儿等症状。当日粮中脂肪含量过高时，会造成食欲减退，影响家兔的采食量，进而影响其生产性能，还有可能因为过肥而不孕。有报道指出，日粮中加入6%的脂肪，家兔经常出现腹泻。因此，保证日粮适宜的脂肪水平对家兔正常生理具有重要意义。

六、矿物质需要

矿物质是一类无机的营养物质，是兔体组织成分之一，约占体重的5%。在家兔体内调节酸碱平衡、维持正常的渗透压，在正常生命活动中起着重要的作用。按照家兔对矿物质生理需要量的大小，矿物质分为常量元素和微量元素两大类。常量元素是指占家兔体重0.01%以上的元素，主要有钙、磷、钾、钠、氯、镁和硫，占兔体矿物质总量的99.95%。微量元素是指占家兔体重的0.01%以下的元素，主要包括铁、锌、铜、钼、锰、钴、硒、碘等，共占兔体矿物质总量的0.05%。

（一）钙和磷

钙和磷是家兔体内含量最多的矿物质，占体内矿物质总量的65%~70%，是骨骼和牙齿的主要成分。钙对维持神经和肌肉的兴奋性以及促进凝血酶的形成具有重要作用。磷参与碳水化合物和脂肪代谢，维持细胞膜的功能和机体酸碱平衡。

一般认为日粮中钙的水平为1.0%~1.5%，磷的水平为0.5%~0.8%，二者比例（1.5~2）：1可以保证家兔的正常需要，也有报道指出生长育肥兔日粮中钙添加量为0.4%~1%，磷为0.22%~0.6%，泌乳期家兔日粮对钙磷的需要量要高，建议母兔日粮中钙为0.75%~1.35%，磷为0.5%~0.8%。在常规饲料中，草粉是钙、麦麸是磷的良好来源。日粮中钙的不足，通常以石粉、贝壳粉等形式补充，而当缺磷或钙、磷均缺乏时，可补充骨粉、磷酸氢钙等。

钙、磷不足主要表现为骨骼病变。幼兔和成兔的典型症状是佝偻病和骨质疏松症。此外，家兔缺钙还会导致痉挛、母兔产后瘫痪、泌乳期跛行等。缺磷主要表现为幼兔生长迟缓，患异食癖，成兔易发骨软化症；母兔发情异常，屡配不孕，并可导致产后瘫痪，严重者造成死亡。家兔能忍受高钙，大量的钙经泌尿系统排出，体内贮存的钙较少。在高钙，且钙、磷比例2∶1或以上时，能耐受较高的磷，但当磷超过1%，或钙磷比例低于1.5∶1时，会使日粮适口性降低，甚至导致家兔拒食。钙、磷在代谢中关系密切，相互促进吸收，呈协同作用。因此，家兔日粮中不仅应供给充足量的钙、磷，而且还应保持二者之间适宜的比例。

（二）钠、氯、钾

钠和氯起着保持体液和酸碱平衡、维持体液渗透压、参与胃酸和胆汁的形成、促进消化酶活性等作用。对水、脂肪、碳水化合物、蛋白质和矿物质的代谢有重要的影响。钾为维持体液渗透压和神经与肌肉组织兴奋活动所必需的微量元素。

大多数植物性饲料中钠、氯含量较少，且家兔对钠的代谢方式与其他家畜不同，没有贮存钠的能力，在生产上极易缺乏。一般以食盐形式添加，添加量以日粮中的0.5%为宜，在夏秋季节，如以青草为主，精料补充料中食盐的添加量可提高到0.7%~1.0%。钾是钠的拮抗物，日粮中钾与钠的最适比例为（2~3）∶1，生长兔对钾的需要量为日粮干物质的0.60%，妊娠和泌乳母兔为0.90%。

当缺乏钠和氯时，幼兔生长受阻，食欲减退，出现异食癖等。若体内长期缺乏食盐，会使幼兔消化功能减退，生长迟缓；成年兔食欲不振，被毛粗乱，还可出现异食癖；极度缺乏时，会发生肌肉颤抖、四肢运动失调等症状，最后衰竭而死。食盐用量也不可过多，特别是当饮水受到限制时，过量摄入会发生食盐中毒。虽然家兔对钾的需要量较高，不足时会引起肌肉营养不良症，但因植物性饲料中钾的含量很丰富，故在实际生产中缺钾的现象很少发生，一般不需单独添加。值得注意的是，在实际饲养中，必须重视兔日粮中钠、钾、氯的平衡。若日粮中钠、钾、氯的平衡失调，可导致兔发生肾炎，并引起繁殖障碍。某些牧草（如苜蓿等）具有蓄钾效应，可因施用钾肥而大幅度提高含钾量，故在饲用这类牧草时要注意控制家兔的采食，以避免因钾的摄入量过多而引起兔体矿物质平衡失调。

（三）镁

家兔体内70%的镁存在于骨骼和牙齿中，镁是骨骼正常发育所必需的元素，也是多种酶的活化剂，在糖和蛋白质的代谢中起重要作用，能维持神经、肌肉的正常功能。

日粮中含镁0.03%即可满足生长兔的需要，含镁0.04%可满足妊娠和哺乳母兔的需要。镁的补充剂为各种无机镁如硫酸镁、碳酸镁、氧化镁等。对生长兔来讲，日粮中镁的需要量在0.3~3克/千克。

家兔缺镁导致幼兔生长停滞，成兔毛皮粗劣，并出现过度兴奋而痉挛，严重缺镁（日粮中镁的含量低于57毫克/千克）时，兔发生脱毛现象或"食毛癖"，提高镁的水平后可停止这种现象。种兔会出现母兔的妊娠期延长，产仔数减少。因青绿饲料中镁的含量较低，在以青饲料为主的饲养方式下，应注意镁的添加。

（四）硫

硫是含硫氨基酸（蛋氨酸和胱氨酸）的主要组成成分之一，兔毛中含量最多约为5%，大部分以胱氨酸形式存在。目前，无机硫对维持家兔健康和生产是否必需尚无定论。但当家兔日粮中含硫氨基酸不足时，添加无机硫酸盐可提高兔生产性能和蛋白质沉积。

日粮中含硫0.04%，即可确保兔对硫的需要，对于毛兔，日粮中含硫氨基酸低于0.4%时毛的生长受到限制，当提高到0.6%~0.7%时可提高产毛量15%~27%。缺乏硫会抑制兔肠道微生物的组成和功能，影响纤维素的消化。因植物性饲料中含硫较为丰富，且可通过盲肠微生物的作用利用硫酸盐中的硫，故一般不发生缺硫现象。

（五）铁

铁主要存在于肝脏和血液中，是血红蛋白、肌红蛋白及各种组织呼吸酶的组成成分。与血液中氧的运输及细胞内生物氧化过程有着密切的关系。家兔缺铁的典型症状是低色素红细胞性贫血，表现为体重减轻，食欲减退，倦怠无神，黏膜苍白。

一般在家兔日粮中铁的建议添加量为生长兔和妊娠母兔日粮干物质中的含铁量均为 50 毫克/千克，哺乳母兔为 100 毫克/千克。据最新报道在母兔日粮中添加 80 毫克/千克的铁使饲料中含铁总量为 129 毫克/千克时有益于母兔生产，仔兔出生时肝脏中储存有丰富的铁，但不久就会用尽，而且兔乳中含铁量很少，需适量补给。

（六）铜

铜与铁协同作用，参与代谢。其主要作用是参与造血过程、组织呼吸、骨骼的正常发育、毛纤维角化和色素的沉着。家兔缺铜会使血红细胞的寿命缩短，铁的吸收利用率降低，而造成家兔贫血，生长迟缓，体重减轻，生长受阻，还可降低繁殖力，典型症状是脊柱下垂，被毛变灰色。

通常在家兔日粮中，铜的含量以 5~20 毫克/千克为宜。另据报道家兔喂给高水平的铜饲料（40~60 毫克/千克甚至 50~250 毫克/千克），具有显著地促进生长、改善饲料报酬和降低肠炎发病率的作用，但也有研究表明高剂量铜会减少盲肠壁的厚度。建议家兔铜的添加量在 5~20 毫克/千克，长毛兔和繁殖母兔需要量高。维生素 C 和钼会造成铜的缺乏，故在钼的污染区，应增加铜的补饲。家兔对铜的耐受力很高，中毒剂量为每千克饲料含量 500 毫克，一般情况下，不会发生中毒现象。

（七）锌

锌作为兔体多种酶的辅酶成分，参与蛋白质的代谢；作为胰岛素的成分，参与碳水化合物的代谢。一般来说日粮中含 50 毫克/千克即可满足生长兔的需要，含锌 70 毫克/千克可满足泌乳母兔的需要。据报道，日粮锌的水平为 2~3 毫克/千克时，母兔会出现严重的生殖异常现象；仔兔会在 2 周后生长停滞；当日粮锌水平为 50 毫克/千克时，生长和繁殖恢复正常。

当日粮中锌的缺乏或不平衡会生长发育缓慢、脱毛、皮炎，被毛失去光泽和弹性；公兔的性器官发育迟缓或停止，繁殖功能减退或丧失；母兔缺锌会出现体重减轻、食欲下降、嘴周围肿大、下颌及颈部毛湿而无光泽等症状，同时母兔拒绝交配，发情、排卵下降，妊娠母兔流产率高。需要注意的是，钙或植酸盐含量过高时，易发生锌缺乏症。在家兔常用饲料中，除幼嫩的牧草、糠麸、饼（粕）类饲料含锌较丰富外，大多植物性饲料含量较少，应注意锌的添加。

（八）锰

锰是骨骼有机质形成过程中所必需的酶的激活剂，还与胆固醇的合成有关。锰对家兔的生长、繁殖和造血均起着重要的作用。缺乏时，可造成幼兔骨骼发育不良，如腿弯曲、骨脆、骨骼重量减轻等；种公兔曲精细管发生萎缩，精子数量减少，性欲减退，严重者可丧失配种能力；母兔发情异常，不易受胎或产弱小仔兔。在植物性饲料中，除玉米等籽实类饲料含量较低外，大多数含锰较多。日粮中钙、磷、硫过多时，会影响锰的吸收。

家兔日粮锰的添加量推荐 2.5~30 毫克/千克，最佳添加范围为 8~15 毫克/千克。其补充形式一般为硫酸锰。

（九）硒

硒作为谷胱甘肽过氧化酶的组成成分，有参与过氧化物的排除或解毒的作用，缺硒引起的症状与维生素 E 不足相似，如生长停滞，繁殖功能紊乱，白肌病，睾丸萎缩等。

一般认为，硒的需要量为 0.1 毫克/千克饲料。据报道当家兔获得 0.1~0.3 毫克/千克的硒时，能提高胎重和初生重，添加超过 0.15 毫克/千克的硒能够改善 2~3 月龄生长家兔的增重速度、饲料转化效率和肉品品质。但也有报道指出家兔对硒的代谢与其他动物不同，对硒缺乏不敏感。在保护过氧化物损害方面，更多依赖于维生素 E，而硒的作用很小。故除中国东北及西北部分地区已发现土壤和饲料中缺硒外，多数地区饲料中的含硒量可满足家兔的需要。即使在缺硒地区，如在维生素 E 不缺乏的情况下，硒并非必须添加。

（十）碘

碘是甲状腺素的组成成分，调节碳水化合物、蛋白质和脂肪的代谢。缺碘会发生代偿性甲状腺增生肥大，甲状腺素分泌减少，母兔产弱胎或死胎，仔兔生长发育受阻。碘的缺乏有较强的区域性，另外，钙、镁含量过高或大量饲喂十字花科植物和某些种类的三叶草，可引起碘缺乏症。

一般家兔日粮中最适宜的碘含量为 0.2 毫克/千克，而杨国忠等报道日粮中添加 0.925 毫克/千克的碘能提高家兔的平均日增重、体长和皮张面积。鱼肝油、鱼粉以及碘化钾、碘化钠等都是碘的良好来源，使用加碘食盐即可满足需要。碘过量（250~1000 毫克/千克）可引起仔兔死亡率增加。

（十一）钴

钴是兔体正常造血功能和维生素 B_{12} 的组成成分，钴缺乏时会使幼兔生长停滞，成兔消瘦贫血。

家兔对钴的利用率很高，对维生素 B_{12} 的吸收也较好，生产中不易发生缺钴症。在土壤缺钴的地区，补饲可用硫酸钴、氯化钴、氧化钴、碳酸钴等。为保证正常的生长发育，可在成年兔、哺乳兔及生长兔日粮中添加 0.1~1.0 毫克/千克的钴。据刘汉中等报道断奶~2月龄生长家兔日粮中适宜的钴添加水平为 0.1 毫克/千克，但改善肌肉嫩度需要添加 0.5 毫克/千克钴。

七、维生素需要

维生素既不是构成兔体组织的物质，也不是供能物质，家兔对维生素的需要量甚微，但其起着调节和控制新陈代谢的作用，保证细胞结构和功能正常，对家兔的健康、生长和繁殖有重要作用，是其他营养物质所不能代替的。根据其溶解性，将维生素分为脂溶性维生素和水溶性维生素两大类。

（一）脂溶性维生素

脂溶性维生素是一类只溶于脂肪的维生素，包括维生素 A、D、E、K。这些维生素在家兔体内尤其在肝脏中有一定的贮备，日粮中短时间缺乏不会造成明显的影响，而长期缺乏则会造成危害。

1. 维生素 A

维生素 A，又称抗干眼病维生素，能够保护视力，维护上皮组织健康，增强抗病力，维护骨骼正常等重要作用。植物性饲料中不含维生素 A，其含有的维生素 A 原——类胡萝卜素在体内可转变成维生素 A，故如能保证青绿多汁饲料的供给，一般不会发生缺乏症。但在舍饲规模化养殖条件下，或饲喂颗粒饲料时，由于制粒机的高温会使添加的维生素 A 受到损失，从而可能造成维生素 A 缺乏。维生素 A 缺乏会导致家兔上皮细胞过度角质化，引起视力减退、夜盲症；还会导致肺炎、肠炎、流产、胎儿畸形、幼兔生长停滞、发育不良、骨骼发育异常而压迫神经，造成运动失调、痉挛性瘫痪。而维生素 A 的长时间过剩则会出现脑积水、异物性眼炎等中毒症状。

家兔维生素 A 的需要量为每千克饲料 6000~12000 国际单位，16000 国际单位为安全使用的上限，据报道，断奶~2 月龄新西兰家兔适宜的日粮维生素 A 添加水平为 6000 国际单位/千克；2~3 月龄新西兰家兔适宜的日粮维生素 A 添加水平为 12000 国际单位/千克。

2. 维生素 D

维生素 D 又称抗佝偻病维生素，其主要功能是调节钙、磷的代谢，促进钙、磷的吸收与沉积，有助于骨骼的生长。天然的维生素 D 主要为维生素 D_2（麦角钙化醇）和维生素 D_3（胆钙化醇）。维生素 D_2 仅存于植物性饲料中，维生素 D_3 存在于动物组织中。

家兔维生素 D 需要量为每千克日粮 900~1000 国际单位。在封闭兔舍的现代化养兔场，特别是毛用兔需要较高的维生素 D，需要由饲料中补充。维生素 D 不足，机体钙磷平衡受到破坏，从而导致与钙、磷缺乏类似的骨骼病变，典型症状是幼兔为佝偻病，成兔为软骨病，母兔产后瘫痪。通常情况下，维生素 D 缺乏的临床症状仅见于幼畜。在出现与骨骼系统有关的缺乏症状之前，常出现生长抑制，体重降低，食欲减退或废绝。维生素 D 摄入过多会致使软组织普遍钙化，导致关节、滑膜、肾脏、心肌、肺泡、甲状旁腺、胰腺、淋巴结、动脉、结膜和角膜等组织发生炎症、细胞退化和钙化。持续时间过长时，还会干扰软骨生长。

3. 维生素 E

维生素 E，又称生育酚，是维持家兔正常的繁殖所必需的元素。与微量元素硒协同作用，保护细胞膜的完整性，维持肌肉、睾丸及胎儿组织的正常功能，具有对黄曲霉毒素、亚硝基化合物的抗毒作用。

育肥兔和母兔建议维生素E添加量分别为15毫克/千克和50毫克/千克，断奶到90日龄新西兰家兔日粮中维生素E的适宜添加量为80毫克/千克。一般青绿多汁饲料和优质干草中都含有较丰富的维生素E，而蛋白饲料中较缺乏。家兔对缺维生素E非常敏感。不足时，导致肌肉营养性障碍，即骨骼肌和心肌变性，运动失调，瘫痪，还会造成脂肪肝及肝坏死；繁殖障碍，即母兔不孕，死胎和流产，初生仔兔死亡率增高，公兔精液品质下降。饲喂不饱和脂肪酸多的饲料、日粮中缺乏苜蓿草粉或患球虫病时，易出现维生素E缺乏，应增加供给量。一般不易出现维生素E的中毒症状。

4.维生素K

维生素K，又叫凝血维生素和抗出血维生素，具有促进和调节肝脏合成凝血酶原的作用，保证血液正常凝固。维生素K有三种形式：维生素K_1、维生素K_2、维生素K_3。

由于家兔盲肠微生物可以合成维生素K，再通过食粪过程得到补充，因此，家兔对维生素K的需要量不高。大多数商品兔日粮中维生素K的水平为1~2毫克/千克。种兔在繁殖时或某些饲料如草木樨及某些杂草含有双香豆素，阻碍维生素K的吸收利用，需要在兔的日粮中加大添加量。日粮中维生素K缺乏时，妊娠母兔的胎盘出血、流产。

（二）水溶性维生素

水溶性维生素是一类能溶于水的维生素，以酶的辅酶或辅基的形式参与体内蛋白质和碳水化合物的代谢，对神经系统、消化系统、心脏血管的正常功能起重要作用。包括维生素B族和维生素C。维生素B族包括维生素B_1（硫胺素）、维生素B_2（核黄素）、维生素B_3（烟酸、尼克酸）、维生素B_5（泛酸）、维生素B_6（包括吡哆醇、吡多醛、吡多胺）、维生素B_7（生物素）、维生素B_{11}（叶酸）、维生素B_{12}（钴胺素）等。

1.维生素C

维生素C在体内参与细胞间质的生长及氧化还原反应，促进肠道对铁的吸收，具有解毒和抗氧化作用。家兔一般不缺乏维生素C，但在某种特殊条件下，如断奶、营养不平衡、运输、转群、高温或低温、疾病和寄生虫等,为减少应激反应,可在日粮或饮水中添加维生素 C 制剂,添加量为 50~100 毫克/千克。

维生素 C 的添加必须以一种保护形式加到混合料中,因为其在潮湿环境或与氧、铜、铁和其他矿物质接触条件下,很容易被氧化破坏。

2.B 族维生素

家兔盲肠微生物可以合成大量的 B 族维生素,通过食粪行为被利用,多数植物性饲料,如青草、苜蓿草、小麦粉、豆粕都富含维生素 B,故家兔一般出现典型的 B 族维生素缺乏症。但是,快速生长的家兔和高产母兔,以及尚未吃到足够软粪的断奶前的仔兔,可需额外添加 B 族维生素,包括维生素 B_1、维生素 B_2、维生素 B_3、维生素 B_5、维生素 B_6、维生素 B_7、维生素 B_9、维生素 B_{12} 等。

(1)维生素 B_1。又称硫胺素、抗神经炎维生素,是碳水化合物代谢过程中重要酶如脱羧酶、转酮基酶的辅酶。研究认为,家兔日粮中需要量为 0.6~0.8 毫克/千克。当日粮中含有结构与维生素 B_1 相似的颉颃物时,就会发生维生素 B_1 缺乏引起的碳水化合物代谢障碍,影响神经系统、心脏、胃肠和肌肉组织的功能,表现为食欲减退、生长受阻,运动失调,后肢瘫痪,痉挛,昏迷直至死亡。

(2)维生素 B_2。又称核黄素。建议家兔日粮中添加维生素 B_2 0~6 毫克/千克,生长家兔 3 毫克/千克,母兔 5 毫克/千克。缺乏时,生长性能降低,母兔繁殖性能下降。

(3)维生素 B_3。又称烟酸、尼克酸。家兔体内可利用色氨酸转化为烟酸,日粮中缺乏烟酸时,添加色氨酸可以防止烟酸缺乏症。烟酸缺乏表现为食欲下降或丧失,下痢消瘦,生长受阻,被毛粗糙(癞皮病)。添加 180 毫克/千克的烟酸可以明显提高兔的生长速度。

(4)维生素 B_5。又称泛酸。为保证最大的生长速度,建议在家兔的日粮中添加维生素 B_5 0~20 毫克/千克,生长兔 8 毫克/千克,母兔 10 毫克/千克。

(5)维生素 B_6。又称吡多素,包括吡哆醇、吡多醛和吡多胺 3 种,参与机体蛋白质和氨基酸的代谢,当家兔生产水平高时,需要量也高,应在日粮中补充。一旦维生素 B_6 缺乏,家兔生长缓慢,发生皮炎、脱毛,神经系统受损,表现为运动失调,严重时痉挛。日粮中推荐水平为 40 微克/千克维生素 B_6 可预防缺乏症。吡哆醇:肥育兔 0.5 毫克/千克,母兔 1 毫克/千克。

(6)维生素 B_7。又称生物素。家兔日粮推荐肥育兔 10 微克/千克,母兔 80 微克/千克,当在笼养时间增加,母兔年产仔数和胎次增加,幼兔生长加快时易发生缺乏症,如皮炎、脱毛、痉挛,爪子溃烂等症状而导致幼兔生长缓慢,母兔繁殖性能下降。

(7)维生素 B_{11}。又称叶酸。家兔的饲料中叶酸来源广泛,且肠道微生物能合成足够的叶酸,一般情况下不易缺乏。但当口服磺胺类药物时,可抑制合成叶酸的微生物生长,引起缺乏症。叶酸缺乏时,家兔发生巨红细胞性贫血,使生长受阻。

(8)维生素 B_{12}。又称钴胺素,是家兔代谢所必需的维生素。成年兔日粮中如果有充足的钴,不需要补充 B_{12},但对生长的幼兔需要补充,推荐量为 9~19 微克/千克日粮。当维生素 B_{12} 缺乏时,家兔生长缓慢,贫血,被毛粗乱,后肢运动失调,对母兔受胎及产后泌乳也有影响。

八、水的需要

家兔体内所含的水约占其体重的 70%,是消化吸收的介质,参与营养物质的消化、吸收、运送、代谢产物的排出,能够调节体温,保护组织器官,是家兔健康生长和高效生产必不可少的物质保证。

(一)水的来源

家兔所需的水来源于饮用水、各种饲料中所含的水及代谢中产生的水。饮水是家兔体内水的主要来源。饲喂的青绿饲料中,虽然含有 70% 以上的水,但仍不能满足家兔机体对水的需要,每天仍需供给足量的饮水,尤其是饲喂颗粒饲料时,更需大量的饮水。

(二)家兔对水的需要量

正常情况下家兔的需水量一般为采食干物质量的 1.5~2.5 倍,哺乳母兔为

3~5倍。每日每只每千克体重的家兔需水量为100~120毫升。在生产中，家兔的需水量不能精确定量，最可靠的方法是自由饮水，最佳途径是安装自动饮水装置。若采用定时饮水，每天应供水2次以上，夏季应至少增加1次。

家兔的需水量受品种、年龄、生理状态、季节、环境温度、饲料类型等多种因素的影响。优良品种较普通品种高，大型品种较中小型品种高；幼兔生长发育快，单位体重饮水量比成年兔多，哺乳母兔较妊娠母兔饮水量高，母兔分娩时水分损失量大，如缺水易发生吃仔兔现象；炎热的夏季饮水量增加；在高温环境中，兔的采食量下降，饮水量明显增加，如在30℃的环境条件下，饮水量较20℃时约高50%，夏季哺乳母兔饮水量可高达1千克；在低温条件下采食量增加，水的需要量也增加，以保持消化道的正常运转；饲料中粗纤维、蛋白质和矿物质含量多，需水量大，喂颗粒饲料时需水量增加，青绿饲料供给充足，饮水量减少。

（三）水对家兔生产的影响

家兔需要充足的卫生饮用水，饮水不足会使家兔机体失水。家兔体内损失5%的水，就会出现严重的干渴现象，表现为食欲降低，消化能力减弱，抗病力下降。不能及时补充饮水继续失水的话，就会引起严重的代谢紊乱，生理过程遭到破坏，且生产力遭到严重破坏，公兔性欲降低，精液品质下降；产后母兔吞食仔兔；哺乳母兔泌乳量不足，乳汁浓稠易使仔兔患急性肠炎；成年兔、青年兔肾炎发病率高；仔兔生长发育迟缓，增重缓慢等。当家兔体内损失20%的水时，即可引起死亡。

第二节 饲料资源

饲料是家兔生产的物质基础,在庭院养殖向集约化规模化养殖转变的今天,对饲料营养价值进行评价,多渠道挖掘非常规饲料资源是制定饲养标准和科学配合日粮的重要依据,也是弥补当前饲料资源不足的有效途径。

一、饲料的分类

家兔饲料的种类很多,营养价值各异。根据国际饲料命名和分类原则,按其营养特性可分为粗饲料、青绿饲料、能量饲料、蛋白质饲料、矿物质饲料、维生素饲料和添加剂。前四种是饲粮的主要组成部分,后三种用于补充饲粮中某些矿物质、氨基酸和维生素的不足,改善了饲料品质,添加量较少,却能更好地满足家兔的营养需要并提高了家兔对饲料的利用率。

二、粗饲料

粗饲料是指天然含水量在60%以下、干物质中粗纤维含量等于或大于18%、并以风干物形式进行饲喂的饲料。如农作物秸秆、秕壳、牧草、干树叶等。粗饲料它占整个饲粮的40%~50%,不仅能起到填充胃肠道的作用,还能为家兔提供重要的营养素,家兔饲粮中适宜水平的粗饲料,有利于家兔的肠道健康,促进家兔的生长发育。

(一)粗饲料的营养特性

粗饲料的粗纤维含量一般为25%~50%,青干草粗纤维含量较少,为25%~30%,其中含有较多的木质素,很难消化,营养价值低且适口性差,具有粗纤维含量高、消化率低的特性;因种类和采集期的不同,粗饲料中和维生素等可利用养分含量差异较大，且品质差，苜蓿干草粗蛋白含量为 12%~26%，豆科干草为 10%~19%，禾本科干草为 6%~10%，而秸秆、秕壳仅为 3%~5%。在喂兔时，应根据粗蛋白质含量相互搭配使用；含钙量高，含磷量低。豆科干草和秸秆含钙量为 1.5% 左右，禾本科干草和秸秆含钙量仅为 0.2%~0.4%。各种粗饲料中磷的含量都很低，一般为 0.1%~0.3%，其中秸秆类含磷量均在 0.1% 以下；维生素 D 含量丰富，其他维生素含量较少。优质干草中含有较多的胡萝卜素，特别是日晒后的豆科干草含有大量的维生素 D，各种秸秆和秕壳几乎不含胡萝卜素和维生素 B 族，只有维生素 D 含量丰富，体积大，吸水性强。所有粗饲料均体积大，质地粗糙，利用率低，可刺激家兔胃肠道蠕动，对大肠微生物发酵也提供一定的环境，有利于食糜排空。

（二）常规粗饲料

1. 青干草

青干草是天然草地或栽培牧草在尚未结籽以前割下来，经过日晒或人工干燥除去大量水分而制成的。干草叶多、气味芳香，适口性好、蛋白质含量较高、养分较平衡，营养价值优于秸秆，是家兔的优质粗饲料。

干草的营养价值取决于原料的种类、刈割期与调制方法。禾本科牧草蛋白质含量较低，为 7%~13%，钙含量不足，但维生素较高，而胡萝卜素等维生素含量优于豆科，可占家兔日粮的 30% 左右。禾本科草以草地野生为主，及时收割和妥善干制、贮藏和加工，是获得廉价优质青干草的关键。豆科青干草蛋白质含量较高，大部分在 10%~19%，苜蓿干草为 12%~26%，粗纤维含量低，钙含量丰富，饲用价值高，可占兔日粮的 45%~50%。豆科青干草以人工栽培为主。使用草粉饲料应注意：储存的草粉要防潮、防霉变，保证草粉质量，禁止使用发霉变质的饲草加工草粉；草粉粗细要适宜。

苜蓿草是优质的粗饲料，被称为"牧草之王"，在常用饲草中饲用价值最高，若收获时节适宜和加工方法得当，它的品质和精料接近。优质的苜蓿草粉可以作为配合饲料中的全部粗饲料，用量达 40%~50%，但由于成本、供应以及质量把控等原因，家兔生产中苜蓿的使用量较低。

2. 作物秸秆藤蔓

秸秆饲料主要指农作物收获后所剩下的茎秆枯叶部分，其营养价值因秸秆种类而不同。包括花生秧、玉米秸、麦秸、稻草、高粱秸、谷草和豆秸等。这类饲料粗纤维含量高，可达30%~45%，其中木质素比例大，一般为6.5%~12%。

花生秧在家兔生产中作为粗饲料应用较为广泛，其粗蛋白质含量较高，品质较好，优质的花生秧可以作为家兔的全部粗饲料来源。需要注意的是由于其收获期和保存条件的不足，营养价值下降，霉菌毒素含量可能偏高。使用时应定期质量检测，适当控制用量。

玉米秸产量大，价格低廉，是我国北方的主要粗饲料，其营养价值受品种、生长期、秸秆部位影响，一般夏玉米比春玉米营养价值高，叶片较茎秆营养价值高。总的来说，玉米秸粗纤维含量很高，但纤维性组分的消化率却比较高，消化能含量在秸秆饲料中是比较高的。兔日粮中添加以10%以内为好。

谷草粗蛋白含量为5%左右，高于其他禾本科牧草，其饲料价值接近于豆科牧草，用来喂兔效果良好。稻草优于玉米秸和麦秸，在日粮中可添加10%~15%。

地瓜秧粗纤维含量较少，可溶性碳水化合物较多，适口性好，消化率高，但喂幼兔时，用量不可过多，因为其含有较多的糖分，在家兔胃肠道内发酵产酸，既容易导致酸中毒，又会使幼兔肠壁变薄、通透性增强，容易被微生物感染。

3. 荚壳类

荚壳类是农作物籽实脱壳后的副产品，包括花生壳、谷壳、稻壳、豆荚等。

花生壳粗纤维含量高，价格低廉。由于我国的花生壳霉菌污染严重，要严格控制质量。在家兔饲粮中的用量一般在15%左右。

谷壳含蛋白质和无氮浸出物较多，粗纤维较低，因其含有较多的硅盐，不仅会对机械造成磨损，还会刺激胃肠道引起溃疡，日粮中添加不超过8%。

豆荚的营养价值比其他荚壳高，尤其是粗蛋白质含量高，兔日粮中可添加10%~15%。

4. 糟渣类

糟渣类是生产酒、醋、糖、酱油等的工业副产品，其中啤酒糟蛋白质含量可达22%左右，粗纤维含量较低，对空怀兔和妊娠前期母兔可占日粮的30%左右，生长兔和泌乳母兔可占日粮的12%~18%。白酒糟营养价值与啤酒糟相似，可占生长兔日粮的20%左右，因含有一定量的酒精，妊娠泌乳母兔应控制在15%以内。

（三）非常规粗饲料

随着规模化养兔发展迅速，粗饲料资源日益紧缺，可根据当地区域特点开发非常规粗饲料资源以弥补常规粗饲料供应不足。

草原、山场及平原田间地头自然生长的野杂草类，多常见的野草主要有野生葎草（拉拉秧）、车前草（猪耳朵草）、牛尾草、狗尾草、猫尾草、鸡脚草、结缕草、马唐、蒲公英、莎草、苦菜、苦蒿、野苜蓿、野豌豆等。某些野草对家兔有防病治病的药用价值。如鲜嫩葎草的蛋白质含量可达28.7%，氨基酸、矿物质和维生素含量也很丰富，可有效防止家兔腹泻；蒲公英可以催乳；酢浆草、野菊花等，可预防母兔乳房炎；马齿苋抗球虫；青蒿抗毒；等等。

图7-1 野生葎草

没有不良气味的树叶也可开发做家兔饲料，如槐树叶、桑树叶、构树叶、柠条等，蛋白质含量可达干物质的15%，同时还含有丰富的维生素，可作为饲粮的一部分。

图 7-2 饲料桑

三、青绿饲料

青绿饲料指天然含水量高于 60% 的一类饲料。常用的青绿饲料原料有苜蓿、三叶草、紫云英等豆科牧草，燕麦草、雀麦草等禾本科牧草，白菜、萝卜、菠菜等叶菜类，以及青刈玉米、水葫芦、水花生等。

（一）青绿饲料营养特性

青绿饲料鲜嫩可口，适口性好，水分含量高，栽培或野生的陆生青饲料含水分为 70%~85%，水生青饲料含水分可达 90%~95%。这类饲料的营养特点是蛋白质含量丰富且品质优良，一般禾本科牧草和蔬菜类饲料的粗蛋白质含量在 1.5%~3.0%，豆科青饲料在 3.2%~4.4%，维生素含量丰富，尤其胡萝卜素、维生素 B 族含量较高；粗纤维含量较低，无氮浸出物较高，有机物质利用率高。青饲料干物质中粗纤维不超过 30%，叶菜类不超过 15%，无氮浸出物在 40%~50%；钙、磷含量丰富且比例适宜。

（二）牧草

适合我国气候特点、品质优良的栽培牧草品种很多，主要有豆科的苜蓿、三叶草、紫云英、苕子等；禾本科的苏丹草、象草等，几乎所有种类的牧草都可以作为家兔的饲料。家兔在饲喂全价料的同时，补喂部分优质牧草，不仅可以节约饲料费用，而且能够提高公兔的配种能力，提高母兔的泌乳力、受胎率及育肥兔的生长速度。

(三)叶菜类

叶菜类饲料白菜叶、菠菜、甘蓝、萝卜、油菜叶、牛皮菜、卷心菜、莴苣叶、胡萝卜缨等。这类饲料幼嫩多汁,水分含量高,营养浓度低,维生素丰富,具有清火通便作用。但这类饲料保存时易腐烂变质,堆积发热后硝酸盐被还原成亚硝酸盐,造成家兔中毒,作为缺青季节的补充料,每只兔日喂100~200克即可。

(四)青刈玉米

青刈玉米是将玉米进行密植,在籽实未成熟前收割饲喂家兔。青刈玉米青嫩多汁,碳水化合物含量高,适口性好。其他青刈作物类还有青刈地瓜秧、青刈大豆、青刈麦苗等。

(五)水生饲料

水生饲料包括水浮莲、水葫芦、水花生与红浮萍。这类饲料的水分含量达95%左右。水生饲料易被寄生虫感染,生喂易发生寄生虫病。用这类饲料喂兔,应洗净、晾干,定期给家兔驱虫,最好经青贮发酵或煮熟后再喂。

四、能量饲料

能量饲料指干物质中粗纤维含量在18%以下、粗蛋白质含量在20%以下、消化能含量在10.5兆焦/千克以上的饲料。这类饲料主要包括谷实类、糠麸类、脱水块根块茎及其加工副产品等。家兔日粮中应有两种以上的能量饲料搭配使用,所占的比例应视营养和成本等因素综合考虑。

(一)能量饲料的营养特点

能量饲料的营养特点是无氮浸出物含量丰富,可以被家兔利用的能值高,禾本科籽实类一般为13.5~15.5兆焦/千克,糠麸类饲料消化能含量一般为10.5兆焦/千克,而动植物油类可高达32.22兆焦/千克,对家兔主要起供能作用;含粗脂肪7.5%左右,且主要为不饱和脂肪酸;蛋白质含量少,麦类及其加工副产品一般为12.0%~15.5%,玉米一般仅为8.0%左右,赖氨酸和蛋氨酸不足;含钙不足,一般低于0.1%,磷较多,可达0.3%~0.45%,但多为植酸盐,不易被消化吸收；缺乏胡萝卜素，但维生素 B 族比较丰富。这类饲料适口性好，消化利用率高，在家兔饲养中占有极其重要的地位。

（二）谷实类

谷实类饲料主要是禾本科植物成熟的种子，主要包括玉米、小麦、大麦、燕麦、稻谷、高粱等。家兔的适口性顺序为燕麦、大麦、小麦、玉米。

1. 玉米

玉米是家兔最常用的能量饲料，被称为"饲料之王"。以淀粉为主的无氮浸出物含量占 70%~80%，其消化率可达 90% 以上，在谷实类饲料中含能最高，但蛋白质含量低，7%~9%，品质差，特别是赖氨酸、蛋氨酸和色氨酸不足，在配制以玉米为主体的全价配合饲料时，常与大豆饼粕和鱼粉搭配。玉米脂肪含量为 3.5%~4.5%，主要是不饱和脂肪酸，可保证家兔必需脂肪酸的供应。维生素 A、D 含量不能满足家兔的需要，维生素 B_1 含量较多，B_2 较少，不含 B_{12}。钙少磷多，但磷多为植酸磷，利用率低，钙、磷比例不当。

玉米营养成分的含量受品种、产地、成熟度等条件的影响，粉碎的玉米易吸水、结块、霉变，不便保存，一般整粒保存，且贮存时水分应降低至 13% 以下。另外玉米含大量淀粉，是高能、低纤维的饲料，食用过多会造成腹泻、脱水。玉米在家兔日粮中不宜超过 35%。

2. 小麦

小麦的能值较高，为 12.89 兆焦/千克，粗蛋白含量可达 12% 以上，高于玉米，但必需氨基酸尤其是赖氨酸不足，无氮浸出物含量高可达 75% 以上，粗脂肪含量低于玉米，矿物质含量高于其他谷实，磷、钾等含量高，磷多为植酸磷，维生素 B 族和维生素 E 多，而维生素 A、维生素 D 和维生素 C 极少。由于小麦中非淀粉多糖含量较多，不能被动物消化酶消化，在一定程度上会影响小麦的消化率。

小麦在我国尤其北方地区主要用于人的粮食，一般不直接用于饲料，而小麦制粉的副产品麸皮、次粉和筛漏用作饲料。某些年份当玉米的价格高于小麦，为了降低饲料成本，可用小麦替代部分玉米。生产中小麦添加量可在 15% 左右。

3. 大麦

大麦有效能略低于玉米，粗纤维高，粗蛋白含量和质量均高于玉米，赖氨酸含量接近玉米的2倍，异亮氨酸和色氨酸较玉米高，但利用率并不高。脂肪含量与小麦接近，低于玉米，矿物质主要是钾和磷，其次为镁、钙及少量的铁、铜、锰、锌等。大麦富含维生素B族，脂溶性维生素A、D、K含量低。

大麦在家兔日粮中一般占20%左右。但其主要用于啤酒工业，一般不直接作为家兔饲料，大麦生产啤酒的下脚料（如大麦皮、麦芽根、啤酒糟等）多作为家兔的饲料原料。

4. 燕麦

燕麦适口性较好，粗纤维、粗蛋白质含量较高，蛋白质品质不好，淀粉含量低，烟酸含量较其他谷物低，脂溶性维生素和矿物质含量均低，维生素B族含量丰富。其生产具有明显的区域性，产量有限，成为局部地区家兔良好的饲料资源。

5. 稻谷

带壳稻谷直接粉碎饲喂，粗纤维含量高，且适口性差，一般去壳加工成砻糠和糙米饲喂。糙米的饲用价值则与国际2级玉米相似，且蛋白质中80%为谷蛋白，可消化蛋白比例高，粗脂肪、微量元素含量略优于玉米，可用作能量饲料部分替代玉米。

6. 高粱

高粱的有效能值低于玉米，粗蛋白质含量一般为9%~11%，品质较差且不易消化，赖氨酸、精氨酸、组氨酸和蛋氨酸缺乏，脂肪含量低于玉米。矿物质中磷、镁、钾含量较多但钙含量少，钙磷比例不当，铁、铜、锰含量较玉米高。除烟酸含量较多外，其他维生素含量不高。由于高粱中含有单宁，其苦涩味重且干扰消化，降低了适口性和饲用价值，且高粱的颜色越深含单宁越多，饲喂时应限量。另据报道，断乳兔日粮中加入5%~10%有助于预防腹泻。

（三）糠麸类

糠麸类饲料为谷实类饲料的加工副产品，主要包括麸皮、米糠等。

1. 麸皮

麸皮是面粉加工的副产品，属低能饲料，其营养价值因小麦的加工精度的不同差异较大，加工越细，麸皮的营养价值越高。一般来说麦麸有效能值相对较低，大约为 6.82 兆焦/千克，粗蛋白 12%~17%，粗纤维 8%~12%，粗脂肪 4% 左右，含有丰富的维生素 B 族和维生素 E，矿物质含量丰富，钙磷比例不合适，磷多为植酸磷，利用率低。大麦麸能量和蛋白质含量略高于小麦麸。其结构疏松，含有适量的粗纤维和硫酸盐等，有轻泻作用，可防便秘，家兔产后喂以适量的麦麸粥，可以调养消化道的功能。麦麸在家兔饲粮中的使用比例可达 25%。

2. 米糠

米糠是稻谷的加工副产品，一般分为细糠、统糠和米糠饼，细糠是去壳稻粒的加工副产品，没有稻壳，营养价值高，但含易氧化酸败的不饱和脂肪酸。统糠是由稻谷直接加工而成，粗纤维含量高，营养价值较差。米糠饼为米糠经压榨提油后的副产品，脂肪和维生素减少，其他营养成分基本保留，且适口性及消化率均有所改善。

一般来说米糠能值高于其他糠麸类饲料，其粗蛋白含量比麸皮低比玉米高，品质比玉米好，赖氨酸含量高，粗脂肪含量高，脂肪酸多为不饱和脂肪酸，维生素 B 族和维生素 E 含量丰富，维生素 A、D、C 含量低，米糠中含有丰富的矿物质元素，钙、磷比例不当，磷多为植酸磷。值得注意的是米糠中含有胰蛋白酶抑制因子，采食过多易造成蛋白质消化不良。在家兔日粮中可占到 10%~15%。

（四）块根、块茎及瓜类

块根、块茎及瓜类饲料包括胡萝卜、甜菜、菊芋、甘薯、木薯、马铃薯、南瓜等。这类饲料水分含量高，适口性好，易消化，因干物质中淀粉含量高，消化能值较高，而归入能量饲料。粗纤维和粗蛋白质含量低，且蛋白质品质不佳，富含钾而钙、磷含量低。需要注意的是马铃薯中含有毒成分龙葵素，绿皮、发芽处和茎叶中含量较高，木薯块根中含有易水解产生毒性的氰化苷，需进行脱毒处理或限量使用。

五、蛋白质饲料

蛋白质饲料指干物质中粗蛋白质含量大于 20%、粗纤维含量低于 18% 的饲料。在家兔饲粮中常用的植物性蛋白质饲料有大豆饼粕、菜籽饼粕、棉籽饼粕、花生饼粕、芝麻饼粕、葵花饼粕等；动物性蛋白质饲料有鱼粉、肉粉、肉骨粉、水解羽毛粉、血粉、蚕蛹粉等；单细胞蛋白质饲料有酵母、微藻等。

（一）植物性蛋白质饲料

常用的植物性蛋白饲料以饼粕为主，饼粕类饲料是油料籽实榨油后的产品。其中榨油后的副产品称为油饼，用溶剂提油后的产品为油粕。常用的饼粕有大豆饼（粕）、花生饼（粕）、葵花籽饼（粕）、菜籽饼（粕）、棉籽饼（粕）、芝麻饼、胡麻饼和其他饼粕等。

1. 大豆饼（粕）

大豆饼（粕）是制油工业不同加工方式的副产品，也是家兔最常用的优良蛋白质饲料。豆粕是浸提法或预压浸提法取油后的副产物，粗蛋白质含量在 43%~46%。豆饼是经机械压榨浸油后的副产物，粗蛋白质含量一般在 40% 以下。大豆饼（粕）适口性好，易消化，必需脂肪酸含量高，组成合理，尤其赖氨酸含量高达 2.4%~2.8%，且与精氨酸比例适宜，异亮氨酸含量高达 2.3% 且与亮氨酸比例适当，高于其他饼粕类饲料，色氨酸和苏氨酸含量也很高，分别为 1.85% 和 1.81%，可与玉米等谷实类配伍起互补作用。缺点是蛋氨酸含量低，钙少磷多，磷多为植酸磷，胆碱和烟酸含量多，胡萝卜素、维生素 D、维生素 B_2 含量少。

生豆饼中含有抗胰蛋白酶和脲酶等有害成分，会对家兔产生不良影响，不宜直接饲喂生豆饼。在制油过程中，如果加热适当为黄褐色，有香味，大豆中的抗营养因子受到破坏；但如果加热不足，颜色较浅或灰白色得到的为生豆饼，没有香味或有鱼腥味，蛋白质的利用率低，不能直接喂家兔；加热过度呈暗褐色，会导致营养物质特别是赖氨酸等必需氨基酸变性而影响利用价值。因此，在使用大豆饼（粕）时，要注意检测其生熟程度。大豆饼有轻泻作用，不宜饲喂过多，饲粮中可占 15%~20%。

2. 花生饼（粕）

花生饼（粕）为花生仁榨油后的副产品，粗纤维含量低，能值高，蛋白质含量高，适口性好，一般花生饼含蛋白质约为 44%，花生粕含蛋白约为 48%，带壳的花生饼（粕）粗纤维含量为 20% 左右，粗蛋白质和有效能相对较低。花生饼（粕）的氨基酸组成不平衡，精氨酸含量特别高，可达 5.2%，赖氨酸和蛋氨酸含量都很低，赖氨酸含量仅为大豆饼（粕）的 52%，钙磷含量低，维生素 B 族特别是烟酸、泛酸含量高。如果与豆粕搭配使用，效果较好。一般花生饼占日粮的 5%~15%。

花生饼（粕）含残油较多，在贮存过程中，特别是在潮湿不通风之处，极易感染黄曲霉而产生黄曲霉毒素，蒸煮过程中也不能去除，家兔中毒后精神不振，粪便带血，运动失调，与球虫病症状相似，肝、肾肥大。该毒素在兔肉中残留，危害人类健康，因此，花生饼（粕）应新鲜时利用，已感染黄曲霉的花生饼（粕）不能使用。

3. 葵花籽饼（粕）

葵花籽饼（粕）是葵花籽经取油后的副产品，其营养价值取决于脱壳程度。脱壳葵花籽饼（粕）蛋白质含量为 36%~45%，粗纤维为 11% 左右，带壳或部分带壳的葵花籽饼粗蛋白含量为 22.8%~32.1%。葵花籽饼（粕）赖氨酸含量不足，蛋氨酸含量较高，维生素 B 族、胆碱含量高，钙、磷含量比一般饼粕类高，锌、铁、铜含量高。与豆粕配合作用时（取代豆粕 50% 左右），能使氨基酸互补而得到很好的饲养效果，但不宜作为饲粮中蛋白质的唯一来源。

葵花籽饼（粕）价格低、质量较好、适合家兔的消化特点，在家兔饲粮中可使用 15% 左右，带壳饼（粕）的用量不超过 5%。

4. 菜籽饼（粕）

菜籽饼（粕）是油菜籽经取油后的副产品。其有效能较低，粗纤维含量较高，平均 13% 左右，可高达 15% 以上，适口性较差。粗蛋白质含量在 34%~38%，氨基酸组成较平衡，最大特点是含硫氨基酸含量高，蛋氨酸、赖氨酸含量分别约为 0.7% 和 2%~2.5%，精氨酸低于其他饼粕类饲料。胡萝卜素和维生素 D 的含量很少，维生素 B_1、B_2、泛酸也较低，烟酸和胆碱的含量高。矿物质中钙和磷的含量均高，磷的利用率较高，特别是硒含量为 1.0 毫克/千克，是常用植物性饲料中最高者，锰也较丰富。

菜籽饼（粕）中含有硫葡萄糖苷，在酶的作用下可水解成一种有毒物质，大量饲喂会引起家兔中毒。一般在兔日粮中添加不超过 7%。

5. 棉籽饼（粕）

棉籽饼（粕）是棉籽榨油产生的副产品，由于棉籽脱壳程度及制油方法不同，营养价值差异很大。完全脱壳的棉仁制成的棉仁饼（粕）粗蛋白质可达 40%~44%，与大豆饼（粕）相似；而由不脱壳的棉籽直接榨油生产出的棉籽饼（粕）粗纤维含量达 16%~20%，粗蛋白质仅为 20%~30%。带有一部分（原含量的 1/3）棉籽壳的为棉仁（籽）饼（粕），其蛋白质含量为 34%~36%。棉籽饼（粕）蛋白质品质不佳，赖氨酸仅为 1.3%~1.5%，蛋氨酸含量约为 0.4%，精氨酸含量较高可达 3.6%~3.8%，硒含量低。因此，在配合饲料中使用棉仁饼时应注意添加赖氨酸及蛋氨酸，最好与精氨酸含量低、蛋氨酸及硒含量较高的菜籽饼配合使用。

棉籽饼（粕）中含有棉酚，尤其游离棉酚，家兔长时间或过量摄入会生长缓慢，繁殖性能及生产性能下降，造成流产、死胎、畸形，甚至导致死亡。家兔对棉酚高度敏感，而且毒效可以积累。尽量用处理过的棉籽饼（粕）饲喂家兔，未经去毒的棉籽饼（粕）在家兔配合饲料中用量宜控制在 5% 以内。

6. 芝麻饼

芝麻饼是生产芝麻油的副产品，适口性好，含粗蛋白质 40% 左右，蛋氨酸含量高达 0.8% 以上，所有饼粕类饲料中最高，赖氨酸含量不足，精氨酸含量过高，并富含铜、铁、锰、锌等微量元素。但由于制饼过程中不同程度地混入一些糠麸或锯末，降低了营养价值。芝麻饼用量一般占日粮的 5%~12%。

7. 胡麻饼

胡麻饼为胡麻种子榨油的副产品，也叫亚麻饼。其代谢能值偏低，粗蛋白质含量约 30%，赖氨酸及蛋氨酸含量低，精氨酸含量高，为 3.0%，粗纤维含量高，适口性差。含有抗维生素 B_6 的因子及亚麻子胶和硫氰酸甙，喂量过多会引起中毒，首先表现肠道黏膜脱落、腹泻，动物很快死亡。一般情况下，热榨或经热处理的亚麻饼在饲粮中的比例不超过10%，最好和其他饼粕配合使用。

（二）动物性蛋白质饲料

动物性蛋白质饲料主要包括鱼类、肉类和乳品加工副产品及其他动物产品。如鱼粉、肉粉与肉骨粉、血粉、蚕蛹、羽毛粉等。家兔喜欢采食植物性蛋白饲料，动物性蛋白质饲料在家兔饲粮中使用并不广泛。

1. 鱼粉

鱼粉是由不宜供人食用的鱼类及渔业加工的副产品制成，是优质的动物性蛋白质饲料。其蛋白质含量高，进口鱼粉的粗蛋白质含量一般在60%以上，有的甚至高达72%，国产鱼粉一般为45%~55%。蛋白质品质好、氨基酸组成平衡，蛋氨酸、赖氨酸含量高，富含维生素B族，矿物质含量丰富，钙、磷含量高且比例好，含有较高的锌、铁、碘，丰富的维生素A、E及维生素B族。能够促进家兔的生长发育，提高母兔繁殖性能。因鱼粉有特殊的鱼腥味，且价格较高，兔日粮中一般控制在3%以内。

在实际使用过程中，应注意鱼粉的脂肪含量偏高，极易发霉腐烂、氧化酸败，伪造掺假、含盐量过高等质量不稳定因素。

2. 肉粉与肉骨粉

肉粉和肉骨粉是由不适于食用的畜禽躯体、骨骼、胚胎等，经高温、高压、灭菌、脱脂干燥制成。其产品的营养价值取决于原料的质量。肉粉粗蛋白质含量为50%~60%。含骨量大于10%的称为肉骨粉，粗蛋白质含量为35%~40%。通常肉粉、肉骨粉氨基酸组成不佳，赖氨酸含量较高，蛋氨酸和色氨酸含量低，利用率变化大。维生素B族含量高，尤其维生素B_{12}含量高，烟酸、胆碱含量高，维生素A、D含量较少，肉骨粉钙、磷含量高且比例适宜，锰、铁、锌含量也较高。

肉骨粉一般在家兔饲料中的添加量为1%~3%。肉骨粉在选用中需注意原料来源，必须经过无害化处理后，才能用于饲料生产，谨防原料中混有传染病病原。

3. 血粉

血粉是以动物的血液为原料，经脱水干燥而成。粗蛋白质高达80%~85%，但品质不佳，赖氨酸高达7%~9%，缺乏蛋氨酸、异亮酸和甘氨酸。富含铁，但适口性差，消化率低，喂量不宜过多。血粉在家兔日粮中用量一般控制在3%左右比较适宜。

4. 蚕蛹

蚕蛹是一种优质的蛋白质饲料。一般干物质中粗蛋白含量都在50%以上，氨基酸比较平衡，但非蛋白氮含量较高，脂肪含量高，一般在10%以上，且具有特殊异味，在日粮中用量控制在2%~8%。

5. 羽毛粉

羽毛粉是家禽羽毛净化消毒，经过蒸煮、酶水解、粉碎或膨化制成的饲料。蛋白质含量可高达80%~85%，胱氨酸含量高达3.0%以上，缬氨酸、亮氨酸、异亮氨酸的含量丰富，并含有维生素，铁、锌、硒等微量元素和一些未知的生长因子。缺点是氨基酸不平衡，蛋氨酸、赖氨酸、色氨酸和组氨酸含量低。在家兔饲粮中的用量一般在3%左右。

（三）单细胞蛋白质饲料

单细胞蛋白饲料是指一些单细胞或具有简单构造的多细胞生物的载体蛋白形成的蛋白质含量较高的饲料。主要包括一些微生物或单细胞藻类，例如各种酵母、蓝藻与小球蓝藻等。这类饲料粗蛋白质含量为40%~60%，并且含有较高的维生素、矿物质和其他生物活性物质，可以作为蛋白质的补充饲料。

以家兔饲粮常用的啤酒酵母为例，其蛋白质含量在50%~55%，而且蛋白质品质较好，富含赖氨酸，蛋白质含量和质量都高于植物性蛋白质饲料，消化率和利用率也高。同时还含有丰富的维生素、矿物质。需要注意的是酵母中含蛋氨酸较少，使用时应适当添加蛋氨酸，家兔日粮中酵母的比例一般在2%~5%。

六、矿物质饲料

矿物质饲料包括人工合成的、天然单一的和多种混合的矿物质饲料，以及配合有载体或赋形剂的微量、常量元素补充料,用以补充动物钙、磷、钠等矿物质需要。常用的补充钙的矿物质原料有石粉、贝壳粉、蛋壳粉;补充磷的有磷酸钙和其他磷酸盐类;补充钙磷的有骨粉、磷酸盐类;补充钠和氯最常用的就是食盐。

(一)钙源饲料

石粉(石灰石粉)为天然的碳酸钙,一般含钙量高达38%,是家兔最廉价、最实用的钙源饲料;贝壳粉含碳酸钙95%以上,含钙30%以上,蛋壳粉含钙35%以上,加热消毒粉碎后均是良好的钙源。

(二)磷源和磷钙源饲料

磷酸氢钙含钙23%~29%,含磷18%~20%,其中的钙、磷容易被动物吸收,是最常用的钙磷饲料;此外,磷酸钙、过磷酸钙也是含钙、磷丰富的饲料,但吸收率不及磷酸氢钙。

骨粉的基本成分是磷酸钙,钙磷比例2∶1,是钙磷较平衡的矿物质饲料。蒸制骨粉含钙30%、磷14.5%,还含有少量的镁和其他元素。一般饲粮中加入2%~3%。

(三)食盐

食盐的主要成分是氯化钠,能提供植物性饲料较为缺乏的钠和氯两种元素,同时具有调味作用,能增强家兔食欲,提高饲料利用率。添加量一般占日粮的0.3%~0.5%。

(四)其他

膨润土富含硅、钙、铝、钾、镁、铁、钠等有营养价值的元素,同时具有吸附作用,在家兔日粮中加入1%~3%;麦饭石、沸石、稀土等,含钙、磷及多种微量和稀有元素。

七、饲用添加剂

家兔养殖向集约化转型的形势下,饲料添加剂是全价日粮满足家兔营养需要所必需的,通常起完善饲料营养、提高饲料利用率、刺激家兔生长、防治家兔疾病、减少饲料在贮存期间营养物质损失与变质的作用。包括营养性和非营养性两大类，营养性添加剂用于补充饲料营养成分的少量或者微量物质，如氨基酸、维生素和微量元素等；非营养性添加剂包括生长促进剂、驱虫保健剂和饲料品质改良剂等。

（一）营养性添加剂

1. 氨基酸添加剂

主要用于补充配合饲料中相应氨基酸的不足，起完善氨基酸平衡的作用。根据家兔的营养需要，主要使用的氨基酸添加剂有蛋氨酸、赖氨酸、胱氨酸和精氨酸。在家兔日粮中添加 0.1%~0.2% 的蛋氨酸，可提高蛋白质利用率，日粮中添加 0.1%~0.25% 的赖氨酸可起到促进生长的效果。

2. 维生素添加剂

家兔对维生素的需要量不大，但其作用极其显著，尤其在规模化集约饲养条件下，必须在饲粮中加入一定量的维生素，常用的有维生素 A、D、E、K 和 B 族及氯化胆碱等。为生产方便，维生素添加剂常采用复合配方。在生产中应根据不同生产目的和生理阶段选择使用。

3. 微量元素添加剂

微量元素添加剂是用于补充家兔配合饲粮中某些微量元素的不足，维持和促进生理和生产的需要。使用时应根据饲粮的情况以及家兔需要进行补充，不可盲目添加。目前家兔使用的微量元素添加剂大都含有铁、铜、锌、锰、碘、钴、硒等微量元素。此外，自然界中存在的一些天然矿物质如稀土、麦饭石、沸石、膨润土等，含有丰富的微量元素，也被用于家兔的饲料中。

（二）非营养性添加剂

非营养性添加剂不是家兔必需的营养物质，但为保证或者改善饲料品质、提高饲料利用率而掺入饲料中的少量或微量物质。包括生长促进剂、驱虫保健剂、饲料改良剂等。

1. 生长促进剂

生长促进剂主要作用为刺激家兔生长、改善饲料利用率、提高生产能力。抗生素曾经作为生长促进添加剂使用，随着其应用弊端的逐渐凸显，畜牧业实行饲料端全面禁抗、养殖减抗，此形势下，饲料及养殖端积极寻求新的饲用替抗产品。当前生长促进剂主要集中在免疫分子类抗菌肽（酵母肽、枯草肽）、中草药、天然植物提取物（姜黄素、异绿原酸、藤茶黄酮等）、植物精油（香芹酚、牛至精油等）、微生态制剂（凝结芽孢杆菌、枯草芽孢杆菌、嗜酸乳杆菌等）、酶制剂（葡萄糖氧化酶、纤维素酶等）、酸化剂（单宁酸、柠檬酸等）等添加剂方面。

2. 驱虫保健剂

30~90日龄的生长兔易感染球虫，尤其高温高湿季节多发，家兔饲料中短期添加抗球虫药物，主要有氯苯胍、地克珠利等。许多驱虫药物具有毒性，只能短期治疗，不能长期作为添加剂使用。

3. 饲料品质改良剂

这类添加剂主要包括抗氧化剂、防霉剂、黏结剂、着色剂、调味剂、松散剂等。抗氧化剂添加于饲料中能够阻止或延迟饲料中某些营养物质氧化，提高饲料稳定性和延长饲料贮存期的微量物质；防霉剂是具有抑制微生物增殖或杀死微生物、防止饲料霉变的化合物；饲料调质剂包括着色剂、调味剂、诱食剂、黏合剂、流散剂等，能改善饲料的色和味，提高饲料或畜产品感观质量。

第八章
家兔饲养管理

如果说，优良的品种和合理均衡的全价饲料是养兔成功的前提，那么，细致完善的饲养管理则是养兔成功的保证。饲养管理是肉兔生产的核心工作，是肉兔选育、繁殖、饲养、疾病防治等各种知识的综合应用。良种要有良法与之配套，才能充分发挥良种效应，取得良好的经济效益。否则，良种也会表现得平庸，甚至退化，疾病频发，"生得多死得多"，导致经济效益低下。

第一节 家兔饲养管理的一般原则

对肉兔的饲养管理，首先遵循的一般原则包括如下几点。

①合理搭配，饲料多样化。相比牛、羊、猪等家畜来说，肉兔生长发育快，繁殖力、产肉力高，单位体重营养物质的需要量明显要高。任何一种营养物质的缺乏或过量都会对其产生很大的影响，有时甚至是致命的。

由于饲料种类千差万别，营养成分各不相同，每一类、每一种饲料都有其自身的特点。在配制肉兔日粮时，应根据各类型肉兔的生理需要，将多种不同种类的饲料科学搭配，方能取长补短，营养全价。即使在喂青粗饲料时亦应如此。俗话说"若让兔儿长得好，给吃多样草"，就是这个道理。

②日粮组成相对稳定，饲料变换应逐渐过渡。肉兔的消化道非常敏感，饲料的突然改变往往会引起食欲下降，或贪食过多，导致消化紊乱，产生胃肠道疾病。因此应保持日粮组成的相对稳定。在饲料确需更换时，为使肉兔消化道有一个适应过程，应有约一周的过渡期，每次更换1/3，每次2~3天，循序渐进。

③注意饲料品质，合理调制日粮。肉兔的饲料选择要做到"十不喂"：腐烂、变质的饲料不喂；被粪尿污染的饲料不喂；沾有泥水、露水的青绿多汁饲料不喂；刚被农药污染过的饲草、树叶不喂；有毒的饲草不喂；易引起胀胃的饲料（如未经煮熟、焙炒等加热处理的豆类饲料，开花期的草木樨）不喂；易

引起腹泻的多汁饲料（如大白菜、菠菜等）不宜单一或大量饲喂；冰冻的饲料不喂；发芽的土豆、染上黑斑病的地瓜不喂；含盐量较高的家庭剩菜不宜单喂。

④定时定量，精心喂养。肉兔的饲喂制度有两种，一种是自由采食，另一种是限量采食。在养兔业发达的国家如法国、德国等，已普遍采用全价颗粒料，对营养需要量高的几种类型兔如哺乳母兔、生长肥育兔等多实行自由采食，以充分发挥其哺乳性能和生产性能。目前我国肉兔生产中，多实行限量、定时定量饲喂法，即固定每天的饲喂时间和相对一定的量，使肉兔养成定时采食和排泄的习惯，并根据各类型肉兔的需要和季节特点，规定每天的饲喂次数和每次的饲喂量。原则上让兔吃饱吃好，不能忽多忽少。

定时喂兔，要根据季节不同适当加以调整。大兔的采食量比较恒定，定量容易把握，小兔的定量要从出生开始抓起。初次定量，可设定一个日粮数，分餐供应。观察一两天，看准确与否，高了减，低了加。一月龄的小兔，日采食量30克左右。随着小兔年龄的增长，适时增加日粮数量。所谓适时，就是不能每天都加量，这样做会出大问题。在冬、春、秋三个寒凉温爽的季节里，可以每隔5~7天，每只兔一天增加5~10克料，具体可视兔的采食和消化状况而定。定时定量蕴含着丰富的知识和技巧，是饲养标准化的一个方面，运用得好，可一举多得：一是不浪费饲料，二是有利于卫生（笼底、兔体相当洁净），三是能及时发现问题，解决问题。实践证明，在饲料符合兔的生理营养需要的前提下，坚持运用定时定量的科学方法，兔子就会按人的设想健壮成长。

⑤供足清洁饮用水。不同的季节及肉兔不同的生长阶段和生理时期，需水量不同。夏季高温，兔散热困难，需要大量的饮水来调节体温。幼兔生长发育快，体内代谢旺盛，单位体重的饮水量高于成年兔；母兔产后易感口渴，如饮水不足，容易发生残食或咬死仔兔现象；兔在采食大量青绿多汁饲料后，供水量可适当减少；在喂全价颗粒饲料时，应让兔自由饮水，在有条件的场、户，可安装自动饮水器。冬季最好饮温水，以免引起消化道疾病。

表8-1 气温对兔饮水量的影响

气温（℃）	相对湿度（%）	采食量（克/天）	饲料利用率	饮水量（克/天）
5	80	184	5.02	336
18	70	154	4.41	268
30	60	83	5.22	448

表8-2 家兔不同生理时期每天适宜的饮水量

生理时期	饮水量（升）
妊娠或妊娠初期母兔	0.25
成年公兔	0.28
妊娠后期母兔	0.57
哺乳期母兔	0.60
母兔+7只仔兔（6周龄）	2.30
母兔+7只仔兔（8周龄）	4.50

表8-3 不同年龄生长兔的需水量

周龄	平均体重（千克）	每日需水量（千克）	每千克饲料平均需水量（千克）
9	1.17	0.21	2.0
11	2.10	0.23	2.1
13~14	2.5	0.27	2.1
17~18	3.0	0.31	2.2
23~24	3.8	0.31	2.2
25~26	3.9	0.34	2.2

⑥定期消毒，保持兔舍干燥、卫生。肉兔是喜干燥、爱清洁的小动物。肮脏潮湿的环境易导致肉兔发病，特别是某些消化道疾病、寄生虫病等。因此，每天要清扫兔舍、兔笼，并定期对兔舍内及周围地面、兔笼、食槽、水槽、产仔箱定期采取相应的方法消毒，经常保持兔舍干燥、卫生，使病原微生物无法生存、繁殖。这是增强肉兔体质、预防疾病的关键措施，环境消毒应成为肉兔

常生产管理中一项经常化、制度化的管理程序。

因季节、消毒对象的不同，兔舍、兔笼及养兔用具的消毒间隔时间有一定的差异。每天应对兔舍的地面进行清扫，保持地面清洁。不同季节要制定相应的消毒程序。冬季，兔笼每月应至少消毒一次，食槽、水槽每半月消毒一次。夏季环境潮湿，病原微生物滋生很快，消毒的间隔时间应相应地缩短。兔舍地面、兔笼每半月消毒一次，食槽、水槽每天洗刷干净，每周消毒一次。春秋季节的消毒时间间隔介于冬夏之间。

消毒方法因不同的消毒对象而异。兔场进口处要设消毒池。消毒池的跨度应大于进出车辆的周长。消毒池内放置草垫，倒入5%的火碱溶液或20%新鲜石灰乳、5%的甲酚（来苏儿）溶液，使药液略浸过草垫，行人、车辆通过时消毒。兔舍入口处可设小的消毒池或消毒室，消毒室内用紫外线消毒（1瓦/米^2，消毒5~10分钟）；对于育种场等对环境条件要求很高的，还要设喷雾消毒，进入兔场的人员穿好隔离衣，在入口处进行全身喷雾消毒。兔舍地面、兔笼、墙壁的消毒方法是：先清扫、冲洗干净，然后用3%热火碱溶液（60~70℃）或5%甲酚（来苏儿）溶液、1∶300农福液喷洒消毒。兔笼可用火焰喷灯进行火焰消毒，效果更佳。金属兔笼不易用火碱消毒，以防笼具被腐蚀，影响使用寿命。兔笼底板的竹算子可以用火碱等腐蚀性很强的药液浸泡消毒，过一定时间用清水冲去；也可以用清水浸泡洗刷，风干后再用火焰喷灯消毒。食槽、水槽等用具先洗刷，再用0.05%的苯扎溴铵（新洁尔灭）溶液浸泡30~60分钟，取出用清水冲洗干净。产仔箱要在每只母兔使用后或被污染后，进行消毒。木质产仔箱要先洗刷干净后，再用0.1%~0.5%的过氧乙酸等喷雾消毒，铁皮产仔箱可以洗刷干净后用火焰喷灯消毒。室内可用紫外线消毒，每次30~60分钟。也可以空出兔舍，采用熏蒸法消毒，方法是：福尔马林按每立方米空间15~30毫升，加等量水置于金属容器内，加热蒸发，密闭门窗8小时，再打开通风；或用过氧乙酸按2~3克/米^3，稀释成3%~5%的溶液加热熏蒸后密闭2小时。梅雨季节，兔舍内地面可经常铺撒一层生石灰粉，既消毒又吸潮。

总之，应选择对人和兔安全、对设备没有破坏性、没有残留毒性的消毒剂，所有消毒剂的选择和应用应符合NY/T 5131—2002《无公害食品　肉兔饲养兽医防疫准则》和 NY/T 5133—2002《无公害食品 肉兔饲养管理准则》的规定。

⑦通风换气,保持兔舍空气清新。肉兔对空气质量的敏感性要高于对温度的敏感性。兔舍温度较高时,有害气体(特别是氨气、硫化氢)的浓度也随之升高,易诱发各种呼吸系统疾病,特别是传染性鼻炎。封闭式兔舍应适当加大换气量。这样可以使兔舍内的空气质量变好,减少某些传染病的发生,夏季还有利于兔舍降温。半封闭式兔舍,要做好冬季通风换气工作。关于通风方法在前面已有叙述。对仔兔应注意冷风的袭击,特别是要防止贼风的侵袭。兔舍小气候条件见表 8-4。

表 8-4 兔舍小气候条件

温度(℃)	繁殖兔舍、幼兔舍	8~30
	育肥兔舍	5~30
	敞开式产仔箱	>15
	封闭式产仔箱	>10
相对湿度(%)	60~65	
有害气体浓度($\times 10^{-6}$)	氨	<30
	二氧化碳	<350
	硫化氢	<10
光照强度(瓦/米^2)	1.5~2	
光照时间(小时)	繁殖兔	14~16
	种公兔	8~12
	育肥兔	8~12
通风换气量[米^3/(千克·小时)]	2~3	
空气流速(米/秒)	<0.5	

⑧保持安静。肉兔胆小怕惊,突然的惊吓易引起各种不良应激的发生,如配种受阻、母兔流产、仔兔"吊奶"、肠套叠和肉兔在笼内乱跑乱撞引起内外

伤等。因此，兔舍周围要保持相对安静。饲养人员操作动作要轻，进出兔舍应穿工作服，禁止人员穿戴颜色鲜艳的衣服进入兔舍。

兔舍要有防兽设施，防止狗、猫、黄鼠狼、老鼠、蛇的侵害。

⑨分群管理，加强检查。对肉兔按品种、生产方向、年龄、性别和个体体况的强弱进行合理分群，便于管理，有利于兔的生长发育、选种和配种繁殖。种公兔、妊娠母兔、哺乳母兔、后备兔应单笼饲养。每天早晨喂兔前，应检查全群兔的健康状况，观察其姿态、食欲、饮水、粪便、眼睛、皮肤、耳朵及呼吸道是否正常，以便早发现病情，及时治疗。

第二节 各类家兔的饲养管理

一、种公兔的饲养管理

在选好公兔的基础上，加强饲养管理，使公兔发挥更好的配种性能，对于养兔户能否取得好的效益至关重要。俗话说："母兔好，好一窝；公兔好，好一群。"种公兔饲养管理的好坏，对改良整个兔群品质起很大作用，它直接关系着育种工作的成败。良好的种公兔一要体格健壮，不肥不瘦，达到种用膘度；二要性欲旺盛，配种（或采精）能力强；三是精液品质好，与配母兔受胎率高。

（一）种公兔的饲养

1. 注意营养的全面性和均衡性

种公兔的种用价值，首先取决于精液品质，而精液品质的好坏，与种公兔的营养有密切关系。在实际生产中，要注意种公兔饲料营养的全价性、平衡性与稳定性。首先饲料蛋白质的水平直接影响公兔的精液品质，蛋白质含量低，不能保持种公兔精液品质的持久性，会造成采精量少，精子活力低下，配种受胎率低，影响整个兔群的繁殖性能。一般繁殖期种公兔日粮中粗蛋白质的含量以 17%~18% 为宜。一般实行季节性产仔的兔群，在配种前 20 天左右就要开始调整种公兔的日粮，加强营养。特别是在配种旺季，更要保证种公兔较高的营养水平。其次日粮中的矿物质特别是钙和磷对精子的形成影响较大，而且一般饲料中容易缺乏，应注意补充。日粮中的微量元素也应通过添加剂进行补充，否则将影响精子的正常形成。饲料中的维生素也是家兔精子形成所必需的营养物质，特别是维生素 A、维生素 E 和维生素 B 族，直接影响精液品质。而这些维生素多存在于优质干草、青绿饲料和其他多汁饲料中，一般在盛草期不易缺乏，而在冬季和早春季节应注意给种公兔补充青干草、胡萝卜、大麦芽、大白菜等富含维生素的饲料。实践证明，种公兔配种期如能加喂适量的豆饼、豆渣、苜蓿、毛苕子等富含蛋白质的饲料，以及加喂胡萝卜、大麦芽、青草等富含维生素的饲料，精液品质就可以提高。此外，配种旺季每天如能加喂 1/4~1/2 个鸡蛋或 5 克左右鱼粉或牛羊奶等，对改良精液品质大有好处。

对精液品质不良的种公兔，改用优质日粮后 20 天左右方能见效。要想获得较高的配种受胎率，至少在配种开始前 15~20 天就要加强对种公兔的饲养，而且要保持长久，不能时断时续。

2. 饲料体积要小

不应长期大量喂给种公兔低浓度、大体积、高水分的粗饲料和多汁饲料，以防止增加消化道负担，引起腹大下垂，配种困难。后备公兔如全部用秸秆或大量多汁饲料，不仅发育慢，成年后达不到种兔应有的发育标准，而且配种（或采精）性能也差，失去种用价值。在实践中观察到，种公兔的食欲不如幼兔，也不如母兔旺盛。所以，在种公兔的饲料选择上一方面要注意饲料的可消化性和适口性，更不宜喂给过多容积大的粗饲料。

3. 玉米等高能饲料喂量不宜过多

实践证明，种公兔日粮中能量水平过高，如采用育肥日粮，会使公兔过肥，造成性欲减退，精液品质下降，影响配种效果。因此，要定期称重，要求配种季节每月称重 1 次，非配种季节一季度称重 1 次，根据体重变化来调整饲料配方，增加或减少能量饲料比例，使公兔保持种用膘度和旺盛性欲。

（二）种公兔的管理

1. 合理分群，单独饲养

家兔3月龄可以达到性成熟，一般7月龄达到初配月龄，所以，在家兔性成熟前就应将公、母兔分开饲养，以免过早配种。种公兔和后备公兔应在3月龄后单笼饲养，因为公兔的群居性很差，好咬斗，如果几只公兔在一起饲养，轻则相互爬跨影响生长，重则相互咬斗，致残致伤。

2. 控制饲养环境

公兔群是兔场的最优秀群体，应特殊照顾，为其提供清洁卫生、干燥、凉爽、安静的理想生活环境，为其减少应激因素，应适当增加活动空间（笼具面积宜大些，以增加运动量）。夏季防暑是养好公兔的首要任务，炎热地区有条件的兔场，在盛夏可将全场种公兔集中在空调间里，以备秋季有良好的配种效果。

3. 经常检查，预防疾病

公兔的某些疾病具有传染性，会影响多个母兔，所以要经常对种公兔进行检查，发现疾病及时停止配种，如果是传染病应坚决予以淘汰。

4. 加强种公兔的选留

在选育过程中加大对公兔的选择强度，选作种用的公兔应来自优良亲本的后代。可根据肉兔主要经济性状的遗传参数确定合适的选种方法（见表8-5、表8-6）。

表8-5　肉兔主要经济性状遗传力

品种	性状	遗传力	品种	性状	遗传力
塞北兔	初生重	0.18	新西兰白兔	产活仔数	0.329
	断奶重	0.24		总产仔数	0.269
	成年体重	0.53		初生个体重	0.207
	日增重	0.32		21日龄窝重	0.173
	窝产仔数	0.19		断奶个体重	0.399
	泌乳力	0.115		初生窝重	0.364
	成年体长	0.23			
	成年胸围	0.42			

注：估计方法为父系半同胞。

表 8-6　肉兔主要经济性状间的表型相关与遗传相关

品种	相关性状	表型相关	遗传相关
新西兰白兔	初生重与 21 日龄个体重	0.149	0.243
	初生重与断奶个体重	-0.079	0.146
	21 日龄体重与断奶个体重	0.199	0.230
	哺乳仔数与泌乳力	0.138	0.199

注：估测方法为半同胞组内相关。

对于公兔的选择，如果选择像日增重、成年体重这样遗传力都比较高的性状，可采用个体选择的方法，获得较好的选择效果。多个性状同时选择时可根据性状间的相关系数制定选择指数。

程菊芬等（2007）采用以个体选择为主，适当结合家系选择，进行完全闭锁群体继代选育法再对新西兰白兔进行了四个世代的选育。选育后的新西兰白兔繁殖性能有了明显的提高，四世代的产仔数、产活仔数和断奶窝重分别较零世代有显著提高，成年体重公兔 4289.72 克。

5. 掌握适宜的初配月龄

种公兔的初配年龄因品种（系）的不同而有较大差异。一般中小型肉兔品种初配年龄早，大型品种晚。小型品种一般为 4~5 月龄，中型品种一般为 6~7 月龄，大型品种一般 7~8 月龄。但不论何品种，其初配时体重最少不应低于其成年体重的 60%；在种兔场，应掌握在 80% 以上。

6. 合理安排配种时间和强度

在喂料前后半小时之内不宜配种或采精。冬季最好在中午前后；春秋季节上、下午均可；夏季高温季节应停止配种。精液品质参数在不同季节中具有显著差异。最适繁育季节为春季和冬季的后一个半月，春季精子活力最高，浓度也大。从夏季的头两周精液品质开始下降，在秋季的头一个半月中，精液中无精子。

青年兔初配时每天 1 次，连续 2 天休息 1 天。壮年公兔 1 天 2 次，连续配种2天休息1天；或每天1次，连续配种3~4天休息1天。如果连续滥配，会使公兔过早地失去配种能力，减少使用年限。

表8-7 采精频率对精液质量的影响

性状	低频组（A）		中频组（B）		高频组（C）	
	n	$\overline{X} \pm S$	n	$\overline{X} \pm S$	n	$\overline{X} \pm S$
密度（10^6/毫升）	55	317.26 ± 43.41^a	115	257.72 ± 42.09^b	173	183.92 ± 39.57^c
采精量（毫升）	52	0.99 ± 0.083^a	107	0.76 ± 0.08^b	172	0.76 ± 0.08^b
精子活率（%）	40	70.93 ± 4.63	93	68.84 ± 4.51	137	70.60 ± 4.50
精子畸形率（%）	40	27.29 ± 3.77	84	26.63 ± 4.38	128	35.48 ± 4.26

注：表中相同小写字母表示差异不显著（$P > 0.05$），不同小写字母表示差异显著（$P < 0.05$），以下同。（低频组：每周采精2次；中频组：每周采精4次；高频组：每周采精6次。）

7. 配种得当，合理使用

配种时应把母兔放入公兔窝内，而不能将公兔放入母兔窝内，因为公兔到了新的环境里，会分散注意力，拖延配种时间，甚至拒绝交配。

（三）影响种公兔配种能力的主要因素

1. 遗传

种公兔繁殖性能的高低是可以遗传的，选择种公兔时必须考虑祖先的生产性能及遗传性。

2. 个体差异

除了考虑祖先的生产性能外，选择种公兔时，更重要的是应重视公兔本身的发育、体型外貌和生殖器官的发育情况。

（1）体型外貌

应选择品种特征明显、体型结构符合其生产类型的个体。总的要求是胸部宽而深，背腰宽而广，臀部丰满，四肢强有力，肌肉结实，体质健康，发育良好，没有外形缺陷，性欲强，交配动作快。

（2）生殖器官

公兔睾丸要匀称，雄性强。隐睾、单睾或睾丸大小不一致的都不能留种。

（3）疾病

患有脚皮炎、疥螨病的个体不能留作种用。

3. 年龄

青年公兔由于身体尚未发育完全，配种能力较差。中年（1~2岁）公兔生殖系统、内分泌系统都已完全成熟，此时配种能力最强；老年（2.5岁以上）公兔生殖功能衰退，配种能力下降。在现代化规模饲养情况下，种兔的使用年限大为缩短，一般种公兔使用年限为2~3年。

4. 配种强度

如种公兔长期配种负担过重，可导致性功能衰退，精液品质下降，母兔受胎率不高；但如配种强度过小，或长期闲置不配，睾丸产生精子的功能就会减退，使精子活力差、畸形精子、死精子数增加。唯有合理使用种公兔，才能充分发挥其种用性能。

5. 营养

营养是种公兔旺盛性欲和最佳精液品质的物质保障。要保持种公兔健壮的体格和高度的性反射，就必须保证饲料营养的全价性，特别是蛋白质、维生素、矿物质营养。

二、种母兔的饲养管理

种母兔是兔群的基础，它除了本身的生命活动外，还有妊娠、泌乳、哺育仔兔等负担，所以种母兔饲养管理工作的好坏，不仅影响后代的品质，而且也关系到种兔场经济效益。种母兔按生理阶段的不同可划分为三个时期：空怀期、妊娠期和哺乳期。三个时期特点不同，应采取不同的饲养管理方法。

（一）空怀母兔的饲养管理

空怀母兔是指性成熟后或仔兔断乳后，到再次配种受胎之前这段时间的母兔，也叫休产期母兔。母兔空怀的长短视繁殖密度而定，如年产4胎，每胎休产期为 10~15 天；如年产 7 胎以上，就没有休产期。空怀期的母兔由于哺乳期消耗了大量养分，一般体质较差。此期饲养管理的主要任务是使其尽快恢复膘情，调整体况，使之正常发情配种。

1. 空怀母兔的饲养

养好空怀母兔的关键是"看膘喂料"。即保持母兔有七八成膘，过肥则减少精料喂量，增加运动；过瘦母兔则应在配种前半个月增加精料喂量，尽快恢复膘情。生产中母兔空怀期饲养容易出现两种情况，一种是空怀期母兔不减料，仍然自由采食，致使母兔养得过肥，造成长期不发情或配种受胎率低；另一种是忽视空怀期母兔的饲养，使之不能很快复膘，体质较差，同样造成长期不发情，发情症状不明显，受胎率低，即便受胎也容易流产、产弱胎或死胎，产后泌乳量不足，影响仔兔的发育。

母兔断乳后，如因前一哺乳期消耗营养过多，身体瘦弱，可适当延长休产期，并喂以优质青绿多汁饲料，补喂适量精料，尽快恢复膘情，以便正常发情配种。

2. 空怀母兔的管理

在管理上除了为其创造适宜的环境条件外，还要注意观察其发情状况，做到适时配种。对仔兔断乳后体况较瘦的母兔，环境条件不良（如炎热的夏季），可适当延长空怀期，不要一味追求繁殖胎次，否则将影响母兔健康，使繁殖力下降，也会缩短优良母兔的利用年限。空怀期可长可短，要根据具体的情况而定。农村自然条件下家兔每年可繁殖 4~5 胎，春季和秋季可以施行血配，夏季和冬季减少繁殖的频率，空怀期较长。如果和科学的营养与管理相结合，可以做到年繁殖 6 胎。在生产实践中，又可以采取短期优饲的方法对母兔催情。即在母兔配种前 7~10 天，对母兔提高营养水平，增加精料量的 30%，同时加喂胡萝卜、大麦芽和优质青绿饲料，以利于早发情、多排卵、多产仔。为了提高笼具的利用率，母兔在空怀期可实行群养或 2~3 个母兔在一个笼子里饲养。但必须注意观察发情表现，以便及时配种。母兔在妊娠期和哺乳期不适于注射疫苗和投喂药物，因此，这些工作尽量集中在母兔的空怀期进行。

为空怀期母兔提供的温度、湿度要合适、光照要充分，保证光照时间在 16

小时以上,并要加强运动。

(二)妊娠母兔的饲养管理

妊娠母兔是指配种受胎后到分娩产仔这段时间的母兔。母兔怀孕期为30~31天。

1. 妊娠母兔的饲养

在生产实践中,可将家兔妊娠期分为两个阶段,即妊娠前期和妊娠后期。

妊娠前期指孕后前18天,包括胚期和胎前期,因前期胚胎增重速度很慢,需要的营养物质不多,饲养水平稍高于空怀母兔即可。

妊娠后期即胎儿期,从怀孕第19天开始,胎儿增重很快,这阶段的增重量等于初生仔兔重量的70%~90%。具体的喂料量及营养水平,仍然是根据每只母兔的具体情况而酌情掌握。即当母兔的膘情较好时,与空怀母兔一样对待;膘情较差者,适当增加营养水平和饲喂量(15%~30%),这样一直至妊娠第15天。此后,由于胎儿发育的加快和营养需求量的不断增加,应逐步提高营养水平和喂料量,饲料的供给逐渐向自由采食过渡(20天后),20~28天自由采食,28天后大多数母兔的食欲降低甚至拒食,应补喂母兔喜欢吃的青绿饲料。母兔妊娠后营养水平在短时期内大幅度提高,特别是能量水平,会导致胎儿早期死亡。

2. 妊娠母兔的管理

妊娠母兔的管理工作主要是防止流产。母兔的流产多发生于妊娠后第13天和第23天。流产的原因主要有以下几种可能性,即摸胎时用力过大过猛、捕捉追赶、碰撞挤压、惊吓而引起的流产;中毒性流产;强制配种造成流产;疾病性流产等。要采取相应措施,做好预防工作。流产一旦发生,治疗效果往往不好。此外,还应做好产前的准备。妊娠28天后,将产仔箱放入母兔笼内,让其熟悉环境,便于衔草、拉毛做窝,冬季产箱内放一些长4~5厘米的垫草。母兔产前1~2天开始拉毛叼草做窝,这样的母兔一般母性较强。对不拉毛的母兔就需要人工辅助拉毛,方法是将兔轻轻保定,用手将其乳房周围的毛一小撮一小撮地拔掉,以诱导母兔自行拉毛。经两次以上诱导仍不会拉毛者视为母性不强,在选育过程中应予以淘汰。如预产期超过2天后仍不产仔或遇难产时,可进行人工催产。产房应有专人负责，注意冬天保温防寒，夏季防暑。产后母兔由于口渴要立即饮水，所以应及时放上红糖水，冬季要给兔饮温水。并做好记录工作。分娩后，给母兔服喂1周的抗菌药物，预防乳房炎和仔兔黄尿病，提高仔兔的成活率，促进仔兔的生长发育。

垫草质量对于仔兔的发育和成活率有很大影响，切忌有异味和坚硬粗糙的垫草，也不可用带有线头的丝棉物作垫草。

（三）哺乳母兔的饲养管理

哺乳母兔是指分娩后至仔兔断乳这一时期的母兔。母兔的泌乳伴随着产仔开始，且随着产仔时间的延长泌乳量增加，一般21天左右达到高峰，以后缓慢下降。一般来说，母兔日泌乳量60~180毫升，高者可达250毫升。兔乳营养特别丰富，其蛋白质和脂肪的含量比牛、羊奶高3倍多，矿物质高2倍多。

1. 哺乳母兔的饲养

哺乳母兔营养消耗很大，所喂饲料必须量足（约为空怀母兔的4倍），质优（营养全价且易消化的饲料），饮水不可间断。

首先，饲料配方应做相应调整，将蛋白质含量提高到17%以上。实践证明，饲料蛋白质含量在18%以内，母兔的泌乳量随着蛋白质含量的提高而增加。

第二，家兔盲肠微生物虽然可以合成必需氨基酸并被家兔摄入，但其数量远远不能满足泌乳母兔对必需氨基酸的需要，可根据营养需要，适当搭配一些含硫氨基酸丰富的饲料（如鱼粉、芝麻饼等），或在以常规饲料配合的日粮中另外补加蛋氨酸0.1%~0.2%，母兔的泌乳力会大幅度提高。

第三，为了提高泌乳力，应额外补加一定量的维生素A和E，使每千克饲料中含量分别达到10000国际单位和40毫克以上。

第四，给哺乳母兔加料必须逐步进行。分娩后1~2天，母兔体质较弱，食欲和消化能力较差，可以不喂或少喂精料，以喂青绿多汁饲料为主；3天后逐渐增加精料喂量；到20天左右泌乳量达到最高峰，日泌乳约200毫升，饲喂量也要相应增加。喂量多少，要根据哺乳母兔的消化泌乳情况与仔兔粪便加以合理调整，如母兔消化正常，产仔箱内很少有仔兔粪尿，而仔兔又能吃饱，说明喂量合理。如果母兔和仔兔都消化不良，粪便稀软，说明母兔喂量过多，仔兔吃乳过量，要及时减料。

第五，母兔的乳汁绝大多数是水分，没有充足的清洁饮水供应，就不可能有足够的奶水分泌，其他营养再高也替代不了水的作用。所以，必须保证母兔哺乳期自由饮水。

母兔产后 1~2 周内决不能加料太猛，否则可能发生母兔因肠毒血症而突然死去，5~6 日龄的仔兔也可能因肠毒血症而发生死亡。

2. 哺乳母兔的管理

母兔在哺乳期对于环境变化的敏感性很强，稍有大意和疏忽，就有可能影响其泌乳功能。在管理中应重点抓好以下几点。

①提供舒适的环境。做到安静、清洁、干燥和温暖。在哺乳期间，尤其是正在给仔兔哺乳时，任何的应激因素都可产生不良后果，特别是噪声、动物闯入、陌生人接近、无故搬动产箱和拨动其仔兔。笼具要光滑、平整，以防造成母、仔兔损伤。

②及时检查哺乳情况。产后 5~6 小时应及时检查哺乳情况。如果仔兔安静休息，腹部圆鼓，肤色红润光亮，说明哺乳良好。如果仔兔不安，乱爬，腹部空瘪，肤色灰暗，用手抚摸时，头上仰并发出"吱吱"的叫声，证明未哺乳。

③预防乳房炎。在管理上要做到经常检查母兔的泌乳情况，发现泌乳不足，除增加精、青饲料的喂量外，必要时可增喂米汤、红糖、花生、胡萝卜等催乳；如果仔兔少、泌乳多，应适当减少饲料喂量，以防发生乳房炎。如发现乳房有硬块、红肿，应及时采取通乳和热敷等措施。

④坚决剔除发霉、变质饲料，以防止由此引起母兔泌乳量减少，乳质降低，仔兔发生下痢或消化不良。

⑤乳头保护。产后用经过消毒的热毛巾按摩洗擦乳房，然后以兽用碘酊涂抹每个乳头，隔日 1 次，连续 3 次。这样，一方面预防母兔乳头的伤害，另一方面，使仔兔在哺乳时获得一定的碘，有预防球虫病的作用。

三、仔兔的饲养管理

（一）仔兔的生理特点

从出生到断乳这一时期的小兔称为仔兔。仔兔出生前在母体子宫内发育，营养由母体直接供给，温度恒定，出生后的仔兔环境发生了急剧的变化，此时的仔兔机体生长发育尚未完全，缺乏对外界环境温度变化的调节能力，视觉和听觉发育不完善，适应性差，抵抗弱。而此阶段的生长发育又很快，仔兔出生重一般40~65克，在正常情况下，7日龄时达130~150克，30日龄时达500~750克。因此，对仔兔必须精心饲养和管理，以提高仔兔成活率和断乳重。仔兔的适应性较差，抵抗各种不良环境和疾病的能力弱，一旦发病难以控制，导致成活率降低。应特别注意饲养管理，尤其要注意卫生条件，防止感染各种疾病。

（二）不同阶段仔兔的饲养管理

1. 闭眼期仔兔的饲养管理

闭眼期是指仔兔初生后头12天内眼睛闭着，除吃乳外都在睡觉的时期。

（1）早吃初乳

初乳是指母兔产仔后3天内的乳汁。初乳不仅营养丰富，含有较多的蛋白质、维生素、矿物质，而且还含有免疫抗体，能增强仔兔的抗病能力。仔兔产后6小时之内应检查是否吃到初乳，凡吃足初乳的仔兔，腹部圆鼓，胃部呈乳白色（透过腹部可看到胃内乳汁），安睡不动。凡吃奶不足者，则腹瘪胃空，到处乱爬，吱吱乱叫。对于没有吃到初乳的仔兔应采取人工辅助哺乳，办法是将母兔轻轻放入产仔箱内，并保定好，让仔兔吮吸；如果仔兔较弱，不能自行捕捉乳头，可人工将仔兔放在母兔的乳头处，以母兔的乳头摩擦仔兔的嘴唇，以诱导仔兔开口吃乳，应连续几天人工辅助哺乳，待体质好转即可自己哺乳。

（2）寄养

如果母兔在产后无乳或乳汁不够，或产后死亡，对其仔兔要施行寄养。其方法就是将仔兔寄养给别的母兔（保姆兔）。寄养的方法可以根据实际情况灵活掌握，但总的要求是使寄养的仔兔在开始寄养时和保姆兔的气味尽量相近，而且出生日期尽量相近（不超过3天）。寄养时，要把寄养的仔兔身上黏着的原产箱内的兔毛和垫草等杂物清除干净，并涂上保姆兔的奶水，或在保姆兔鼻端涂点碘酒、清凉油或大蒜汁等以混淆气味；也可将仔兔从产仔箱取出，在保姆兔第一次喂奶之前数小时，放入保姆兔亲生仔兔的产仔箱中，到母兔喂奶时已分辨不出养仔兔的气味。

（3）人工哺乳

仔兔出生后因母兔患病、死亡或缺乳，而又无法寄养时，可采用人工哺乳的办法。人工哺乳的器具可用注射器、玻璃滴管或塑料眼药水瓶，在其嘴上接上一段细橡皮管（自行车气门芯）即成。喂饲以前要将牛奶等煮沸消毒，冷却到37~39℃时喂给，每天定时饲喂1~2次。饲喂时要仔细，不要滴入太急，以免误入气管引起呛咳或窒息死亡，也不要喂得过多，以吃饱为限。

（4）保温防寒

刚出生的仔兔由于体温调节能力很差，神经反应迟钝，受环境因素的影响大。特别是寒冷的环境是仔兔死亡的主要原因之一，所以保温防寒又是这一阶段工作的重点。对闭眼期的仔兔，窝温不宜低于30℃，室温不得低于15℃。寒冷季节产仔，应及时将产仔箱移至温暖处，随时检查是否有仔兔爬出产仔箱或母兔将仔兔产于箱外。凡见仔兔皮色发青，在窝内不停窜动时，均表明巢内温度过低，须及时调整。但在南方炎热夏季，应注意舍内降温，取出部分巢箱内的垫草和覆盖的兔毛，以保证窝温不超过40℃。幼兔则宜生活在20℃、无大风且安静的环境中。

（5）分批哺乳

母兔产仔较多，而无合适的保姆兔时，可将仔兔分成两批，清早给体小的仔兔喂奶，傍晚给体较大的仔兔喂奶，这样只要加强母兔营养供应，并及早给仔兔补料是可行的。

（6）主动弃仔

如果母兔产仔数很多，而当时又没有合适的保姆兔寄养，应果断采取抛弃部分仔兔的方法。有些人认为这种做法太可惜，舍不得扔掉活生生的仔兔，将仔兔全部保留，其结果事与愿违。

2. 开眼期仔兔的饲养管理

开眼期从出生后第12天（第11至第14天）眼睛开始睁开到断乳这段时期。

（1）做好开食补料工作

仔兔产下12天后开眼追着母兔吃乳，生长加快，而母乳却日渐减少，为了解决仔兔营养不足的矛盾，应及时补料。开食补料时间一般从16~18天开始。过早开食补料，仔兔的肠胃功能尚未健全，容易发生消化道疾病。仔兔料应营养全面，适口性好，易消化。23~25日龄可喂些营养价值高的嫩草等新鲜嫩绿青饲料。仔兔补料一般每天4~5次，每只日喂量由4~5克逐渐增加到20~30克，补料后应及时取走食槽以防仔兔在里面拉尿。补饲料持续喂到35~45日龄，再慢慢改喂生长兔料或育肥兔料。断乳前应坚持哺乳，并供给充足饮水。补喂的饲料，开始可用少量的嫩青草、野菜诱食，23天左右可逐渐混入少量粉料，补料量要由少到多，少次多餐，每天喂5~6次。

（2）搞好卫生，预防疾病

产仔箱每天要检查，发现潮湿，或母兔在箱内排粪，要及时清除，防止仔兔误食母兔粪便感染球虫病。晴天产箱要多晒太阳，可起到消毒杀菌作用。仔兔开食后粪尿增多，更要保持产箱的清洁卫生。仔兔在哺乳期常发大肠杆菌病、黄尿病和球虫病。出生后一周内的仔兔容易发生黄尿病。仔兔黄尿病是由于仔兔吸吮患乳房炎的母兔的乳汁引起的，患兔体弱无力，皮肤灰白，无光泽，很快死亡。防治尿黄病的方法，主要是保证母兔要健康无病，搞好母兔乳房炎的防治，饲料要清洁卫生，笼内要通风干燥；同时要经常检查仔兔的排泄情况，如发现仔兔精神不振、粪便异常，要立即采取防治措施。大肠杆菌病主要是由于笼舍和产箱卫生不良，母兔乳头沾上致病性大肠杆菌，当仔兔吮乳时吃到胃肠内，由于仔兔抗病力低，很容易发病死亡。所以搞好卫生是预防仔兔大肠杆菌病的重要措施。患有球虫病的母兔，对母体虽未达到致病的程度，但可以使仔兔消化不良、拉稀、贫血、消瘦，死亡率很高。据报道，有些兔场因球虫病死亡的仔兔高达90%以上。预防球虫病方法主要是注意笼内清洁卫生，及时清理粪便，经常清洗或更换笼底板，并用开水浇或日光暴晒等方法杀死卵囊；同时在饲料中经常混入一些葱、蒜等物，增强兔肠道的抵抗力。如发现粪便异常，要及时采取药物防治措施。

（3）防止吊乳

吊乳是养兔生产实践中常见的现象之一，主要原因是母兔乳汁少，仔兔吃不饱，较长时间吸住母兔的乳头不放，母兔离箱（巢）时就会将正在吃乳的仔兔带出箱外；或者母兔正在哺乳时，受到突然惊吓，引起母兔惊慌而突然离巢，将仔兔带出巢外。吊乳出巢的仔兔容易受冻或被母兔踩死。在饲养管理上要特别细心，当发现有吊乳出箱（巢）的仔兔应及时将其送回巢内，并查明原因，及时采取措施。

（4）防暑防寒

仔兔出生后体表无毛，体温随着外界温度变化而变化，冬季和春季气温偏低，特别是我国北方，兔舍内要进行保温。夏季天气炎热，阴雨天较多，蚊蝇猖獗，仔兔生后身体无毛，易被蚊蝇叮咬。所以，夏天最好把巢箱放在安全的地方，用纱布遮盖，注明母兔号码，按时送进笼内喂奶，并做好室内通风、降温工作。

（5）防止鼠害

生后1周内的仔兔易受鼠害。有些地区仔兔死于鼠害者高达30%~50%之多。所以设法消灭老鼠，是养兔场和养兔户的一项重要任务。

（6）防止仔兔窒息和残废

家兔产仔做窝拔下细软的长毛，受潮湿和挤压后易结成块，难以保温。另外由于仔兔在巢箱内爬动，易使细毛拉成线条，如缠结在腿部易致残，缠在颈部易窒息而死。所以，营巢用的长毛应及时换成短毛或棉花等。

（7）适时断乳

仔兔断乳时间的早晚，应根据饲养水平、繁殖制度、仔兔发育情况以及品种、用途（种用还是商品用）等不同情况而定。一般来讲，仔兔的断乳时间为30~35天；实行血配，进行频密繁殖时仔兔的断乳时间为28天。如全窝仔兔生长发育均匀，体质健壮，可采取一次性断乳法，即在同一天母仔分开饲养。断乳母兔在2~3天内只喂给青粗饲料，停喂精料，促使母兔尽快停止泌乳。如全窝仔兔强弱不均，可采取分批断乳法，即先将体质强的仔兔分开，体质弱的仔兔继续哺乳，几天后，看情况再断乳。断乳时，如果条件允许，最好将母兔移走，让仔兔留在原笼饲养一段时间（做到饲料、环境、管理三不变），再转入幼兔舍，以减少环境变化和断乳同时进行使仔兔产生应激，影响其生长。

四、幼兔的饲养管理

从断乳到3月龄的小兔称为幼兔。幼兔发育速度快、消化能力差、体温调节功能和神经调节功能尚不健全、胆小易惊，对环境变化极为敏感，抗病力弱。再加上开始第一次换毛，所面对的应激因素多（如断乳、饲料改变、笼舍改变、伙伴改变、疫苗注射），给幼兔的饲养管理提出了更高要求。因此，提高幼兔成活率，保证其快速增长的需要，必须科学饲养，加强管理，建立健全卫生防疫制度。

（一）幼兔的饲养

1. 保证充足的营养

幼兔胃肠的容量相对较小，对粗纤维的消化力较弱，要求日粮营养丰富、体积较小、能量和蛋白质水平较高。一般日粮中不仅要保证蛋白质的含量在16%~17%，还要保证蛋白质的质量，注意氨基酸的含量和平衡性。此阶段的家兔面临着第一次换毛（年龄性换毛），日粮中更要保持含硫氨基酸的含量。值得注意的是日粮中的粗纤维含量不能太低，太低的粗纤维日粮容易引起幼兔的代谢性腹泻。一般幼兔日粮中的粗纤维含量为12%~14%，尽量不低于10%。

2. 合理搭配饲料

首先，要限喂高能量饲料。试验证明，幼兔的死亡率与饲料中大量喂给玉米等高能量饲料有关。所以减少玉米等高能量饲料的喂量，适当增加苜蓿等高纤维饲料的喂量，对防止幼兔肠炎有良好的作用。其次，幼兔日粮中的多汁饲料、青菜和含水量较多的饲料的比例不应太大，发酵酸败的饲料要禁喂。因为这些饲料含水量大，营养价值低，体积相对较大，容易形成草腹，对种用兔不利。第三，幼兔日粮中可拌入适量牛、羊乳。给断乳后的幼兔，特别是体弱或准备留作种用的小兔，可使幼兔消化道更快地形成微生物群系，适应断乳后的新条件，而且可为幼兔提供丰富的易消化吸收的蛋白质等营养物质，从而提高成活率。

3. 定时限量，少量多餐，供给充足的清洁饮水

幼兔有贪吃的习性，所以必须定时限量，尤其是幼兔爱吃的饲料，如青绿多汁饲料等，一次不能喂得过多，以防伤食和拉稀。每天固定时间饲喂，喂量多少，要根据每次喂食后是否剩料或不足进行增减下次饲喂量。同时结合观察兔的粪便软硬，消化好坏，将喂量进行合理的调整。幼兔生长快，食量大，必须保证充足的饮水。一般情况下冬天每天换水一次，其他季节每日2次。气温高时应做到清水不断，饮水常换。

（二）幼兔的管理

1. 断乳前后饲料、环境、管理不变

刚断乳的幼兔适应环境能力很差，所以断乳后的幼兔要尽量做到断乳前的饲料、环境、管理三不变。断乳后最好实行"离奶不离笼"的饲养方法。断乳后1~2周内，要继续饲喂断乳前的饲料，以后逐渐过渡到幼兔料，否则，突然变料容易导致消化系统疾病。喂量应随年龄增长、体重增加逐渐增加，不可突然增加，并保持饲料的相对稳定。

2. 分群饲养

断乳后的幼兔应根据不同的需要，按照体重的大小、体质的强弱、出生的时间等进行分组。特别是接近3月龄时，有的兔已达性成熟，公兔之间相互厮咬，容易损伤皮肤而失去商用价值，更应该分组。笼养兔可以每笼饲养3~4只，群养时以每小群8~10只为宜。群养时最好设运动场，让兔自由出入活动，增强体质。

3. 加强环境管理

幼兔比较娇气，对环境变化很敏感，尤其是寒流等气候突变，应为其提供良好的生活环境，保持清洁卫生、环境安静、饲养密度适中，防止惊吓、防风寒、防炎热、防空气污浊、防兽害等，切实把好环境关。

4.做好卫生防疫工作

幼兔阶段多种传染病易发，抓好防疫至关重要。首先做好笼圈的清洁卫生，注意消毒，以减少疾病的发生；其次要根据季节特点做好疾病的预防，如春季预防口腔炎、肺炎及感冒，夏季尤其是雨季重点预防球虫病，可在饲料中添加氯苯胍、磺胺、呋喃唑酮等防球虫病的药物。饲料中经常加入洋葱、大蒜等药用植物，对于防病促长都有好处。按时打防疫针更不可忽视，除了注射兔瘟疫苗外，还要根据实际情况注射巴氏杆菌、魏氏梭菌及波氏杆菌等疫苗，确保兔群安全。

五、育成兔的饲养管理

从3月龄到初配这一时期的兔称为育成兔，或叫青年兔，如打算留作种用的又称后备兔。

（一）青年兔的饲养

青年兔的消化器官已得到充分锻炼，采食量加大，体内代谢旺盛，生长发育快，尤其是骨骼和肌肉。因此，青年兔日粮要以青粗饲料为主，精料为辅，日粮中粗纤维的含量提高到14%~15%，能量、蛋白质水平适当降低，并注意矿物质和维生素的补充。一般在4月龄之内喂料不限量，使之吃饱吃好；5月龄以后，适当控制精料，防止过肥。对计划留作种用的后备兔，要适当限制能量饲料，防止过肥，并要注意饲料体积不宜过大，以免撑大肚腹，失去种用价值。

（二）青年兔的管理

青年兔的管理重点是适时分群上笼。满3月龄后的青年兔已开始性成熟，为防止早配、乱配，公母兔必须分开饲养。4月龄以上的公兔，准备留种的要单笼饲养，以免互相爬跨，影响生长。凡不适合留种的公兔，要及时去势，去势后的公兔可群养育肥。此外，还应加强后备兔的运动，以增强体质，促进骨骼肌肉的充分发育。在设计兔舍时，对后备兔的兔笼应宽大一些，或设置运动场，以加大运动量。据报道，后备兔运动充足的比得不到运动的增重量要高5%~10%。

第三节 不同用途家兔的饲养管理

一、肉兔的饲养管理

肉用兔的产肉性能较高，其生产管理的目的就是多产仔、多产肉，提高经济效益。其常规饲养管理与前述相同，应重点注意以下几点。

（一）母兔的繁殖制度

母兔的繁殖制度可分为传统繁殖法、半频密繁殖法和频密繁殖法等3种。传统繁殖法是在仔兔断乳后进行配种，一般仔兔断乳日龄为35~45天，有的农户甚至更长。半频密繁殖法又称奶配，根据母兔两次人工授精间隔时间的不同，可分为42天繁育模式（产后11天人工授精）或者49天繁育模式（产后18天人工授精），这种方法配合光照同期发情技术，是目前规模化兔场使用最多的配种方式。频密繁殖法又称血配，是在母兔产后产仔后第1至第3天配种，仔兔断乳在24~27日龄进行，一般为25日龄，采用此方法繁殖周期短，年可产8窝左右。不同繁殖制度的有机结合，科学运用，可以在保证母兔体况的情况下，达到多繁的目的。

母兔频密繁殖法要求饲养者管理技术水平高，对每个技术环节都要精心安排，对母兔和仔兔的饲养管理技术要求更高。如母兔养得过肥和过瘦都不利于配种，仔兔的饲养技术水平低则死亡率高，生长缓慢，影响经济效益。因此饲养户要根据自己的饲养管理水平选择适宜的繁殖制度。

繁殖效果的好与坏，直接影响饲养者的经济效益，生产中一般以每只母兔每年提供的断乳仔兔总数来判断母兔是否得到最佳利用，该指标取决于配种率、情期受胎率、每胎产仔数总数、每胎活仔数、产仔间隔时间、产仔和断乳期间死亡率等。

（二）肉兔的生产方式

1. 良种生产

就是选择优良品种，进行纯种繁育，繁殖大量后代，生产优质兔肉。作为肉用兔优良品种有福建黄兔、闽西南黑兔、新西兰兔、加利福尼亚兔、日本大耳兔、哈白兔、塞北兔等。

2. 经济杂交

由2个不同品种或品系的公母兔进行杂交，所产第一代杂种，一般比纯种兔生长速度快20%左右。当然，不同杂交组合在不同地区所表现的优势率是不一样的，所以用什么品种（或品系）杂交好，正交还是反交，要经过杂交组合试验才能得出结论。

3. 配套系生产

近年来我国引进了齐卡杂交配套系、伊拉杂交配套系以及伊普吕杂交配套系等，这些兔都表现出了十分良好的产肉性能，饲养到70~80天即可屠宰。

（三）肉兔育肥方式

家兔育肥方式可分为直线育肥、阶段育肥和淘汰兔育肥三种。

1. 直线育肥

直线育肥也称"一条龙"育肥或快速育肥。这种方式是充分利用家兔早期生长发育快的优势，采取一系列综合措施，使之在短期内出栏，实现高投入、高产出的生产经营方式。这些措施包括配套的品种（配套系或优良杂交组合）、配套的技术（包括高营养、全价颗粒饲料含蛋白质18%左右，消化能10.47兆焦/千克以上，粗纤维10%~12%）、配套的设备管理（高密度笼养，12~16只/米^2；控光控温控湿（温度保持在15~25℃，湿度60%~65%），采取全黑暗或弱光育肥。采用此种方式，育肥兔可在70~80天出栏，育肥期日增重45克左右，饲料报酬3∶1，全进全出，年周转4.5次。在养兔发达国家多采用直线育肥方式，经济效益很高。我国多数农村家庭养兔户目前还不具备以上条件，不宜硬搬硬套。

2. 阶段育肥

这种育肥方式在我国农村普遍采用，也称传统育肥方法。育肥期分为三阶段进行：第一阶段将断乳后的幼兔分群圈养 1 个月左右，每群 20~50 只，圈内设草架、饲槽、饮水器，供幼兔自由采食，以精料为主，青粗饲料为辅。第二阶段圈养或笼养 1 个月左右，以青粗饲料为主，精料为辅，充分利用青粗饲料，拉大骨架发育。第三阶段笼养催肥 0.5~1 个月，以精料为主，青粗饲料为辅，日喂 4~6 次，让兔多吃快长。这样育肥 2.5~3 个月，体重可达到 2~2.5 千克出栏上市。育肥条件较差的，4 个月左右也能出栏。

3. 淘汰兔的育肥

淘汰兔指年龄老的、不适宜做种用的公母兔以及长毛兔等。如淘汰兔本身已经很肥，只要停止繁殖，饲养一段时间即可直接上市宰杀。对那些身体过瘦的淘汰兔，育肥不易上膘，而且要消耗较多饲料，经济上不合算，也不必催肥就宰杀为好。老龄公兔淘汰后应去势再育肥效果较好。淘汰兔育肥的技术措施和原则仍参考一般商品兔的育肥措施，如控光、控温、控湿，让兔多吃少活动，达到出栏标准体重即上市出售。

（四）肉兔育肥的主要技术环节

1. 抓断乳体重

肉兔育肥速度的快慢在很大程度上取决于早期增重的快慢。凡是断乳体重大的仔兔，育肥期的增重就快，就容易抵抗断乳的应激。相反，断乳体重越小，断乳后越难养，育肥期增重越慢。一般要求仔兔 30 天断乳时体重力争中型兔 500 克以上，大型兔 600 克以上。这就要求采取措施提高母兔的泌乳力，调整好母兔哺育的仔兔数，抓好仔兔的补料。

2. 过好断乳关

由于环境和饲料的改变，仔兔从断奶向育肥的过渡非常关键。如果处理不好，在断乳后 2 周左右会出现增重缓慢，停止生长或减重，甚至发病死亡等情况。所以，断乳后最好原笼原窝在一起，即采取移母留仔法。若笼位紧张，需要调整笼子，同胞兄妹不可分开。断乳后 1~2 周内应饲喂断乳前的饲料，以后逐渐过渡到育肥料。

3. 直接育肥

所谓直接育肥是指仔兔断乳后就开始育肥，经过 30~45 天的饲养，体重达到 2.0~2.5 千克时屠宰。育肥期间实行自由采食，饲喂颗粒饲料，保证饮水。颗粒料的营养水平推荐为：消化能 11~12 兆焦/千克、粗蛋白 16%~18%、粗纤维 11%~14%。并适当选用一些添加剂，满足育肥兔对维生素、微量元素及氨基酸的需要。

4. 控制环境

育肥效果的好坏，在很大程度上取决于为其提供的环境条件，主要是指温度、湿度、密度、通风和光照等。温度最好保持在 15~25℃。最适宜的湿度应控制在 55%~60%。饲养密度应根据温度和通风条件而定，在良好的条件下，每平方米笼养面积可饲养育肥兔 18 只。在生产中，由于我国农村多数养兔场的环境控制能力有限，一般应控制在每平方米 12~16 只。光照对家兔的生长和繁殖有影响。育肥期实行弱光或黑暗，仅让兔子看到采食和饮水，能抑制性腺发育，延迟性成熟，促进生长，减少活动，避免咬斗，快速增重，提高饲料的利用率。

5. 控制疾病

肉兔育肥期易感染的主要疾病是球虫病、腹泻和肠炎、巴氏杆菌病及兔瘟。球虫病是育肥兔的主要疾病，尤以 6~8 月份多发。应采取药物预防、加强饲养管理和搞好卫生相结合的方法积极预防。

6. 适时出栏

出栏时间应根据品种、季节、体重和兔群表现而定。在正常情况下，90 日龄达到 2.5 千克即可出栏。大型品种骨骼粗大，皮肤松弛，生长速度快，但出肉率低，出栏体重可适当大些。中型品种骨骼细，肌肉丰满，出肉率高，出栏体重可小些，达 2.25 千克以上即可。淘汰兔以 30 天增重 1.0~1.5 千克为宜。

二、獭兔的饲养管理

獭兔是典型的皮用兔，生产方向是以皮为主，兼用其肉。

（一）獭兔毛皮的生长规律

1. 取皮年龄

通常，成年兔皮的质量比幼龄兔皮和老龄淘汰兔皮质量好。据观察 4 月龄以内的獭兔被毛多空疏、细软，不够平整，随着日龄的增长而逐步浓密和平整。5~6月龄的壮年兔，绒毛浓密，色泽光润，板质结实，质量最佳。老龄兔皮板厚硬、粗糙，绒毛空疏、枯燥、色泽暗淡，商品价值低，且随产仔胎数的增加毛皮品质逐渐下降。青年兔最好在第一次年龄性换毛结束之后，第二次年龄性换毛之前（5~6月龄，体重2.5千克左右）屠宰取皮，皮张面积基本可达到0.11米^2，其优良一级皮比例较大。獭兔第二次年龄性换毛多在6月龄开始，8月龄结束，换毛持续时间较长。从毛皮成熟度而言，养到第二次年龄换毛后獭兔皮质量更佳，但延长2个月的饲养期将会大大增加饲养成本，降低经济效益。

2. 取皮季节

獭兔在完成2次年龄性换毛后，就转入季节性换毛。成年獭兔季节换毛每年两次，分别在春季和秋季。春季换毛发生在3~4月份，秋季换毛则在9~11月份。从獭兔被毛的退换规律看，屠宰取皮季节不同，皮板与被毛的质量也有很大差异。对于成年兔或淘汰的种兔来说，最好在皮毛质量最佳的冬季屠宰，即秋季换毛以后和春季脱毛以前，一般在11月以后和3月份以前。换毛期取的皮，毛皮品质最差，绒毛长短不齐，极易脱落，故取皮应避开换毛季节。

（二）獭兔的饲养管理

1. 饲养方式

獭兔断乳至2.5~3月龄是按大小、性别、强弱分群，每笼饲养3~5只（笼面积约为0.5米^2）。3月龄后采用单笼饲养。这样有利于提高皮张合格率和皮张质量。

2. 重视早期发育

獭兔的生长和毛囊的分化存在着明显的阶段性。体重增长和毛囊分化在前期（3月龄以前）都相当强烈，而且被毛密度与早期体重呈明显的正相关，早期增重快，毛囊分化强度越高。应采取各种措施提高断乳体重和3月龄体重是獭兔饲养成败的关键。一般要求30日龄断乳重达500克，3月龄体重达到2000克以上。

3. 前促后控

合格的獭兔皮不仅要求有优质的体重和皮板面积，还要保证皮张的质量。

要达到皮张面积和质量的统一，需要较长的饲养期。獭兔育肥期比肉兔长，如采用全程高营养饲养，有利于前期的增重，可促进皮张面积与被毛密度的增加，但易造成后期皮下脂肪积蓄，浪费饲料。因此，商品獭兔应采用前促后控的育肥技术。采用前促后控技术，不仅可以节省饲料，降低饲养成本，而且育肥兔的皮张质量好。具体做法是：断乳到3~3.5月龄，保证较高的营养水平（粗蛋白质17%~18%，消化能11.3~11.72兆焦/千克），采取自由采食，充分利用獭兔早期生长发育速度快的特点，使其多吃快长。3.5月龄后通过降低饲料的营养水平（如能量水平降低10%，蛋白质降低1%~2%，自由采食）或控制采食量（饲料的营养水平不变，每天投喂的饲料量是自由采食量的80%~90%）等方式降低饲养成本，防止过多皮下脂肪的产生。

取皮前1个月内，日粮粗蛋白质不能低于16%，含硫氨基酸为0.5%。

4. 公兔去势

由于獭兔的性成熟在3~4月龄，而育肥出栏期在5月龄以后，如果不及时去势，后期群养兔在育肥期间会相互爬跨，影响采食和生长，不便于管理，特别是公兔之间相互咬斗，极易造成皮张质量下降。獭兔生产，公兔的去势一般在2.5~3月龄进行。其方法见日常管理技术。

5. 控制环境

獭兔饲养效果的好坏，在很大程度上取决于环境控制。环境温度过高或过低都是不利的，最好保持在25℃左右。应保持环境干燥，湿度控制在55%~65%。密度应根据温度及通风条件而定。在良好的条件下，每平方米笼底面积饲养育肥兔16~18只。我国农村多数养兔场的环境控制能力有限，一般应控制在每平方米14只左右。光照对獭兔的生长和繁殖有影响，根据国外的经验，育肥期实行弱光或黑暗，仅让兔子看到采食和饮水，有抑制性腺发育、促进生长、减少活动、避免咬斗、提高饲料利用率等多种作用。

6. 催肥

冬季是取得獭兔皮最好的季节。取皮时间在农历冬至到小雪之间。为取得好皮，可通过短期（约1个月）的催肥，迅速达到改善皮张质量，增加产肉数量、提高经济效益的目的。催肥的措施有改善饲料品质、公兔去势和限制运动等作用。

7. 预防疾病

在管理上，要保持兔舍、笼具的清洁干燥，及时清理笼内粪尿及其他污物，避免污染被毛。兔舍应定期进行常规消毒，降低环境中病原微生物数量，切断疾病传染源。对于毛癣病、兔痘、坏死杆菌病、疥癣病、兔螨病、脓肿、湿性皮炎和黄尿病等直接损害毛皮的疾病，要用药物进行预防，一旦发病立即隔离治疗，并对病兔笼进行彻底消毒。

8. 适时出栏屠宰

獭兔的出栏时间，要根据体重、皮张面积、毛皮质量和季节来定。正常的条件下，5月龄达到2.5~3.0千克时即可出栏。冬季气温低，耗能高，不必延长育肥期，只要得到最低的出栏体重即可。当兔群基本上达到出栏体重时，如遇环境的突然变化（如传染病的流行、市场变化等）应立即结束育肥。

三、毛用兔的饲养管理

（一）影响兔毛产量和质量的因素

影响长毛兔产毛量的因素很多，在长毛兔饲养管理过程中对此应引起足够注意。

1. 遗传

不同品系的毛兔产毛量是不相同的，这是因为不同品系的生长速度、被毛密度、粗细毛的含量差异较大所致。据研究，长毛兔的产毛性能遗传力较高，也就是说，产毛性能高的长毛兔，该优良性状遗传给后代的可能性也大。

2. 体型

安哥拉兔的产毛量与兔的体型有一定的相关，一般来说，体型大的长毛兔产毛量高于体型小者，这是因为体型大者皮肤表面积也大，所生的毛就多。

3. 被毛密度

被毛的密度越大，表明单位皮肤面积内的毛囊数越多，长出的毛纤维也多，产毛量越高。如果体型大而兔毛稀疏，产毛量未必高。因此，在选种时要兼顾体型与被毛密度这一因素。

4. 性别

一般来说，非繁殖用母兔产毛量要高于公兔产毛量 25% 左右，但在妊娠、哺乳期产毛量有所下降。去势公兔比不去势公兔的产毛量高 10%~15%。据报道，法国多用母兔生产兔毛，而将公兔淘汰。

5. 年龄

毛兔成年以后的最佳产毛期在 2.5 岁以前，2.5 岁以后进入老年，由于生理功能衰退，产毛量逐步下降。

6. 采毛间隔

兔毛的生长速度最先两个月快，后一个月慢，直至不长。缩短剪毛间隔时间可提高产毛量，但是这降低了毛的品质。一般以兔毛生长 80~90 天剪毛为宜。

7. 营养水平

长毛兔的日粮中必须有足够的蛋白质和平衡的氨基酸（尤其是蛋氨酸、胱氨酸等含硫氨基酸的含量）能满足毛囊生长的需要，增加兔毛直径和密度，从而提高产毛量。当蛋白质、氨基酸不足时，不仅毛囊生长受到影响，而且长毛兔的生长发育也受到影响，造成生长发育缓慢，体质瘦弱。剪毛后的一个月内，由于兔毛不断生长，所以要加强营养，增加蛋白质和氨基酸的数量和质量。

8. 环境

环境温度对兔子的采食量影响较大，进而影响毛囊发育和产毛量。当环境温度适宜（10~20℃）时，毛兔的产毛量明显提高，且兔毛品质也好。当温度升高（30℃以上）时，毛兔采食量减少，兔毛产量和质量明显下降；低温（0℃以下）时兔采食量虽有所增加，但是为了维持正常体温，需消耗较多的热量，同样影响兔毛产量。实践中，随着夏季的到来，温度逐渐升高，产毛量会逐渐下降，越是高产的长毛兔受到的影响越大，而且由于温度的升高会严重影响长毛兔的采食情况，进一步造成产毛量下降。试验表明，光照对家兔的产毛量也有一定促进作用，但应控制在一定范围内。

9. 管理与健康

管理不善可使兔毛品质变差、结块、污毛率增加。兔体健康无病、产毛量也就稳定，患病尤其是皮肤病（如真菌性脱毛癣和疥癣等），可使兔毛生长受阻、产毛量下降。

（二）毛用兔的繁殖要点

长毛兔由于体表的兔毛较长，其体温调节能力较差，胚胎附植率低，公兔性欲降低，精液品质下降，对繁殖力有一定的负面影响，其繁殖率基本上是肉兔的50%。而且，越是产毛量高的兔繁殖率越低。母兔的产毛量虽高于公兔，但是如果让这些母兔繁殖与产毛兼顾的话，效益反而不如养公兔的高。生产中繁殖母兔占总兔群的3.3%左右为宜。提高母兔的繁殖率，要注意以下几个方面。

①控制母兔的环境温度。据报道，长毛兔的最适生活温度是14~20℃，但是不能低于10℃，特别是在剪毛后的一周。

②适时配种。一般繁殖用的公兔，商品场在20周龄第二次剪毛后，育种场在34周龄第三次剪毛后测定精液品质，在确定为种兔后每隔6周剪毛1次，34周龄配种。繁殖用的小母兔34周龄第三次剪毛后第一次配种。

③缩短繁殖兔的采毛时间间隔。种公兔每6周剪毛1次，种母兔配种前1~2天剪毛，间隔时间为33~68天。

（三）毛用兔的饲养

1. 保证蛋白质、含硫氨基酸的需要

兔毛纤维由蛋白质构成，其蛋白质绝大部分以胱氨酸形式存在，1只高产长毛兔每年产毛1000~1500克以上，这就决定了其对蛋白质和含硫氨基酸的需要量很高。商品毛兔饲粮的适宜蛋白质水平为17%~19%，含硫氨基酸应达0.7%~0.8%。在日粮中如果蛋白质含量低于12%，含硫氨基酸低于0.4%，毛的生长就受到影响，产毛量下降。一般在采毛3周内，适当提高日粮的能量和蛋白质水平，饲喂量也要适当增加或采用自由采食，以促进兔毛生长。为提高兔毛产量和品质，可在日粮中添加含硫物质和促进兔毛生长的生理活性物质，如稀土添加剂、松针粉、土茯苓、蚕蛹、硫黄、胆碱和甜菜碱等。

2. 适时调整饲料喂量

毛用兔对营养物质的需求量及采食量随采毛周期（一般3个月采毛1次）而变化。采毛后第一个月，因兔体毛短或裸露，大量体热被散发，需要补充大量的能量，兔的采食量最大。第二个月，兔毛已长到一定长度，此时兔毛的生

长速度也快,要求供给充足的营养,必须保证兔子吃饱吃好。到第三个月时毛的生长速度趋缓,采食量也相应减少。所以,根据采毛周期进行科学饲喂,适时调整饲料的喂量,有利于兔的健康和促进毛的生长,也可获得更多更好的兔毛。建议成年兔采毛后第一个月每天喂给 190~210 克干饲料,第二个月喂给 170~180 克,第三个月喂给 140~150 克。或采毛后 1 个月任意采食,第二个月以后都采用定时定量饲喂。饲喂时要防止草屑、饲料和灰尘污染被毛。此外,要保证供给长毛兔充足干净的饮水,尤其是天气高温时。

(四)毛用兔的管理

1. 单笼饲养

长毛兔饲养管理上要单笼饲养。笼具四周最好用表面光滑的物料,如水泥板等。铁丝笼很容易挂缠兔毛,给消毒带来困难,同时还容易诱发毛球病,一般不采用。要经常保持兔笼的清洁卫生,兔笼、产仔箱内不要有粪尿积压,箱内的垫草也要经常更换,以防对兔毛引起污染,影响经济效益。

2. 保持适宜温度

毛兔更怕热,高温不利于采食和毛囊的生长发育,进而导致产毛量下降。毛兔舍的室温剪毛后一周内,保持在 20~25℃为宜,之后以 10~20℃为宜。

3. 注意毛球病的预防

在饲养过程中,毛兔误食兔毛几乎难以避免。若兔毛在胃内停留时间过长,易缠结成团,导致毛球病,严重者可因胃肠堵塞而引起死亡。在饲养毛兔时,加喂适量的青草和优质干草,可加速胃内食物的排出,能有效减少毛球病的发生。

4. 及时梳毛

梳毛的目的是梳掉毛中的杂质,防止兔毛黏结,提高兔毛质量。一般仔兔断乳后就开始梳毛,以后每隔 10~15 天梳毛 1 次。成年兔在每次采毛后第二个月就应梳毛,凡是被毛松散、凌乱的个体要经常梳理,被毛密度大、毛丛结构明显的个体可适当地减少梳理次数。梳毛时一般用金属梳或木梳,将要梳理的长毛兔放在兔台或小桌上。梳毛的顺序是:颈后和两肩→背部→体侧→臀部→尾部和后肢→提起两耳朵梳理前胸→腹部→大腿两侧→额、颊和耳毛。梳下的毛经过整理后可出售。

梳毛时要防止梳破皮肤，尤其是皮薄的地方。发现兔疥癣要及时治疗、隔离。

5. 科学采毛

采毛分为剪毛和拔毛两种，大量事实证明，粗毛型兔宜采用拔毛的方法，绒毛型兔则以剪毛为好。

（1）剪毛

剪毛是常用的采毛方法，剪毛可用专用的毛剪，也可用理发剪刀或普通剪刀，大型兔场可使用电动剪刀。剪毛前应先用梳子将毛梳通，然后再剪。剪毛时先剪背部、左右两侧，然后剪头部、臀部、腰部，最后腹部，这样可以分出好毛、次毛。剪下的毛应该按长度、色泽及等级装箱。一般80天剪毛1次，每年剪毛4~5次，毛长5~7.5厘米时剪较合适。仔兔在生后70~80天剪第一次，分娩前和交配前20天左右不剪毛。剪毛时刀要锋利，看准再剪，防止剪伤皮肤、乳头和阴囊。剪毛时应绷紧皮肤，若剪破皮肤立即用碘酒消毒，不要剪二茬毛。为防止剪毛后毛兔感冒，宜在晴天、无风时进行。寒冷天气剪毛后注意保温（气温太低的雨雪天气时应停止剪毛），夏季严禁日光暴晒。对于患有霉菌病、疥癣病的毛兔，应该单独剪毛，工具专用，防止疾病传播。

（2）拔毛

拔毛又称拉毛，在法国多采用此法，我国饲养粗毛兔地区也多采用拔毛法采毛。拔毛可分为拔长留短和拔光毛两种。前者适于寒冬或者换毛季节，每隔30天拔1次，后者适用于温暖季节，每隔80天左右拔1次。拔毛时先梳理好被毛，然后左手轻抓兔耳，右手用拇、食、中三指均匀地一撮一撮地拔下，拔毛时应拔长留短，不可强拉，以免使兔感到疼痛。幼兔皮肤嫩，第一、二次采毛时不宜拔毛，否则容易损伤皮肤，影响产毛量；妊娠、哺乳母兔以及配种期的公兔也不宜拔毛，否则容易引起流产，泌乳量下降；拔毛适合于被毛密度较小的个体，被毛密度大者，应以剪毛为主。细毛型兔不适宜拔毛，否则毛易变粗，影响毛的质量。

6. 加强采毛期的管理

采毛后应注意加强管理，否则诱发呼吸道、消化道及皮肤疾病。剪毛后，可用老姜蘸取 60 度白酒涂擦全身（不可擦嘴、鼻、眼），这样 5 天后兔身遍布绒毛，而且较整齐；每只兔可喂 5~6 克韭菜，泡黄豆 7~8 粒，每天喂 1 次，可使兔毛长得快，被毛增多，毛色光润；每隔 3 天用梳子梳毛，以促进皮肤血液循环和毛囊细胞活动，刺激皮层和加快新陈代谢，加速毛的生长，有利于提高毛的质量；适当增加兔子的光照时间，也能提高兔毛的产量与质量。剪毛后可适当投服抗应激物质，如维生素 C 或复合维生素。拔毛后皮肤容易感染而发炎，可涂擦 2%~5% 的消炎膏（磺胺消炎粉 2~5 克，凡士林 95 克混合调匀）。夏季要防蚊虫叮咬，冬季要防寒保暖。

7. 适当药浴

药浴可使长毛兔兔毛生长快，产毛量提高 20% 以上，而且质量提高，洁白光亮，松散而不易缠结。同时可防治疥螨病，减少其他皮肤病的发生。药液的配制：用 50 千克温水加入敌百虫粉 150~200 克，配制成 0.3%~0.5% 的敌百虫溶液，加入 150 克硫黄粉，搅拌均匀溶解后浴用；或用土槿皮、苦参各 100 克，加水 2.5 千克，煎后滤出药液，再加入硫黄粉 100 克，开水 5 千克，搅匀后待药浴用，此量可供 20 只长毛兔使用。使用方法：在剪毛后 10 天内选择温暖的气候环境进行浴用，切勿使兔受惊，浴前让兔吃饱。浴时一手抓住兔耳，将其放入浴盆中，使兔体除头外全部浸泡在浴盆中，另一只手由下向上洗刷兔的全身，最后洗刷头及耳部。已患有疥螨病的应单独药浴。

第四节 不同季节的饲养管理

要想养兔赚钱，养殖技术是基础，日常管理是重要保障，科学合理的日常管理，不仅能够提高家兔成活率，提升家兔生长速度，而且能够降低料肉比，

给广大养殖户带来实实在在的家兔养殖效益。因此,对于不同季节家兔我们应该强化日常管理。

一、春季种兔春繁期的饲养管理

1. 饲料营养

早春时节应对公、母兔补充营养,尤其是蛋白质、维生素和微量元素。每只兔可日喂青草 700 克、混合精料 50 克。

2. 保温补光

早春天气不稳定,有时会出现倒春寒,因此要做好防寒保温工作。对温度低、光照少的兔舍应人工补光,确保每天有 14~16 小时光照时间。

3. 优选种兔

必须选择体质健壮、发育良好、种公兔性欲旺盛的品种作为春繁兔;种母兔生殖器官发育良好,有效乳头 4 对以上,发情正常,产仔率高,护仔性强。最好采取壮年公兔配壮年母兔。公母配比为 1∶(8~10)。避免近亲交配,防止品种退化。

4. 适时配种

兔属刺激性排卵动物,一经公兔交配刺激后即可排卵,因而应在第一次配种后间隔 8~10 小时再复配 1 次。经验表明,母兔发情后阴唇湿润红肿,有"粉红早、黑紫迟、大红正当时"之说。

5. 人工辅配

选择性欲旺盛种公兔,把母兔放入公兔笼中,先将母兔轻轻按住,右手抓住颈皮和两耳,左手从腹侧伸入腹下后腿之间,并以大拇指和食指撑在母兔生殖器两侧,将臀部抬高呈头低尾高姿势,任公兔自由交配。配种后用手轻轻拍打母兔臀部,使其后躯紧张,以利精液吸入,避免倒流。待交配后 8 小时左右再复配 1 次可提高配种效果。

二、夏季家兔饲养管理要点

1. 兔舍要阴凉通风

不能让阳光直射兔笼，笼底可以垫上青砖或是薄石板，有湿帘降温设备可根据舍温适时开启湿帘降温系统。没有湿帘降温系统的兔舍，在保证通风设备运转正常、屋顶通风窗开启情况下，要经常给地面泼些凉水来降温。可以通过减少兔笼中的兔子数量和兔舍里的兔笼数量，便于家兔通风散热；中午还可以开动电扇给它们吹风。可以把门帘、窗帘改用白布来遮光，确保兔舍空气流通。

2. 勤喂营养料

要注意夏天早上喂料可以提早到五点半喂精料；中餐推迟到下午 3 点左右喂青绿多汁饲料，像西瓜皮、苦荬菜、黄豆叶、山芋藤等；晚餐可以在晚上 9 点左右喂精料和青料。夏季，青饲料容易因为高温发酵腐烂变质，应该少采集，不堆放，保证新鲜，给家兔饲喂新鲜的青饲料。

3. 加强仔兔护理

要对刚产下还没有长毛的仔兔，给予特别慎重的护理，防止蚊蝇叮咬而导致仔兔死亡。因此，兔舍、家兔吃东西的用具和四周环境卫生要勤打扫、勤消毒，使蚊蝇没有滋生地，确保兔舍内没有粪尿氨气味。

4. 夜间补料保持安静

要注意在夜间凉爽的时候给家兔增加饲料，因为家兔夜间采食量占到全天采食量的 70% 以上，所以，夜间增加饲料可以满足家兔惯有的习性，使兔子长得快、膘情好、出栏早。要注意不能随便让陌生人进入兔舍发出响声，惊动兔群。让家兔在夏季有足够的休息时间。

三、秋季家兔饲养管理要点

1. 调日粮

根据兔的不同年龄，按饲养标准配制，适当提高蛋白质水平，降低能量饲料，要求饲料营养丰富，适口性好容易消化。保证家兔每天有充足的青饲料如青草、青菜等，饲料应新鲜洁净无发霉变质。

2. 壮秋膘

秋季饲草丰富，气候适宜，壮好秋膘利于秋季繁殖和安全越冬。因此，应配制营养丰富的全价饲料，充分供给优质青饲料。喂料要定时、定量，做到早餐早喂晚餐迟喂，午餐多喂青绿料，晚间加喂一次料。幼兔每天喂 5~6 次，青年兔 3~4 次，成年兔 2~3 次。并供给洁净充足的饮水。

3. 抓繁殖

抓住秋季时机，及时给空怀母兔进行配种，是提高家兔繁殖率的重要措施。为提高配种率，要先检测公兔的精液质量，母兔可采取重复配种或双重配种的办法。怀孕期和哺乳期母兔应喂给蛋白质、矿物质及维生素丰富的全价饲料。抓好仔兔的初生关，提早补饲和断奶。兔舍环境要保持安静，禁止喧哗，不随意惊吓和野蛮提母兔，以防流产。

4. 整兔群

将繁殖力强、后代整齐、生长迅速的兔子留作种用，老弱病残种兔应立即淘汰，引进选留优良后备兔补充种兔群。

5. 防应激

在饲料中添加适量的多维或 0.5% 维生素 B 族，0.5% 维生素 C，能增强家兔抗应激能力，利于家兔生长。

6. 精管理

秋季气温早晚与午间的温差大，幼兔易患感冒、肺炎、肠炎等疾病，严重者会造成死亡。同时秋季湿度较大，兔舍应搞好通风，保持干燥和防潮，可在舍内撒一些石灰或草木灰。经常清洗饲槽、食槽和笼底板，搞好清洁卫生。常用消毒水定期消毒圈舍内外。定期注射兔瘟、兔巴氏杆菌苗。定期在饲料中加球虫素、氯苯胍精粉等饲喂，搞好球虫病的预防。每天坚持观察兔群，以便及时发现问题，做到无病早防、有病早治。

四、冬季家兔饲养管理要点

1. 防寒保暖

窗户要装上玻璃或钉上薄膜,门上挂好草帘或双层布帘,防止冷风侵袭兔舍。兔舍温度应保持稳定,一般保持在5~10℃,不可忽高忽低。气温在0℃以下时,要加强保温措施,适当增加垫草厚度,经常翻晒、更换垫料。保持兔舍干燥、舒适,必要时可撒些草木灰或生石灰吸湿、除潮、消毒。

2. 增喂青绿饲料和维生素

日粮的供给量要比其他季节增加1/3。同时增喂能量高的饲料,不能喂冰冻的饲料。注意供给清洁饮水,以饮温水为宜。不要喂冰冻水。冬季夜长,晚上要增喂1次。

第九章

家兔疫病防治

随着肉兔养殖规模的不断扩大和数量的不断增加，兔病也越来越多，已经成为制约肉兔生产的重要因素。构建严格的生物安全措施，坚持防重于治的原则，预防为主，防治结合，可有效地预防和控制兔病的发生，减少由兔病导致的经济损失。

第一节 卫生防疫制度

为了做好卫生防疫工作，确保生产的顺利进行，肉兔场应建立严格的卫生防疫制度，并严格遵守。

一、严格准入制度

（一）生产区消毒

兔场生产区入口处设更衣室和消毒池。消毒池中消毒液应经常更换，以保持其有效性，工作人员更衣消毒后方可进入生产区。

（二）兔场谢绝参观

禁止外来车辆和人员进入生产区。如遇特殊情况，须经兔场主管人员同意，严格消毒、更换防护服后方可进入，并遵守场内的一切防疫制度。

二、定期消杀

保持场区、兔舍及周边环境卫生。每月带兔消毒3~4次，每季度对兔舍进行一次彻底的清扫和消毒，发生重大疫情时应及时进行全场消毒。

三、严格隔离制度

肉兔场引进种兔时，应选择健康种兔场，在引种时应经产地检疫，并持有动物检疫合格证明。在起运前，车辆和运兔笼具要彻底清洗消毒，并持有动物及动物产品运载工具消毒证明。种兔引进后，应隔离饲养 30~40 天，经观察无病后，方可引入生产区进行饲养。

日常生产中发现不能确诊的病例，应隔离饲养。及时请兽医或送有关部门确诊，根据诊断结果，采取相应措施。

四、按计划进行免疫接种

接种疫苗是预防兔病发生的有效措施，可以有选择性地针对仔兔、种兔接种相应疫苗，提高仔兔成活率，保障种兔繁殖期健康。

有些兔病目前还没有合适的疫苗，有针对性地进行药物预防是搞好防疫的有效措施之一。特别是在某些疫病的流行季节到来之前或流行初期，选用高效、安全、廉价的药物，添加在饲料或饮水中用药，可在较短的时间内发挥作用，对全群进行有效预防。

五、消灭传播媒介

消灭兔场蚊、蝇和老鼠等，同时防止狗、猫进入兔场。

六、病死兔处理

病死兔的剖检只能在病理解剖室进行，工作完毕后对其场所及周围环境进行严格消毒，污物及尸体包装后深埋或送焚化炉焚化。传染病致死的兔尸或因病扑杀的死兔应进行无害化处理。患病兔所接触或可能接触的笼具必须严格消毒，必要时对整个兔舍及周围环境亦进行消毒。

第二节 兔场清洁和消毒

清洁和消毒是兔场卫生防疫的重要措施,通过清洁和消毒,可以清除和杀灭兔舍内外环境中的病原体,切断传播途径,防止疾病的发生和流行。

一、清洁

通过清扫、洗刷和通风等,可以移除和减少携带病原的有机载体。料槽、饮水器具、底板、地面等应经常洗刷,并进行消毒。随时检查、更换产仔箱中的垫料,保持干燥卫生,撤下的产仔箱应彻底清洗、消毒备用。全场每季度进行一次彻底清扫。

二、消毒

消毒是指根据不同的生产环节、对象,采用适宜的方法(包括物理的、化学的或生物学的)清除或杀灭畜禽体表及其生存环境中的病原微生物及其他有害微生物。兔场应建立严格的消毒制度,定期对兔舍、笼具及兔场周围环境进行消毒。

消毒方法和消毒药物的使用等按行业标准 NY/T 5133—2002《无公害食品 肉兔饲养管理准则》的规定执行。

(一)入场消毒

在场区入口处、生产区入口处和不同兔舍的门口设消毒池,池内消毒液要经常更换,以保持其有效性。人员和车辆消毒后方可进场。工作人员必须在更衣室更换工作服,经消毒后进入生产区,下班更衣后再出场。工作服应保持清洁,定期消毒。非工作人员未经批准,禁止进入生产区。

（二）日常消毒

周围环境和兔舍进行喷雾消毒。墙面和顶棚可用 10%~20% 石灰乳粉刷。地面用水冲洗干净，晾干后用 3% 甲酚（来苏儿）或 10% 石灰乳喷洒地面。兔舍根据季节和具体情况，每月带兔消毒 3~4 次，每季度对兔舍进行一次彻底的清扫和消毒，发生重大疫情时应及时进行全场消毒。全进全出的兔舍在一批商品兔出栏后进行，可采用熏蒸消毒。料槽、水槽等器具放消毒池内用消毒液浸泡 2 小时左右，然后用水冲洗干净，晾干备用。底板洗刷干净后在消毒液中浸泡。兔笼可用喷雾消毒，金属笼具可定期采用火焰喷灯消毒，以烧掉挂在笼具上的兔毛等污物。工作服、毛巾、手套等，用 1%~2% 甲酚（来苏儿）洗涤后，高压或煮沸消毒 20~30 分钟。工作人员的手可用 0.1% 苯扎溴铵（新洁尔灭）清洗消毒。

三、消毒方法

（一）物理消毒方法

1. 热力消毒

包括火烧、煮沸、高压消毒等。能使病原体蛋白凝固变性，使其失去正常代谢功能。

（1）火烧

金属笼具可用火焰消毒，病死兔尸体可进行焚烧。

（2）煮沸

经煮沸 30 分钟，一般微生物可被杀死，主要用于工作服和医疗器械等的消毒。煮沸消毒时，物品应浸于水面下，不超过容器容积的 3/4，留出空隙以利对流。

（3）高压消毒

通常维持压力 0.1~0.15 兆帕、温度为 121~126℃ 15~20 分钟，即能彻底杀灭各种细菌及耐热芽孢。可用于工作服和医疗器械等耐热、耐高压物品的消毒。

2. 辐射消毒

目前应用最多为紫外线，可用于近距离的空气及一般物品表面消毒。照射人体能使人的皮肤和眼睛受到损伤，使用时工作人员应避开或采取相应的保护措施。可利用日光中的紫外线，将产仔箱、垫草和饲料等放在直射阳光下暴晒2~3小时。

（二）化学消毒方法

化学消毒方法是使用化学药品进行消毒。化学消毒剂作用较强，能迅速杀灭病原，主要用于兔舍、笼具、器械等的消毒。常用的化学消毒方法有喷雾法、浸泡法和熏蒸法等。

1. 喷雾消毒

采用规定浓度的化学消毒剂用喷雾装置进行消毒，适用于舍内消毒、带兔消毒、环境消毒、车辆消毒。

2. 浸泡消毒

用有效浓度的消毒剂浸泡消毒，适用于器具消毒、洗手、浸泡工作服、胶靴等。

3. 熏蒸消毒

应紧闭兔舍门窗，在容器内加入福尔马林、高锰酸钾或乳酸等，加热蒸发，产生气体杀死病原微生物，适用于兔舍的消毒。

四、常用消毒剂

消毒剂的种类有多种，常用的兽用消毒剂主要有：酚、醛、醇、酸、碱、氯制剂、碘制剂、重金属盐类、表面活性剂等。

1. 季铵盐类消毒剂

包括癸甲溴铵（百毒杀）等，无毒性、无刺激性、气味小、无腐蚀性、性质稳定。适用于皮肤、黏膜、兔体、兔舍、用具、环境的消毒。

2. 卤素类消毒剂

包括碘伏（金碘、拜净）、聚维酮碘、碘化钾、次氯酸钠、次氯酸钙、氯化磷酸三钠、二氯异氰尿酸钠（优氯净）、三氯异氰尿酸等，具有广谱性，可杀灭所有类型的病原微生物。适用于环境、兔舍、用具、车辆、污水、粪便的消毒。

3. 醛类消毒剂

包括甲醛、戊二醛等，性质稳定、较低温仍有效。适用于空兔舍、饲料间、仓库及兔舍设备的熏蒸消毒。

4. 过氧化物类消毒剂

包括过氧乙酸、高锰酸钾、过氧化氢等，具有广谱、高效、无残留的特点，能杀灭细菌、真菌、病毒等。适用于兔舍带兔喷雾消毒、环境消毒等。

5. 醇类消毒剂

最常用为乙醇（75%酒精），它可凝固蛋白质，导致微生物死亡，属于中效消毒剂，可杀灭细菌繁殖体，破坏多数亲脂性病毒。适用于皮肤、容器、工具的消毒，也可作为其他消毒剂的溶剂，发挥增效作用。

6. 酚类消毒剂

包括苯酚、甲酚（来苏儿）及酚的衍生物等。该类药物性质稳定，适用于空的兔舍、车辆、排泄物的消毒。

7. 碱类消毒剂

包括苛性钠、苛性钾、石灰、草木灰、苏打等，对病毒、细菌的杀灭作用均较强，高浓度溶液可杀灭芽孢。适用于墙面、消毒池、贮粪场、污水池、潮湿和无阳光照射环境的消毒。有一定的刺激性及腐蚀性。

8. 酸类消毒剂

常用醋酸，毒性较低，杀菌力弱，适用于对空气消毒。

9. 表面活性剂类消毒剂

包括阳离子表面活性剂类，苯扎溴铵（新洁尔灭）和醋酸氯己定（洗必泰）等；阴离子表面活性剂类，如肥皂等，无毒性、无刺激性、气味小、无腐蚀性、性质稳定。适用于皮肤、黏膜、兔体等的消毒。

10. 氨水

市售氨水浓度为 25%~28%。本品对杀灭球虫卵囊有很好的效果（注：其他消毒剂均不能有效杀灭球虫卵囊）。使用本品需兔舍能密闭。使用时将市售氨水直接倒入塑料盆中，用量为每立方米 5~10 毫升，密闭消毒 24~48 小时后通风，无氨味后方可进入。

第三节 免疫预防规程

一、免疫计划

根据《中华人民共和国动物防疫法》，结合各地、各饲养场疾病发生情况制定科学合理的免疫计划。兔病毒性出血症（兔瘟）必须进行免疫预防，其他疾病可根据实际情况进行免疫。

二、免疫程序

应根据抗体检测水平适时调整免疫程序，参考免疫程序如下：

表9-1 建议免疫程序

	时间	疫苗	剂量（毫升）	接种方法
商品肉兔（70日龄出栏）	35~40日龄	兔病毒性出血症（兔瘟）灭活疫苗	2	皮下注射
		兔病毒性出血症（兔瘟）、多杀性巴氏杆菌病二联灭活疫苗	2	皮下注射
商品肉兔（70日龄以上出栏）	35~40日龄	兔病毒性出血症（兔瘟）、多杀性巴氏杆菌病二联灭活疫苗	2	皮下注射
	首免后20天	兔病毒性出血症（兔瘟）、多杀性巴氏杆菌病二联灭活疫苗	1	皮下注射
		兔病毒性出血症（兔瘟）灭活疫苗	1	皮下注射
种母兔	间隔6个月	兔病毒性出血症（兔瘟）、多杀性巴氏杆菌病二联灭活疫苗	1	皮下注射
		产气荚膜梭菌病（A型）（魏氏梭菌病灭活疫苗）	2	皮下注射
种公兔	间隔6个月	兔病毒性出血症（兔瘟）、多杀性巴氏杆菌病二联灭活疫苗	1	皮下注射
		产气荚膜梭菌病（A型）（魏氏梭菌病灭活疫苗）	2	皮下注射

三、疫苗选择

目前，国内批准生产的兔用疫苗为：兔病毒性出血症（兔瘟）灭活疫苗；兔、禽多杀性巴氏杆菌病灭活疫苗；家兔产气荚膜梭菌病灭活疫苗；兔病毒性出血症、多杀性巴氏杆菌病二联灭活疫苗；家兔多杀性巴氏杆菌病、支气管败血博代氏菌感染二联灭活疫苗；兔病毒性出血症、多杀性巴氏杆菌病、产气荚膜梭菌病（A型）三联灭活疫苗。上述疫苗都是灭活疫苗，保存温度为 2~8℃，严禁冷冻。

四、免疫方法

在接种前应充分做好准备工作，注射器、针头、镊子等消毒备用。目前兔用疫苗的接种方法均为皮下注射。

第四节 肉兔场兽药使用规程

肉兔场应加强饲养管理，建立严格的生物安全体系，按计划进行免疫，及时淘汰病兔，最大限度地减少化学药品和抗生素的使用。必须使用兽药进行肉兔疾病的防治时，应在兽医指导下进行，选择对症药品，避免滥用药物。

一、兽药使用原则

肉兔场所用兽药应符合《中华人民共和国兽药典》《中华人民共和国兽药规范》和《兽药质量标准》的相关规定，应产自具有兽药生产许可证和产品批准文号的生产企业，来自具有兽药经营许可证和进口兽药许可证的供应商。肉兔场的兽药使用应该严格遵守《兽药管理条例》。

①遵守国务院兽医行政管理部门制定的兽药安全使用规定，并建立用药记录。

②禁止使用假、劣兽药以及未经国家畜牧兽医行政管理部门批准的药物或已经淘汰的兽药，禁止使用《食品动物禁用的兽药及其他化合物清单》中的药物及其他化合物。

③使用有休药期规定的兽药时，应当向购买者或者屠宰者提供准确、真实的用药记录。

④禁止在饲料和饮用水中添加激素类药品和国务院兽医行政管理部门规定的其他禁用药品。

⑤禁止将原料药直接添加到饲料及饮用水中或者直接饲喂。经批准可以在饲料中添加的兽药，应当由兽药生产企业制成药物饲料添加剂后方可使用。

⑥禁止将人用药品用于动物。

二、常用药物及停药期

表9-2　常用药物及停药期

药品名称	作用与用途	停药期（天）
注射用氨苄西林钠	抗生素类药，用于治疗青霉素敏感的革兰阳性菌和革兰阴性菌感染	不少于14
注射用盐酸土霉素	抗生素类药，用于革兰阳性、阴性细菌和支原体感染	不少于14
注射用硫酸链霉素	抗生素类药，用于革兰阴性菌和结核分枝杆菌感染	不少于14
硫酸庆大霉素注射液	抗生素类药，用于革兰阴性和阳性细菌感染	不少于14
硫酸新霉素可溶性粉	抗生素类药，用于革兰阴性菌所致的胃肠道感染	不少于14
注射用硫酸卡那霉素	抗生素类药，用于败血症和泌尿道、呼吸道感染	不少于14
恩诺沙星注射液	抗菌药，用于防治兔的细菌性疾病	14
替米考星注射液	抗菌药，用于兔呼吸道疾病	不少于14

续表

药品名称	作用与用途	停药期（天）
黄霉素预混剂	抗生素类药，用于促进兔生长	0
盐酸氯苯胍片	抗寄生虫药，用于预防兔球虫病	7
盐酸氯苯胍预混剂	抗寄生虫药，用于预防兔球虫病	7
拉沙洛西钠预混剂	抗生素类药，用于预防兔球虫病	不少于14
伊维菌素注射液	抗生素类药，对线虫、昆虫和螨均有驱杀作用，用于治疗兔胃肠道各种寄生虫病和兔螨病	28
地克珠利预混剂	抗寄生虫药，用于预防兔球虫病	不少于14
氯羟吡啶预混剂	抗寄生虫药，用于预防兔球虫病	5

资料来源：中华人民共和国农业部公告 第278号

三、给药方法

在预防和治疗兔病时，应根据不同疾病和不同药物的性质和特点，采取不同的用药方法和途径。常用的有以下几种。

（一）内服

最常用的一种给药方法。让药物通过口腔进入消化道内，或在消化道内发挥作用，或被吸收进入血液循环，发挥全身治疗作用。优点是操作比较简便，适用于多种药物的给药；缺点是药物受胃肠道内容物影响较大，药效出现较慢，吸收不完全、不规则。按操作方法不同又可分为以下几种。

1. 混于饲料给药

此法是最简单的给药方法，适用于毒性小、不良气味和刺激性的药物。要求兔有一定的食欲，多用于大群兔的驱虫或预防性用药。方法是将药物拌入少量适口性较好的饲料中，让兔自行采食。为使兔子在短时间内采食到应采食的药物，可将药物添加在一次喂料量的1/2中，在兔子饥饿的情况下饲喂，待兔子采食干净后再加入另外一半的饲料。毒性较大的药物，由于个体差异，服药量难以精确计量，因此，在大批给药前应先做小量试验，以保证安全。

在拌料喂药时,计量要准确,搅拌要均匀,饲槽要充足,使每只兔都能采食到应采食的药量,防止多寡不一而造成的剂量不足或药量过大产生的副作用。

2. 口服法

口服法适用于剂量较小、有异味的药物,或已缺乏食欲、不采食的病兔。将病兔适当保定,使头部稍高一点,嘴略抬起,并固定好头部。若药物为片剂、丸剂或胶囊,操作者用一手轻轻捏住兔面颊使口张开,另一手持镊子或筷子夹取药物送入舌根部或会厌部,使兔咽下,当兔不咽时可向口腔滴加少量清水,也可调成糊状用注射器将药液灌入口中。但要防止因误咽而造成异物性肺炎,喂药时药物不宜送入口腔深部,液体药物应缓慢灌入,不可太快。

3. 饮水给药

对于水溶性的药物,可通过饮水的方式内服。该方法适于大群预防和治疗,特别是那些食欲不振、但饮欲良好的患兔。其方法简便,容易操作。关键是药量计算准确,药物完全溶解。

（二）注射给药

优点是药物吸收较快和较完全,见效快。但对注射液要求也较严格。注射给药时必须注意药物质量和严格的消毒,以免出现疗效不佳或注射部位化脓。

1. 肌内注射

肌内注射适用于多种药物,如油剂、混悬液、水剂等均可用此法。注射部位选择家兔的颈侧或大腿外侧肌肉丰满、无大血管和神经处,经局部剪毛消毒后,一手按紧皮肤,另一手持注射器,中指压住针头连接部,针头垂直刺入,深度视局部肌肉厚度而定,但不应将针头全刺入,轻轻抽回注射栓,如无回血现象,将药物全部注入,针头拔出后用酒精棉球按压片刻进行局部消毒。如一次量超过10毫升时,应分点注射。

2. 皮下注射

主要用于兔的免疫接种。应选择在皮肤薄、松弛、容易移动的部位,如肩胛部、颈后部、股内侧等。注射前先用70%酒精棉球或2%碘酊棉球消毒,再用左手拇指、食指和中指捏起皮肤,右手将针头刺进提起的皮下约1.6厘米,左手松开,将药液推入,拔出针头,用消毒干棉球轻压片刻防止药液流出。

3. 静脉注射

主要用于补液。多选取兔耳朵外缘的耳静脉为注射部位。先将注射部位剪毛、消毒，左手固定兔耳，并压迫耳朵基部，使边耳静脉扩张，右手持注射器，针头斜面向上刺入耳静脉，稍回抽注射器活塞，若见回血即可将药液徐徐注入。注射完毕将针头拔出，再用酒精棉球按压片刻，以防出血。注射时若发现耳壳皮下隆起小泡，或感觉注射有阻力，即表示未注入血管内，应拔出重新注射。注射完拔出针头后，即用酒精棉按住注射部位，防止血液流出。注意所注射的药液内不能含有气泡及颗粒等物质。如注射大量药物时，在气温低时应将注射液加温到37℃左右再行注射。

4. 腹腔注射法

注射时将兔后躯抬高，在脐部后方腹中线左侧，向脊柱方向刺入，注意不要刺伤到肝和胃。当胃和膀胱内容物排空时便于此项操作。

5. 直接灌肠法

将兔侧卧保定，后躯稍抬高，胶管前端涂上润滑剂，缓慢插入直肠内，再与装有药液的注射器连接，将药液缓缓注入直肠内。

（三）外用

主要用于体表消毒和杀灭体表寄生虫。常用洗涤、涂擦等方法。

1. 洗涤

将配成适宜浓度的药物溶液清洗局部皮肤或鼻、眼、口腔及创伤等部位。

2. 涂擦

将药物做成软膏或适宜剂型涂擦于皮肤或黏膜的表面。

四、球虫病药物预防参考程序

目前，肉兔球虫病比较普遍，采用药物预防，可在一定时间内使兔群得到保护，有效控制疾病的发生和蔓延。同时，通过加强饲养管理，逐步使球虫病得到控制和净化。

断奶幼兔饲料中添加抗球虫药物，采取连续用药方式，在商品兔上市前严格执行相应药物的停药期规定。

地克珠利预混剂（每1000克中含地克珠利2克或5克）：混饲，每1000千克饲料添加1克（以有效成分计），停药期14天。

盐酸氯苯胍预混剂（每1000克中含盐酸氯苯胍100克）：混饲，每1000千克饲料添加1000~1500克，停药期7天。

磺胺氯吡嗪钠可溶性粉（商品名称三字球虫粉，每1000克中含磺胺氯吡嗪钠300克）：混饲，每1000千克饲料添加200克，连用15天。

氯羟吡啶预混剂（每1000克中含氯羟吡啶250克）：混饲，每1000千克饲料添加800克，停药期5天。

上述药物可进行轮换或穿梭用药。

五、禁用药

（一）我国规定的禁用药

根据中华人民共和国农业部公告第193号《食品动物禁用的兽药及其他化合物清单》规定，以及农业部办公厅关于加强喹乙醇使用监管的通知（农办医〔2009〕23号），禁止在食品动物饲养过程中使用下列药物及化合物。

表9-3 禁止在食品动物饲养过程中使用的药物

兽药及其他化合物名称	禁止用途	禁用动物
β-兴奋剂类：克仑特罗、沙丁胺醇、西马特罗及其盐、酯及制剂	所有用途	所有食品动物
性激素类：己烯雌酚及其盐、酯及制剂	所有用途	所有食品动物
具有雌激素样作用的物质：玉米赤霉醇、去甲雄三烯醇酮、醋酸甲羟孕酮及制剂	所有用途	所有食品动物
氯霉素及其盐、酯（包括琥珀氯霉素）及制剂	所有用途	所有食品动物
氨苯砜及制剂	所有用途	所有食品动物
硝基呋喃类：呋喃唑酮、呋喃它酮、呋喃苯烯酸钠及制剂	所有用途	所有食品动物

续表

兽药及其他化合物名称	禁止用途	禁用动物
硝基化合物：硝基酚钠、硝呋烯腙及制剂	所有用途	所有食品动物
催眠、镇静类：安眠酮及制剂	所有用途	所有食品动物
各种汞制剂 包括：氯化亚汞（甘汞）、硝酸亚汞、醋酸汞、吡啶基醋酸汞	杀虫剂	动物
性激素类：甲基睾丸酮、丙酸睾酮、苯丙酸诺龙、苯甲酸雌二醇及其盐、酯及制剂	促生长	所有食品动物
催眠、镇静类：氯丙嗪、地西泮（安定）及其盐、酯及制剂	促生长	所有食品动物
硝基咪唑类：甲硝唑、地美硝唑及其盐、酯及制剂	促生长	所有食品动物
喹乙醇	抗菌促生长	体重超过35千克的猪和禽、鱼等其他种类动物

注：食品动物是指各种供人食用或其产品供人食用的动物。

（二）欧盟禁用的兽药及其他化合物清单

①阿伏霉素

②洛硝哒唑

③卡巴多

④喹乙醇

⑤杆菌肽锌（禁止作饲料添加药物使用）

⑥螺旋霉素（禁止作饲料添加药物使用）

⑦维吉尼亚霉素（禁止作饲料添加药物使用）

⑧磷酸泰乐菌素（禁止作饲料添加药物使用）

⑨阿普西特

⑩二硝托胺

⑪异丙硝唑

⑫氯羟吡啶

⑬氯羟吡啶/苄氧喹甲酯

⑭氨丙啉

⑮氨丙啉/已氧酰胺苯甲酯

⑯地美硝唑

⑰尼卡巴嗪

⑱二苯乙烯类及其衍生物、盐和酯，如已烯雌酚等

⑲抗甲状腺类药物，如甲疏咪唑、普萘洛尔等

⑳类固醇类，如雌激素、雄激素、孕激素等

㉑二羟基苯甲酸内酯，如玉米赤霉醇

㉒ß-兴奋剂类，如克伦特罗、沙丁胺醇、喜马特罗等

㉓马兜铃属植物及其制剂

㉔氯霉素

㉕氯仿

㉖氯丙嗪

㉗秋水仙碱

㉘氨苯砜

㉙甲硝咪唑

㉚硝基呋喃类

第五节 家兔常见病的诊断与防治

一、家兔疫病诊断

家兔患病之后，会引起一系列的病理变化，在临床上表现为一定的症状。通过各种特定的方法对病死兔进行观察和检查，搜集、发现和认识这些变化，

了解疾病的性质、掌握其发生和发展规律，从而加以综合分析并作出诊断，依此制定科学合理的防制措施。

（一）流行病学调查

流行病学调查的目的，是为了清楚认识疫病表现，摸清传染病的病因及传播规律，有利于及时作出诊断并采取合理的防制措施，以期迅速控制传染病的流行。调查的内容主要包括：发病的时间、发病年龄、家兔的种类及饲养规模；发病的症状、程度，如发病的快慢、持续时间、发病率、死亡率；传染源、易感动物、传播媒介、传播途径、影响传染散播的因素和条件、疫区的范围；发病前后的饲料品质及饲料变更情况，及其发病与饲养管理、环境等的关系，如水源、水质是否受到过污染，是否饮过冷冻水，是否饲养狗和猫；药物及疫苗使用情况等。调查的主要方法包括询问调查、现场查看、实验室检查及调查数据的统计分析。

1. 询问调查

询问的对象主要是场主、管理人员、饲养员等。询问兔子平时吃什么饲料（包括精料粗饲料），饲喂量、饲料有没有突然变化；以前本兔场有没有发生过类似的疾病，周围场有没有发生过什么病；最近是否引进过种兔，最近有没有其他人来过兔场；了解兔病的轻、重、缓、急，包括发病时间、发病的危害程度、病兔数量、年龄、品种等；病前后是否有用什么药物治疗过，病情是否好转等；了解疫苗注射情况、免疫程序、疫苗、疫苗存储情况等。

2. 现场查看

有些情况下通过询问不一定能完全了解情况，因此需现场查看发病兔场，进行信息核实。主要观察兔场的结构布局、地形地貌、兔场的环境、卫生状况、保温隔热性能等；水质情况，有没有遭受过污染，是否饮过冷冻水，周围有没有化工厂；饲料储存和加工有没有发霉、腐烂现象；兔场的管理情况，包括人员进出、病死兔的处理情况等。

3. 实验室检查

实验室检查的目的是对家兔传染病进行准确诊断，发现隐性传染源，证实传播途径，动态摸清兔群免疫水平和有关致病因素。如血清学调查，就是为了解某种疫病的抗体水平,从而对该病的流行动态、免疫状态等作出评估,为采取进一步的措施提供科学依据。

4.统计学分析

在已有调查数据的基础上,对已掌握的数据,包括发病兔、死亡兔,发病率与死亡率变化,血清学测定结果等统计、分析整理,作出一个全面、客观、科学的兔病发生、发展的规律结论,提出预防和控制传染病的措施。

(二)临床检查诊断

1.一般检查

(1)外貌状况检查

主要包括体格、发育、体质与结构以及营养状况。体格发育和营养良好的家兔躯体各部位发育匀称,肌肉发达,皮下脂肪丰满,骨骼不显露。营养不良的家兔发育迟缓或停滞,表现为体躯瘦小,体弱无力,骨骼显露。

(2)精神与行为姿势检查

健康家兔的行动起卧都保持固有的自然姿势,动作灵活,轻快敏捷,两眼有神。白天除采食外,大部分时间两眼半闭处于休息状态,稍有响动即睁眼、抬头、两耳竖立。患病家兔精神沉郁、反应迟钝,低头垂耳、两眼无神,有的表现姿势异常或兴奋异常现象。

(3)皮肤与被毛检查

家兔皮肤、被毛的异常变化是皮肤、被毛疾病或全身营养代谢疾病的一种外在表现症状。检查时应注意皮肤有无破损、皮屑、脓肿、脱毛(指非季节性、年龄性换毛和孕期拉毛)、无毛等现象。健康家兔的被毛有光泽、平滑、生长牢固,换毛有一定的规律性。常见的皮肤、被毛异常主要有螨病、皮肤真菌病和脓肿等。

(4)可视黏膜检查

可视黏膜是外表可见的黏膜,家兔的可视黏膜包括眼结膜、口腔黏膜、鼻腔黏膜和阴道黏膜,可视黏膜一般近似粉红色。最常检查的是眼结膜。结膜苍白多见于各种贫血(营养不良性、出血性、溶血性);结膜发黄,可见于各种黄疸(溶血性、肝脏性、胆道阻塞性);黏膜潮红,可见于结膜炎或全身性炎症；结膜发绀，主要见于血液循环障碍或呼吸困难。

（5）体温测定

成年家兔的正常体温是 38.5~39.5℃，幼兔稍高。如果患兔体温高于正常范围，多患急性全身性疾病；体温正常或稍发热，多患普通病；如果体温低于正常范围，则是中毒或濒死征兆，一般预后不良。

2. 系统检查

（1）消化系统检查

家兔胃肠道疾病的发病率较高，许多传染病、寄生虫病和中毒性疾病会引起消化器官的病理变化，因此，消化系统的检查非常重要。

（2）采食和饮水检查

家兔的食欲和饮水量受到所提供饲料和饮水的影响。在正常情况下，食欲废退是患病兔的重要症状之一，各种胃肠道疾病都有食欲不振的症状。

（3）口腔检查

检查口腔黏膜是否有溃疡、水疱和出血点，口腔是否有流涎现象。

（4）腹部检查

观察腹部形态和腹围大小，若腹围增大，多见于胃肠臌胀、积食和积液。发生腹膜炎时，触诊腹部患兔可因疼痛而挣扎。当便秘或胃内有异物（毛球）时，可摸到硬的粪块或异物。

（5）粪便检查

粪便的形状、硬度及颜色可因饲料的改变而变化，但健康兔的粪便颗粒大小均匀，表面光滑、无血液、无黏液，无特殊气味。在疾病情况下，会出现腹泻，粪便稀软成堆，呈糊状或水样；有的粪便带有黏液或呈胶冻状；有的粪便细小、干硬；有的粪便带血或有特殊臭味等。

（6）呼吸系统检查

上呼吸道检查：主要检查对象是鼻分泌物。健康兔的鼻端干燥洁净，没有分泌物。鼻端出现分泌物表明上呼吸道存在疾患。鼻分泌物来自鼻腔、喉头、气管和肺，不论哪部分有病，所产生的分泌物都要从鼻腔排出。检查鼻分泌物要注意分泌物的量、颜色、稠度、气味，是一侧性还是两侧性的，从鼻分泌物中常可分离培养到多杀性巴氏杆菌、支气管败血波氏杆菌和金黄色葡萄球菌等。

胸部检查：健康兔的呼吸方式是胸腹式，当呼吸时，胸部和腹部都有明显的起伏动作。当家兔出现呼气性困难或混合性呼吸困难时，应当注意胸部的检查。首先应对胸廓的形状和肋骨的起伏状态进行全面的观察。胸廓的畸形或肋骨的损伤等都可以破坏正常的呼吸功能。其次要对胸部异常变化进行触诊，要注意胸部的温度、有无肿胀、是否疼痛等情况。

（7）循环系统检查

正常状态下，成年家兔的心率为80~100次/分，幼兔为100~160次/分，在剧烈运动或受惊时，心率次数可生理性地急剧上升。排除这些因素，家兔的心率减慢或加快，意味着某部分器官出现了病理变化。另外，耳温的变化和耳部血管的充盈程度也反映着循环系统的健康状况。

（8）泌尿生殖系统检查

尿液检查：正常尿液为淡黄色，外观稍混浊，出现异常首先考虑是否泌尿系统出现疾患。

生殖器官检查：公兔检查睾丸、阴茎及包皮；母兔检查外阴部分。如果发现外生殖器的皮肤和黏膜发生水泡性炎症、结节和粉红色溃疡，则可疑为密螺旋体病；如阴囊水肿，包皮、尿道、阴唇出现痘疹，则可疑为兔痘；患李氏杆菌病时可见母兔流产，并从阴道内流出红褐色的分泌物，患葡萄球菌病时也可致外生殖器炎症；患巴氏杆菌病时，也会有生殖器官感染。

（9）神经系统的检查

先看家兔的精神状态是否正常，有无行动障碍，运动感觉器官有无异常。患巴氏杆菌病引起斜颈的家兔出现神经症状。家兔患中毒病时，也大都有神经症状。

3. 病理剖检

（1）剖检场所的选择

为了便于消毒和防止病原的扩散，一般以在室内进行剖检为好，如条件达不到，也可在室外进行。在室外剖检时，要选择距兔舍较远、干燥的偏僻地点。并挖深达1.5米左右的土坑，待剖检完毕立即将尸体及被污染的垫物和表面土层等一起投入坑内，再撒些生石灰或喷洒消毒液，然后用土掩埋，坑旁的地面也应注意消毒。有条件的可焚烧处理。

（2）剖检器械和药品的准备

病死兔剖检时常用的器械有剪刀、镊子和骨钳等，常用的消毒液有0.1%苯扎溴铵（新洁尔灭）溶液或3%甲酚（来苏儿）溶液。此外，为了预防剖检人员的受伤感染，还应准备3%碘酊、70%酒精和棉花、纱布等。

（3）剖检人员的防护

可根据条件穿着工作服、戴橡皮手套、穿胶靴等。条件不具备时，可在手臂上涂凡士林或其他油类，或徒手操作后及时用消毒液或肥皂清洗，以防止感染。剖检结束后，应将器械、衣物等用消毒液充分消毒，再用清水清洗。

（4）剖检方法

剖检时，将尸体腹面向上，置于解剖台、解剖盘内或不透水的铺垫物上，四肢分开固定，用消毒液涂擦胸部和腹部的被毛。沿中线从下颌至耻骨联合处切开皮肤，再向每条腿切开并分离皮肤，检查皮下有无出血和病变。用镊子提起腹肌，切开腹壁，沿腹中线打开腹腔，顺次检查腹膜、肝、胆囊、胃、脾、肠道、胰、肠系膜及其淋巴结、肾、膀胱以及生殖器官。切断两侧肋骨、除去胸骨，使胸腔暴露，检查胸腔内的心、肺、胸腺和胸膜。剪开气管，观察气管环和气管内分泌物。打开口腔、鼻腔和颅腔，进行相应检查。应当注意的是，在进行病死兔剖检，尤其是剖检患传染病的病死兔时，既要注意防止病原的扩散，又要预防自身的感染。

（5）剖检记录

病死兔剖检记录是进行综合分析的原始材料。记录的内容力求完整详细，对病变的形态、位置、性质变化等，客观地加以描述说明，如实地反映病死兔的各种病理变化。因此，记录最好在检查病变过程中进行，不具备此条件时，可在剖检完后及时补记。

（三）实验室诊断

疾病的确诊还需要进行实验室诊断，常用的实验室方法有病原的分离鉴定、镜检、血清学试验和分子生物学方法等。同时，为了保证实验室诊断结果的正确性，要求送检病料一定要新鲜，及时采集、及时送检。另外，尽量采集病变较明显的部位，这样有利于病原微生物的分离。

1. 细菌分离培养

细菌的分离培养是实验室诊断工作中的重要环节，用特定培养基对细菌进行分离和纯培养，根据菌落的形态、大小、色泽、气味以及有无溶血等情况进行初步鉴定，然后通过染色镜检或生化试验进行进一步鉴定，为疾病的确诊提供依据。

2. 显微镜检查

（1）细菌学检查

取清洁玻片作病料或培养单菌落涂片，干燥固定，染色、水洗、干燥后进行镜检。镜检时注意观察细菌的染色特性和形态特征。

（2）寄生虫检查

利用镜检对球虫卵囊和螨虫虫体进行检查。

球虫卵囊检查：①直接涂片法。取少许粪便直接置于载玻片中央，加1滴水涂布均匀，去掉粪渣，盖上盖玻片，进行镜检，镜检时注意区别虫卵囊与粪渣。急性病例粪便中无卵囊排出，可由结节内容物和胆囊黏膜取样、涂片、镜检，可见有大量的球虫卵囊。②饱和盐水漂浮法。取新鲜兔粪5~10克放入100~200毫升的烧杯中，先加少量饱和盐水将兔粪捣烂混匀，再加饱和盐水约至20倍。将粪液用双层纱布过滤，弃粪渣，滤液静置40~45分钟，球虫卵囊即浮于液面，用接种环钩取液面液体进行镜检。

螨虫检查：在患病部位与健康皮肤交界处，用外科手术刀等刮取病料（尽量在湿润部位刮取，以刮到有血迹为止）。易剥离的痂皮、皮屑和毛囊一般不含虫体。新鲜病料置于黑纸上，稍加热，用放大镜可见虫体移动。将陈旧病料置于5%~10%氢氧化钾1~2小时后，置于载玻片上，加盖玻片，镜检。

皮肤真菌检查：将所采集病兔患病部的兔毛、皮屑或痂皮置于载玻片中央，加1滴10%~40%的氢氧化钾封固液，盖上盖玻片，在酒精灯火焰上方微微加热，以不沸腾为度，放置数分钟，轻轻压片，用吸水纸从一侧吸取多余液体，即可镜检。镜检时先用低倍镜找到样品中的可疑菌丝、孢子或菌体，再用高倍镜观察。

3. 血清学试验

免疫血清学技术建立在抗原抗体特异性反应的基础上，利用该技术检测相应的抗原、抗体，对疾病进行诊断，是免疫血清学技术最突出的应用。在兔病诊断方面最常用的是凝集试验和标记抗体技术。

4. 分子生物学方法

随着分子生物学技术的发展，该技术在多领域得到了应用，在临床检验中采用分子生物学方法，可进行批量检测并能缩短检测时间，并在基因水平上做出诊断。目前用于兔病诊断的主要有PCR和RT-PCR。

（四）送检方法

1. 病料采集

（1）全兔病料

如有可能，尽量采取送完整的刚病死的兔子，数量尽量能多几只，一般要送3~5只，目的是能够更加全面地了解病理变化。

（2）脏器病料

通常根据所怀疑疾病的种类来决定采集哪些器官或组织的病料。尽量保持病料新鲜，最好在濒死时或死后数小时内采集，尽量要求减少杂菌污染，使用的用具器皿应严格消毒，根据不同的病情，采取不同部位的病料，如有可能尽量采集多一点；脏器的部位要在病变与健康交界处；各个脏器能够单独包装，并用记号笔写上脏器名称和采集日期。

2. 病料保存和运送

（1）全兔病料

可以视季节情况而定，冬春季节，如果病料马上送检，可以不采取保温措施；如果是夏秋季节，最好随病兔放上冰袋，以保持病兔新鲜；如果是夏天，时间许可的话，最好能把全兔冷冻，再在运送时放上冰袋，防止兔体腐败变质。

（2）脏器病料

如果马上送检，应采取保温措施，尽量保持病料新鲜；如果不是马上送检，则应冷冻保存，对疑为细菌性的病料，应在冰箱中冷藏保存；对疑为病毒性的病料，最好在 –70℃冰箱中保存。

运送时均应使用保温瓶，并加上冰块或冰袋。

二、基本病理过程和常见症状

1. 充血

器官和组织内含血量增多，称为充血。充血可分为动脉性充血和静脉性充血两种。动脉性充血（简称充血，临床上可称潮红）是在某些致病因素的影响下，局部组织或器官的小动脉及毛细血管扩张，流入血量增多，引起组织或器官内的含血量增多。静脉性充血（简称淤血，临床上可称发绀）是由于局部组织或器官内动脉输入血量正常，但静脉血液回流受阻，而引起的静脉内血液含量增多。

2. 缺血

器官或局部组织的动脉血液供应完全断绝或不足，使局部血液含量全无或少于正常，称为缺血或局部贫血。

3. 出血

出血是指血液流出血管外，流出体外称为外出血，如咯血、呕血等；积于体内叫内出血，如体腔积血、血肿、淤点、淤斑等。

4. 梗死

在血管迅速发生阻塞而侧支循环又不能充分建立的情况下，因血流阻断而引起的局部组织坏死，称为梗死。

5. 萎缩

机体发育正常的器官，其所含实质细胞的体积或数量的减少而导致其本身体积缩小的现象称为萎缩。常常是由于血液供给不足、营养不良等因素长期影响的结果。

6. 变性

机体在发生物质代谢障碍的情况下，随着细胞或组织发生物理化学性质的改变，而在细胞或间质内出现异常物质时称为变性。

7. 坏死

局部组织或细胞的死亡称为坏死,是一种不可恢复的病理过程。

8. 钙化

钙盐沉积于病变组织、病理产物或异物中的现象,称为钙化。病理产物包括坏死组织、血栓、浓缩的脓液等,异物主要是死亡的细菌和寄生虫等。沉积的钙盐多为磷酸钙,少量为碳酸钙。钙化是机体抗损伤的手段之一,可以使病理过程停止下来。

9. 炎症

炎症是机体对各种致病因素所产生的一种以防御为主的复杂的综合性反应。这种反应常常表现在受病因直接作用或影响的局部组织,产生变质、渗出和增生的病理变化。该局部反应可波及全身,而且还受到全身功能状态的影响。因此,炎症是以局部改变为主的全身性反应。炎症的临床表现为红、肿、热、痛和功能障碍。

10. 发热

发热是由于致热原的作用,引起体温调节功能的改变,使体温调节中枢的固定点上移,而把体温调节到高于正常的水平。体温升高常常是体内疾病过程发展的信号。发热不是一种独立的疾病,而是许多疾病尤其是传染病和炎性疾病过程中最经常出现的一种临床症状。

11. 黄疸

由于胆红素形成过多或排泄障碍,大量胆红素蓄积在体内,使皮肤、黏膜、浆膜及实质器官等染成黄色,称为黄疸。

12. 水肿

由于水盐代谢障碍使体液在组织间隙内蓄积过多,称为水肿。若皮下水肿称为浮肿,若体液在体腔内蓄积过多,则称为积水。

13. 败血症

败血症是由病原微生物(细菌、病毒)所引起的一种急性全身感染病理过程。在机体抵抗力显著降低的情况下,微生物侵入机体,突破机体的防御系统,进入血液循环,并在血液中大量、持久存在和散布到各器官组织内,使机体处于严重中毒状态。

14. 菌血症

机体感染的病原微生物突破机体防御系统，进入血液循环时，称为菌血症。它可能是败血症的开始发展阶段，也可能是某些传染病病原微生物出现在血液中的一种暂时现象。

15. 毒血症

如果病原微生物侵入机体后，在局部进行繁殖，其产生的毒素被大量吸收进入血液而引起全身中毒，称为毒血症。

16. 脓毒败血症

如果病原菌是化脓菌，则可形成细菌性栓子而进入各器官内，并在这些器官内形成新的转移性化脓灶，称为脓毒败血症。

三、家兔主要病毒病

（一）兔病毒性出血症

兔病毒性出血症是家养和野生穴兔的一种高度传染性、急性致死性传染病，以呼吸系统出血、肝坏死及实质脏器水肿、淤血及出血性变化为主要特征，俗称"兔瘟"。

1. 临床症状

根据临床特征可分为4型，最急性、急性、亚急性和慢性型。

（1）最急性型

家兔感染后常不表现任何明显症状即突然死亡，死前往往在笼内乱跳几下、惨叫几声即倒地死亡，死后呈"角弓反张"，鼻孔有泡沫样血液流出。最急性型多发生在流行初期。

（2）急性型

潜伏期为12~48小时，体温升高至41℃左右，患兔精神沉郁、活动减少，食欲减退、喜饮水，呼吸急促。濒死前突然兴奋，在笼内狂奔，然后前肢伏地、后肢支起，全身颤抖倒向一侧，倒地后四肢划动、抽搐、惨叫几声而死。

少数死兔鼻腔流出泡沫样血液。急性型多发生在流行中期。

最急性型和急性型大多发生于青年兔和成年兔，死前肛门松弛，肛门周围兔毛被少量淡黄色黏液沾污，粪球外附裹有淡黄色胶样分泌物。

（3）亚急性型

一般发生在流行后期，多发于 3 月龄以内的幼兔，兔体消瘦，被毛无光泽，病程 2~3 天或更长，大部分预后不良。

（4）慢性型

患病兔精神沉郁，四肢无力，呈瘫痪症状，不吃不喝，病程持续很长时间，耐过者已失去饲养价值，应该及时淘汰。

2. 病理变化

本病以呼吸系统出血、肝坏死及实质脏器水肿、淤血及出血性变化为主要特征。最急性、急性病死兔剖检时可见全身实质器官出血、淤血。喉头、气管软骨环弥漫性出血或淤血，气管及支气管内有泡沫状血液；胸腺水肿淤血、出血，有针帽至粟粒大小的出血点；肺水肿，严重出血、淤血，有出血点和出血斑，切面有大量红色泡沫状液体流出；心脏扩张淤血，心包膜有出血点；肝肿大，肝小叶间质变宽，质地变脆，表面淡黄色或土黄色，切面粗糙，多呈槟榔样花纹，有的肝淤血呈紫红色，并有出血斑点；胆囊肿大，充满稀薄胆汁；肾脏淤血肿大，呈暗红色，有针尖大小的出血点，并有灰白色或灰黄色坏死区；脾脏淤血、肿大，呈蓝紫色；肠系膜淋巴结、圆小囊肿大、出血；胃壁充血，小肠黏膜充血、出血。

3. 诊断

本病潜伏期短，发病率和死亡率均极高，根据流行特点、临床症状和病理变化，可以作出初步诊断。必要时可通过实验室检查进行确诊。肝组织病毒滴度高，一般采集肝组织进行实验室诊断。常规实验室诊断可用人 O 型红细胞进行血凝和血凝抑制试验。另外还可采用 RT-PCR、ELISA 等方法，均具有很高的特异性和敏感性。

4. 防治

本病以预防为主，制定严格的免疫程序，定期进行疫苗免疫注射。目前使用的疫苗是兔病毒性出血症灭活苗，根据建议用量，成年兔每年免疫 2 次，35~40 日龄幼兔进行首免，60~65 日龄加强免疫。发生疫情时可采取紧急预防措施，用 3~4 倍量兔病毒性出血症灭活苗进行注射；或用高免血清进行皮下注射，之后 7~10 天再进行疫苗免疫。

（二）传染性水疱性口炎

传染性水疱性口炎的主要特征是口腔黏膜发生水疱性炎症，大量流涎，故又称"流涎病"。具有较高的发病率和死亡率。

1. 临床症状

部分病兔体温可升至 40~41℃。发病初期表现为口腔黏膜潮红，随着病情的发展，在唇、舌、硬腭和口腔黏膜上出现粟粒至扁豆大小的结节和水疱，水疱内充满清朗液体，破溃后形成溃疡，大量流涎，使唇周围、颌下、胸前和前肢的被毛被沾湿。患病兔死亡率可达 50%。

2. 病理变化

病死兔一般十分消瘦，剖检可见唇、舌和口腔黏膜有水疱和溃疡斑。咽喉部聚集泡沫样唾液，唾液腺充血肿大，胃内常存有黏稠液体和稀薄食物，肠黏膜有卡他性炎症。

3. 诊断

根据流涎和口腔黏膜水疱性炎症等特征性症状，一般可以作出诊断。进一步确诊可采取水疱液接种 7~13 日龄鸡胚绒毛尿囊膜，可在尿囊膜上形成痘斑样病变。

4. 防治

目前没有用于预防本病的疫苗。平常加强饲养管理，注意粗饲料质量，避免造成口腔黏膜损伤。一旦发现有流涎的家兔应立即隔离，并对污染笼具等进行消毒，以防扩散。

主要采取对症治疗措施，并使用抗菌药物控制继发感染。先用 2% 硼酸溶液、2% 明矾溶液、0.1% 高锰酸钾溶液或 1% 盐水冲洗口腔，再涂擦碘甘油、撒布黄芩粉或冰硼散。将青黛散涂擦或撒布病兔口腔，一天 2 次，连续 2~3 天。

配合全身治疗，将磺胺嘧啶或磺胺二甲基嘧啶按每千克体重每天 0.2~0.5

克、吗啉胍 10 毫克，加维生素 B_1、B_2 内服。

（三）兔轮状病毒病

1. 临床症状

本病发病突然，潜伏期为 16~24 小时，无特定临床症状，表现为腹泻、食欲减退和精神沉郁。腹泻症状发生在排毒初期，持续 6~8 天，通常伴随着便秘。严重者发病后 2~3 天可因脱水死亡。

2. 病理变化

剖检可见小肠卡他性、出血性、坏死性肠炎和盲肠秘结，盲肠内有大量的液体内容物。病程较长者可见眼球下陷等脱水症状。

3. 诊断

本病从临床症状及病理变化可做初步诊断，但腹泻原因复杂，要进行实验室诊断才能确诊。主要是从粪便中检测轮状病毒或从血清中检测轮状病毒抗体。粪便中病毒的检测可采用病毒的细胞分离培养、电镜检测、聚丙烯酰胺凝胶电泳（PAGE）和 RT-PCR。

4. 防治

本病主要危害刚断奶的仔兔，至今还没有有效的防治措施，所以要加强对断奶仔幼兔的饲养管理，严格卫生防疫措施。发现病兔及早隔离治疗，及时补液以增强机体的抗病能力。

四、家兔主要细菌病

（一）大肠杆菌病

家兔大肠杆菌病是由致病性大肠杆菌引起的，家兔水样腹泻、排胶冻样物或便秘。

1. 临床症状

临床症状表现不一，有的排稀便，后躯被粪便污染，食欲废退，精神沉郁，伏卧不动，急性病例通常 1~2 天死亡；有的病兔排棕色、呈糊状粪便，食欲下降，精神不振。

2. 病理变化

病死兔剖检可见胃膨大、充满液体和气体；十二指肠常充满气体并被胆汁染黄；空肠、回肠壁薄而透明，充满半透明胶冻样物；结肠、盲肠浆膜和黏膜充血或有出血点。有的盲肠壁薄并有棕褐色糊状内容物；胆囊可见肿大。仔幼兔胸腔可见纤维素性渗出，胸膜与肺粘连，肺实变和坏死。

3. 诊断

根据临床症状和病理变化虽可作初步诊断，但确诊必须作细菌学检查。取病死兔内脏或粪便，用伊红亚甲蓝和麦康凯进行鉴别培养，可确诊。

4. 防治

大肠杆菌是条件致病菌，药物治疗效果不佳，因此应注重饲养管理，减少应激因素，尤其是对刚断奶的仔兔，提供适宜的饲养环境，饲料更换要循序渐进，不能突然改变。

用5%诺氟沙星（0.5毫升/千克体重）或庆大霉素（2万~3万国际单位/千克体重）或螺旋霉素（10毫克/千克体重）或卡那霉素（25万国际单位）肌注，每天2次。口服磺胺片，每天3次。对病程稍长的病兔进行补液，静脉或腹腔缓慢注射5%葡萄糖盐水20~50毫升，另加1毫升维生素C。便秘兔早期可口服补液盐、大黄苏打片、液状石蜡或植物油以促其排便，并投喂新鲜青绿饲料。

（二）巴氏杆菌病

巴氏杆菌病是家兔常见的一种危害性较大的传染病，又称兔出血性败血症。

1. 临床症状

（1）出血性败血症

在急性发病初期，病兔呈全身出血性败血症，往往看不到症状就突然死亡。病程稍长的病兔体温升高到41℃以上，精神不振，食欲减退，呼吸加快至呼吸困难，鼻孔中流出浆液性、脓性分泌物。死前体温下降，出现发抖、抽搐、瘫痪等症状。可见死亡兔鼻端出血。

（2）肺炎

主要病变在肺部，常表现为纤维素性肺炎和胸膜炎，家兔在笼内运动较少，一般不表现明显的呼吸困难症状，多进行腹式呼吸，精神沉郁，食欲不振或废绝，病程长短不一，多因消瘦、衰弱而死亡。

（3）传染性鼻炎

传染性鼻炎在临床上常见。病兔表现为上呼吸道卡他性炎症，鼻孔不断流出浆液性、脓性分泌物，常打喷嚏。由于分泌物刺激鼻黏膜，病兔常用前爪抓鼻，鼻孔周围的被毛潮湿、缠结，皮肤红肿。后期由于结痂阻塞鼻孔而造成呼吸困难。鼻炎病程很长，临床上表现为时好时坏，病兔长期带菌，成为主要的传染源。

（4）中耳炎

中耳炎一般发生在一侧，单纯的中耳炎除从鼓室流出奶油状分泌物外，可不表现其他症状。如病原菌侵入内耳或颅腔，可导致病兔头颈歪向一侧，称为斜颈或歪头病，身体向一侧翻转或滚动，严重时病兔运动失调，出现神经症状。如果不影响采食和饮水，可长期存活，影响采食的最终消瘦、衰竭死亡。

（5）结膜炎

可以由患鼻炎兔的抓挠引起感染。病兔眼睑红肿，结膜潮红，有浆液性或脓性分泌物流出。患病兔羞明，长期流泪，严重时分泌物糊住眼睛，有的可导致失明。

（6）生殖器炎症

患病部位包括母兔子宫、公兔睾丸和附睾，主要通过配种相互传染，母兔发病率高于公兔。母兔患子宫炎时，阴道流出脓性分泌物，有的呈砖红色，不易发情和受孕；公兔睾丸炎表现为一侧或双侧睾丸肿大，与配母兔受孕率低。

（7）脓肿

全身各部位皮下都可发生脓肿，有的被膜破溃而流出脓性分泌物，有的慢性脓肿可形成干酪状物。

2. 病理变化

（1）出血性败血病

病死兔剖检可见鼻腔黏膜、气管黏膜充血和出血，并有浆液性分泌物，或有血液或脓液；喉头黏膜充血、出血或水肿；肺严重出血、充血、水肿；肝变性，有灰白色坏死点；心外膜、淋巴结有出血斑点。病程稍长的可表现为胸膜肺炎。

（2）肺炎

病死兔剖检常见纤维素性肺炎和胸膜炎，病变部位多处于肺前下方，肺出现实变，常有脓肿和灰白色坏死灶。有的胸腔积液，浑浊，可见纤维素膜和脓肿。

（3）传染性鼻炎

初期鼻黏膜充血，鼻窦和副鼻窦黏膜红肿和水肿。后期鼻腔内充满浆液性、脓性分泌物，黏膜水肿、肥厚。

（4）中耳炎

一侧或双侧鼓室内充满奶油状分泌物，早期鼓室充血、变厚，鼓膜破裂者可见化脓性脑膜炎。

（5）生殖器感染

患子宫炎母兔阴道有脓性分泌物，子宫扩大，宫腔内积液，子宫壁变薄，内膜附有脓性分泌物。

（6）脓肿

脓肿有被膜包裹，内部充满奶油样浓汁，随着病程的延长，可见有厚的结缔组织包围的干酪样物。

3.诊断

本病根据临床症状、病理变化和细菌学检查可做出诊断。败血型病例可以从心血、肝、脾或体腔渗出液等取材料做细菌学检查。其他类似病例可从病变部位、浓汁、渗出液和阴道、呼吸道分泌物取样检查。对慢性病例和健康带菌兔可采取血清学方法进行诊断。

取病料作涂片或触片，用革兰染液、瑞氏染液或亚甲蓝染液染色，镜检，如见有多量革兰阴性、两极浓染的小杆菌，可做出初步诊断。必要时还需要进一步作细菌的分离鉴定。

4. 防治

（1）预防

加强饲养管理，兔舍通风良好，控制饲养密度。定期对兔舍和兔场周围进行消毒。定期注射兔多杀性巴氏杆菌病灭活疫苗，一年2~3次。引进种兔时严格检疫，隔离饲养1个月，确认健康无病方可入群。

（2）治疗

发现病兔及时隔离治疗或淘汰。在治疗上应做到早发现早治疗，有条件的单位可对分离菌株作药敏试验，选用敏感的药物进行治疗，3~5天为一个疗程。氧氟沙星（0.8~1毫升/千克体重）肌注，每天1次，连用3~5天；庆大霉素（2万国际单位/千克体重）肌注，每天2次，连用3~5天；四环素、金霉素或土霉素口服，每次125毫克，每天2次，连用5天。群体发病时，可将磺胺二甲嘧啶或磺胺喹噁啉添加到饲料中（225克/吨）进行群体治疗。局部巴氏杆菌病可作局部处理。如出现脓肿可排脓，剪毛后用消毒液清洗，然后敷上消炎粉。对患有较严重鼻炎的家兔，先清洁鼻腔，再用抗生素滴鼻。

（三）支气管败血波氏杆菌病

支气管败血波氏杆菌病是家兔常见的一种呼吸道传染病，由支气管败血波氏杆菌引起，传播广泛，常以鼻炎和肺炎为特征，仔兔、青年兔发病率较高，成年兔发病较少。

1. 临床症状

根据程度不同可分为鼻炎型、支气管肺炎型和败血型。其中鼻炎型较为常见，常与多杀性巴氏杆菌并发，多数病例从鼻腔内流出浆液性或黏液性分泌物，症状时轻时重，当诱发因素消除后，常可不表现症状，但可长期带菌。鼻炎长期不愈，细菌下行侵入支气管或肺部，引发支气管肺炎，病兔后期表现为呼吸困难，食欲不振，逐渐消瘦而死。如果细菌侵入血液引起败血症，病兔很快死亡。

2. 病理变化

鼻炎型兔鼻腔黏膜充血，有多量浆液性或黏液性分泌物。支气管肺炎病死兔在气管、鼻腔中有泡沫状黏液，肺和心包膜有大小不等、凸出表面的脓疱，外有一层致密的结缔组织包膜，内有奶油状脓汁。

3. 诊断

根据临床症状、病理变化和细菌学检查可作出初步诊断。必要时可从病变组织、浓汁或分泌物取样作细菌分离鉴定，进行确诊。也可以通过凝集反应进行血清学诊断。

4. 防治

（1）预防

加强饲养管理，定期消毒，保持兔舍通风良好。可通过检疫净化兔群，定期淘汰抗体阳性兔。在本病多发地区，可用兔波氏杆菌病灭活疫苗进行免疫注射。

（2）治疗

对本病可选用链霉素、卡那霉素、庆大霉素、恩诺沙星等进行治疗，肌注，每天2次，连用3~5天。有条件的可对分离菌株进行药敏试验，以便有针对性地用药。

（四）产气荚膜梭菌病

产气荚膜梭菌病，又称魏氏梭菌病，是由A型产气荚膜梭菌及其所产生的外毒素引起的一种家兔胃肠道传染病，以急性水样腹泻和迅速死亡为主要特征，发病率和死亡率都很高。

1. 临床症状

患病兔表现急剧水样腹泻，粪水具有特殊的腥臭味，精神沉郁，食欲废退，水样粪便污染后躯，抓起患兔摇晃躯体有泼水音。由于水样腹泻，严重脱水，四肢无力。

2. 病理变化

死亡兔脱水症状明显，眼球下陷，后躯被粪便污染，有特殊腥臭味。剖开腹腔也可闻到特殊臭味。胃充满内容物，胃黏膜脱落、溃疡；小肠薄而透明，充满气体，盲肠和结肠充满黑绿色稀薄内容物。肠黏膜和浆膜有出血斑；肝质地变脆，脾深褐色；膀胱内多积有茶色尿液；心脏表面血管怒张，呈树枝状。

3. 诊断

根据临床症状和病理变化可作初步诊断，确诊需进一步作细菌学检查和毒素检查。鉴定本菌的要点为：厌氧生长、菌落整齐、生长快、革兰阳性粗杆菌、不运动、有双层溶血环，引起牛奶暴烈发酵，注射鸽子胸肌隔夜死亡，胸肌可见有荚膜菌体。进行空肠内容物毒素检查，并进一步做毒素中和保护试验，可对毒素类别及细菌型别进行鉴定。

4. 防治

平时应加强饲养管理，合理配制饲料，粗饲料和精饲料合理搭配，并减少应激因素。在本病多发地区应用产气荚膜梭菌病（A 型）疫苗进行预防注射，仔兔断奶后及时注射，每只皮下注射 2 毫升，每年 2 次。

由于本病是由 A 型产气荚膜梭菌及其外毒素引起的，在使用药物治疗的同时，皮下或静脉注射 A 型产气荚膜梭菌高免血清，可收到较好效果。

（五）葡萄球菌病

葡萄球菌病是一种能够引起全身器官或组织化脓性炎症或败血症的传染病，由于侵入途径和感染部位不同，可表现为不同的临床症状及病理变化。

1. 临床症状及病理变化

（1）脓肿

在皮下、肌肉或内脏器官形成一个或几个脓肿，大小不一。皮下脓肿初期较硬，红、肿、热，后期变软有波动感，破溃后流出奶油状脓液。若内脏器官发生脓肿，器官的生理功能将受到不同程度的影响。

（2）转移性脓毒败血症或败血症

若脓肿破溃，脓液流出，在其他部位不断形成新的转移性脓肿，或葡萄球菌进入血液循环，在血液中大量繁殖产生毒素，引起脓毒败血症或败血症，病兔迅速死亡。剖检时在皮下、内脏器官及体腔内可见脓肿或化脓。

（3）仔兔脓毒败血症

多发生在出生后不久的仔兔，在各部位皮肤上出现粟粒大脓疱，脓汁呈奶油状，患病仔兔常迅速死亡。

（4）乳房炎

急性弥漫性乳房炎，初期局部红肿，随后整个乳房红肿、发热、较硬，逐渐呈紫红至蓝紫色，拒绝哺乳。局部乳房炎表现为局部的红、肿、热、硬，随后形成脓肿，破溃后流出乳白或淡黄色脓液。

（5）仔兔急性肠炎

又称仔兔黄尿病，是由于仔兔吃了患乳房炎母兔的乳汁而引起的急性肠炎。仔兔排出黄色尿液和黄色稀便，后躯及肛门周围被毛潮湿、腥臭，病兔体软无力、呈昏迷状态。病程2~3天，常常整窝发生，死亡率很高。剖检可见肠道出血。

（6）脚皮炎

多由于脚掌或趾部破损，感染了葡萄球菌所致。开始脚掌出现脱毛、充血、红肿，继而化脓，破溃后形成经久不愈的溃疡面，病兔不愿活动，食欲下降，逐渐消瘦。严重的会出现全身性感染，呈败血症死亡。

2. 实验室诊断

由于葡萄球菌病在临床上表现不同症状，需借助细菌学检查进行诊断。取脓汁、渗出液或乳汁、血液做涂片、染色、镜检，如见有大量典型的葡萄球菌可初步诊断。将病料接种5%绵羊血或兔血平板，37℃培养18~24小时，菌落金黄色，周围呈溶血者多为致病菌株。进一步鉴定还需要做生化试验，凝固酶试验、耐热核酸酶试验、甘露醇发酵试验阳性者多为致病菌。

3. 防治

（1）预防

定期消毒，保持环境卫生，笼具及附属设施不要有锋利边角，饲养密度不宜过高，以防划伤或咬伤而感染葡萄球菌。产仔箱的垫草保持干燥清洁。哺乳期母兔饲料合理配制，并随时观察，防止因泌乳过量或太少而造成的乳房炎。

（2）治疗

对皮下脓肿可采用外科手术疗法，脓肿软化后切开排脓，用消毒液清洗后，撒上消炎粉或青霉素粉局部治疗。仔兔患脓毒血症时可用5%龙胆紫涂擦脓肿，青霉素进行肌注，每天2次，连用3~5天。乳房炎患病初期可采取冷敷，以减轻炎症反应；后期应进行热敷，以促进血液循环。形成脓肿的，进行排脓、清洗、敷药处理；局部或全身注射抗菌药物。对患急性肠炎的仔兔，除对母兔进行治疗外，对仔兔可口服庆大霉素或肌注青霉素。对脚皮炎病兔的足底患部剪毛、消毒、清除坏死组织，涂上抗生素软膏、消炎粉或青霉素粉，以纱布包扎结实，3~4天换药1次，直至治愈。

（六）兔沙门菌病

兔沙门菌病是由鼠伤寒沙门杆菌和肠炎沙门杆菌引起的一种消化道疾病。临床上以败血症、流产、腹泻和迅速死亡为特征。妊娠母兔和幼兔多发。

1. 临床症状

幼兔发病主要表现顽固性下痢，粪便呈糊状带泡沫，体温升高，精神沉郁，食欲不振，逐渐消瘦、死亡，病程1周左右。流产多发于15~20天的妊娠母兔，流产前往往突然发病，食欲减退或拒食，发生流产后，由阴道流出脓性分泌物。有的母兔可于流产当日或次日死亡，康复者不易受孕。

2. 病理变化

急性死亡的病兔呈败血症病理变化，可见多脏器淤血和出血，胸腹腔有大量渗出液或纤维素性渗出。腹泻病例可见肠黏膜充血、出血、水肿，有的肠黏膜脱落形成溃疡；肠系膜淋巴结肿大；圆小囊和蚓突可见弥漫性灰黄色小结节。流产母兔化脓性子宫炎，黏膜出血、溃疡。

3. 诊断

根据临床症状和病理变化作出初步诊断。取病料进行沙门菌的分离鉴定进行确诊。在剖检时取血液、肝、脾或其他器官进行病原菌的分离培养，活的病兔可采集血液或粪便进行培养。对疑似病原菌进行纯培养，并进行生化试验和凝集试验鉴定。

4. 防治

（1）预防

加强饲养管理，定期消毒，做好灭蝇和灭鼠工作。一旦发现本病，立即对病兔隔离治疗或淘汰，兔舍、笼具严格消毒。

（2）治疗

恩诺沙星、诺氟沙星、庆大霉素、卡那霉素等进行肌注，或口服磺胺类药物，有一定疗效。但本菌耐药菌株在不断增加，有条件的先对分离菌株进行药敏试验，再选用敏感药物进行治疗。

五、家兔主要寄生虫病

（一）球虫病

兔球虫病是由艾美耳属球虫引起的、危害严重的寄生虫病，各品种的家兔都易感染，断奶到3月龄的幼兔最易感染。

1. 临床症状

球虫病的病程可从几天到几周或更长。病兔被毛粗乱，精神沉郁，食欲减退，伏卧不动，消瘦，排尿次数增加，尾部常有脏污。根据球虫寄生的部位，可分为肝型、肠型和混合型。肝型表现厌食、虚弱和腹泻或便秘，因肝肿大而造成腹围增大和下垂，肝区触诊有痛感，眼结膜可出现轻度黄疸。肠型患病幼兔出现不同程度的腹泻，从间歇性腹泻以至混有黏液和血液的水泻，渴欲增强，由于脱水和继发细菌性感染而致死。混合型具有肠型和肝型的临床症状，临床上的病例多为混合型。幼兔可出现神经症状，表现为四肢痉挛或麻痹，头后仰，发出惨叫声，迅速死亡。病兔愈后长期生长发育不良。

2. 病理变化

肝型可见肝肿大，表面和实质有许多黄白色结节，结节沿着毛细胆管分布，胆囊肿大，胆汁黏稠，腹水。肠型表现为肠黏膜充血、出血，卡他性炎症，肠腔充满气体和黏液。急性病例一般无肉眼可见的病变，慢性的可见肠壁有黄白色结节和化脓性、坏死性病灶。

3. 诊断

根据流行病学、临床症状和病理变化可作出初步诊断。通过卵囊检查可进行确诊。直接涂片法：取少许粪便直接置载玻片中央，加1滴水涂布均匀，去掉粪渣，盖上盖玻片，进行镜检，镜检时注意区别虫卵囊与粪渣。急性病例粪便中无卵囊排出，由结节内容物和胆囊黏膜取样、涂片、镜检，可见有大量的球虫卵囊。饱和盐水漂浮法：取新鲜兔粪5~10克放入100~200毫升的烧杯中，先加少量饱和盐水将兔粪捣烂混匀，再加饱和盐水约至20倍。将粪液用双层纱布过滤，弃粪渣，滤液静置40~45分钟，球虫卵囊即浮于液面，用接种环钩取液面液体进行镜检。

4. 防治

（1）预防

兔舍应建在通风向阳、地势高燥处。搞好清洁卫生，定期消毒，食具勤清洗、消毒，兔笼及垫板定期用火焰或热碱水消毒，保持兔舍及周边环境清洁卫生。兔粪及时清理，堆积发酵，以杀死卵囊。仔兔断奶后尽早与母兔分群饲养，并在饲料中添加抗球虫药物，以预防球虫病的发生。

（2）药物防治

在断奶至3月龄幼兔饲料中添加抗球虫药物，采取连续用药方式，选择几种药物轮换使用，以防产生耐药性，在商品兔上市前严格执行相应药物的停药期规定。

（二）螨病

螨病是家兔常见的一种体外寄生虫病，具有高度的传染性，发病后如不及时采取有效的防治措施，将迅速传染全群，造成严重危害。

1. 临床症状

（1）耳螨病

主要由痒螨引起，多见于耳郭及耳道感染。病初在耳内出现白灰色以至黄褐色痂样渗出物，随着病情的发展，痂块干燥、增厚，严重时呈纸卷状塞满外耳道。耳根红肿，耳郭肿胀。由于病原引起的剧烈瘙痒使患病兔表现烦躁不安，经常摇头，用后肢抓挠头和耳部，食欲下降，精神沉郁，逐渐消瘦。

（2）体螨病

主要由疥螨科的疥螨和背肛螨引起的。最初出现于鼻、唇周围，随后扩展到眼周、额头及面部，有时也波及外生殖器。由于剧烈瘙痒，病兔经常摩擦、抓挠患部，以致皮肤受损，使病情加重。患病部位红肿、脱毛、浆液性渗出，皮肤逐渐变厚,形成白黄色结痂。

2. 诊断

本病根据临床症状及流行病学可作出初步诊断,通过镜检可进行确诊。在患病部位与健康皮肤交界处,用外科手术刀等刮取病料(尽量在湿润部位刮取,以刮到有血迹为止)。易剥离的痂皮、皮屑和毛囊一般不含虫体。新鲜病料置于黑纸上,稍加热,用放大镜可见虫体移动。将陈旧病料置于5%~10%氢氧化钾1~2小时后,置于载玻片上,加盖玻片,镜检。

3. 防治

(1)预防

严禁从有病兔场引进种兔。定期对兔舍、兔笼及用具进行消毒。笼底板勤洗勤换,用2%敌百虫水溶液浸泡、晾干,或洗净后用火焰喷灯消毒。定期检查兔群,一旦发现本病,要及时隔离治疗、加强消毒。

(2)治疗

在治疗时先剪去患部周围的被毛,刮除痂皮,用药物涂抹患处或进行药物注射。刮下的痂皮应进行焚烧或用消毒液浸泡以杀死其中的螨虫和虫卵。2%敌百虫水溶液或2%敌百虫凡士林软膏涂抹患部,连续3~5天,隔7~10天重复用药1次。伊维菌素或阿维菌素注射液,按说明用量进行皮下注射,隔7~10天重复用药1次。

六、家兔皮肤真菌病

家兔皮肤真菌病又称皮肤霉菌病、脱毛癣,是由丝状真菌侵入皮肤角质层及其附属物所引起的各种感染,是一类传染性极强的人畜共患接触性皮肤病。

1. 临床症状

不同皮肤真菌感染临床症状有所不同。有的在鼻、面部和耳部形成圆形、突起的白灰色或黄色结痂,结痂脱落后呈溃疡外观。一般从头部开始,身体其他部位皮肤也可见。有的在皮肤上出现圆形、被覆珍珠灰和闪光鳞屑的秃毛斑。20日龄左右的仔兔和断奶幼兔症状明显,多可自愈,成年兔一般不表现症状。

2. 实验室诊断

根据临床症状可以作出初步诊断。要确诊需进行实验室检查。

（1）直接镜检法

将所采集病兔患病部的兔毛、皮屑或痂皮置载玻片中央，加 1 滴 10%~40% 的氢氧化钾封固液，盖上盖玻片，在酒精灯火焰上方微微加热，以不沸腾为度，放置数分钟，轻轻压片，用吸水纸从一侧吸取多余液体，即可镜检。镜检时先用低倍镜找到样品中的可疑菌丝、孢子或菌体，再用高倍镜观察。

（2）病原菌的分离鉴定

将病料先用 70% 酒精浸泡几分钟，再用无菌生理盐水冲洗，然后接种在沙堡琼脂上于 25~28℃ 培养 1~2 周，观察其生长速度和菌落形态，并进行镜检。

3. 防治

（1）预防

保持兔舍通风良好、干燥卫生，饲养密度适宜。发现病兔必须及时隔离或扑杀，兔舍及用具加强消毒。笼具及垫板可用火焰消毒，空兔舍可进行熏蒸消毒。据报道，对刚出生的仔兔进行药浴，可有效控制本病的发生。

（2）治疗

目前用于防治畜禽真菌感染的有效药物不多，而且价格较高。将患部被毛剪掉，将痂皮刮下，被毛和痂皮焚烧掉，然后涂抹达克宁、克霉唑等抗真菌药物。由于本病是一种人兽共患病，所以饲养人员和畜牧兽医工作者应注意个人防护，以免染上本病。

七、家兔普通病

（一）便秘

1. 临床症状

病兔精神沉郁，食欲减退或消失。初期排出少量坚硬的小粪球，以后停止排便。病兔有时频频弯腰、努责但不见粪便排出，常弓背回顾腹部和肛门。触诊感到肠管粗硬，结肠与直肠有串珠状粪粒。时间稍长，则出现肠管臌气，腹部有痛感。一般体温不高，如不及时治疗，可引起死亡。

2. 防治

饲料合理配制，饲喂定时定量，供给充足清洁饮水，保证充足的运动。对病兔停喂饲料，提供饮水，可内服盐类泻剂（硫酸钠、人工盐，成年兔 5~6 克，加 20 毫升温水灌服，幼兔减半）、油类泻剂（植物油，成年兔 15~20 毫升，加等量温水灌服，幼兔减半）。也可以用温肥皂水灌肠。为了防腐制酵，可内服 10% 鱼石脂溶液 5~8 毫升，或食醋 3~5 毫升。

（二）子宫脱出

1. 临床症状

本病多发生在产后几小时内，子宫外翻、水肿、瘀血、出血，子宫脱出在阴户外，阴道不断流血，严重时发生感染、坏死，甚至死亡。

2. 防治

加强饲养管理，提供充足营养，增强母兔自身体质。治疗时先用生理盐水洗净子宫上黏附的污物，以 3% 温热明矾水浸洗子宫，使其收缩，提起病兔两后肢，用手指轻轻将脱出的子宫从四周轮换推入腹腔。如子宫严重瘀血肿胀，可先用浓盐水清洗，使其脱水再行整复纳入腹腔。整复后，注入抗生素，并提起病兔两后肢，轻拍臀部以助其复位。复位后可口服或注射抗生素或磺胺类药，以防细菌感染。

（三）母兔产后瘫痪

1. 病因

产后瘫痪病的发生原因有疾病因素（家兔患有肾病、子宫炎或梅毒等）、营养因素（钙、维生素缺乏，或因频密繁殖消耗过多）等。

2. 症状

母兔产仔后发生瘫痪，轻者呈现跛行，重者四肢或后躯突然麻痹，有时子宫脱出，流血过多以致死亡。

3. 防治

对怀孕母兔要加强饲养管理，适当运动，供给充足营养，包括钙磷等矿物质饲料和维生素。加强护理，每天静脉注射 10% 葡萄糖溶液 20~40 毫升，连用

2~3 天；口服钙片和维生素 A 和维生素 D_3。

（四）中暑

1. 症状

病初家兔精神不振，食欲废绝，步态不稳，体温升高，呼吸急促，可视黏膜发绀，口流涎水，有时高度兴奋而头撞笼壁。有的突然昏倒，四肢抽搐，很快死亡。

2. 防治

在夏季应做好兔舍的防暑降温工作，降低饲养密度，提供充足饮水；长途运输工具应具备遮阴和通风条件，并避开高温时段。发现病兔应及时将其置于阴凉处，急救可进行耳静脉放血。也可灌服人丹 4~5 粒或风油精 2~3 滴。昏倒时可用大蒜汁、韭菜汁或生姜汁滴鼻，一次 3~5 滴。

八、家兔常见中毒病

（一）食盐中毒

1. 原因

饲料中加盐过多或搅拌不均匀，家兔采食后没有充足的饮水，或饮用含盐量过高的水，易发生食盐中毒。

2. 症状

患病初期精神沉郁、食欲减退，结膜潮红，下痢，口渴。继而出现兴奋不安，头部震颤，步履蹒跚。严重的呈癫痫样痉挛，角弓反张，呼吸困难，最后死亡。

3. 防治

提供充足、符合饮用水标准的饮水，食盐添加量在全价饲料中为 0.5%，在精料补充料中为 0.7%~1.0%，饲料加工时应搅拌均匀。

（二）霉菌毒素中毒

1. 原因

家兔采食了霉变饲料，其中由多种霉菌产生的毒素可引起家兔中毒。其中毒性最强的是黄曲霉毒素 B_1。

2. 症状

家兔中毒后表现为精神不振,食欲减退,咽喉麻痹,呼吸困难,肌肉痉挛、四肢瘫痪,消化紊乱、腹泻、流涎。妊娠母兔常引起流产或死胎。

3. 防治

严格控制饲料原料的质量,改善仓储条件,防止饲料霉变。中毒后应立即停喂霉变饲料,更换优质饲料,提供清洁饮水。用0.1%高锰酸钾溶液洗胃,再内服5%硫酸钠溶液20毫升;静脉注射5%葡萄糖生理盐水20毫升,加维生素C 0.5~1.0克,每天1~2次。

参考文献

[1] 卞伟. 万载兔的品种特征与饲养管理 [J]. 特种经济动植物, 2015, 18（05）: 4-5.

[2] 程菊芬, 赵力知, 卢明文, 等. 新西兰白兔选育研究 [J]. 中国养兔杂志, 2007（02）: 4-6.

[3] 杜玉川. 实用养兔大全 [M]. 北京: 中国农业出版社, 1993.

[4] 姜文学, 杨丽萍. 肉兔产业先进技术全书 [M]. 济南: 山东科技出版社, 2011.

[5] 徐汉涛. 高效益养兔法（第三版）[M]. 北京: 中国农业出版社, 2005.

[6] 杨菲菲, 熊家军. 现代养兔关键技术精解 [M]. 北京: 化学工业出版社, 2019.

[7] 杨正. 现代养兔 [M]. 北京: 中国农业出版社, 1999.

[8] 赵辉玲, 程广龙, 朱秀柏, 等. 采精频率对皖系粗毛兔精液质量及保存能力的影响 [J]. 中国草食动物, 2002（6）: 12-14.

[9] 中国畜牧业协会兔业分会, 国家兔产业技术体系. 中国兔产业发展报告（2016—2020年）[M]. 北京: 中国农业出版社, 2023.

[10] 中国农业科学院北京畜牧兽医研究所, 动物营养学国家重点实验室, 中国饲料数据库情报网中心, 等. 中国饲料成分及营养价值表(2022年第33版)（续）[J]. 中国饲料, 2022（24）: 63-68.

[11] 中国农业科学院北京畜牧兽医研究所, 动物营养学国家重点实验室, 中国饲料数据库情报网中心, 等. 中国饲料成分及营养价值表（2022年第33版）制订说明 [J]. 中国饲料, 2022（23）: 109-119.

[12] GB 3838—2002, 地表水环境质量标准 [S].

[13] NY 5027—2008, 无公害食品 畜禽饮用水水质 [S].

[14] NY/T 1168—2006, 畜禽粪便无害化处理技术规范 [S].

[15] NY/T 5131—2002, 无公害食品 肉兔饲养兽医防疫准则 [S].

[16] NY/T 5133—2002, 无公害食品 肉兔饲养管理准则 [S].

[17] Hoagland H, Pincus G. Revival of mammalian sperm after immersion in

liquid nitrogen [J].J Gen Physiol,1942,25(3):337-344.
[18] Smith AU, Polge C. Survival of spermatozoa at low temperatures[J]. Nature,1950: 166(4225):668-669.
[19] Emmens C W, Blackshaw A W. The low temperature storage of ram, bull and rabbit spermatozoa[J]. Aust Vet J,1950,26(9):226-228.
[20] Lebas F, Coudert P, Rouvier R, et al. The rabbit: husbandry, health, and production[M]. Rome: Food and Agriculture organization of the United Nations,1986.
[21] Schlolaut W.The Nutrition of the rabbit[M]. Switzerland: Roche information service, Basel,1982.

致谢及贡献

本书的出版，得到国家兔产业技术体系福州综合试验站项目（CARS-43-G-5）、山东省特种经济动物产业技术体系（SDAIT-21）、福建省科技计划公益类专项"葛藤对肉兔生长性能及肠道健康的影响"（2022R1026003）和"维生素 Bt 对兔精子保存效果研究"（2023R1024008）、福建省农科院对外合作项目"GnIH 对闽西南黑兔公兔生殖激素分泌及睾丸发育调控机制研究"（DWHZ2024-04）、福建省农业科学院科技创新团队建设项目（CXTD2021006-2-2）的资助和支持！

本书主要作者及编写工作量如下：桑雷（15万字）、孙世坤（10.1万字）、白莉雅（2万字）、刘亚娟（1万字）、杨菲菲（1万字）、徐敏丽（1万字）。

书中部分场区照片由山东兔兔育种有限公司、山东汇富农牧发展有限公司、山东双运农牧发展有限公司等提供，在此一并致以感谢。